汽车配件管理与营销

QICHE PEIJIAN GUANLI YU YINGXIAO

全国汽车类情境·体验·拓展·互动『1+1』理实一体化规划教材

主　编　张思杨

副主编　吴炳理　贾利军　唐中然
　　　　王小晋

编　者　周少璇　高晓倩　徐玉强
　　　　邵雨露　王心俣　李慧敏
　　　　谭　柯　杨祖刚

哈爾濱工業大學出版社

HITP

内容简介

本教材共分8个学习任务。分别是:汽车配件识别、汽车配件采购、汽车配件物流管理、汽车配件仓库管理、汽车配件的销售、汽车特约服务站的保修索赔工作、汽车配件经营分析以及汽车配件计算机管理系统。本教材基于工作过程系统化的开发理念和“任务引领,项目导向”的方式进行编写。每个学习任务分多个项目,每个项目都从情境导入开始,从案例到理论,从简单到复杂,从理论到工单实际操作,层层递进。教材配套编写了资源库,学生可以自主学习和测试,符合高职学生的思维习惯和学习逻辑,贯彻了教育部职业教育教学改革的重要精神。

本教材突出了汽车配件知识的应用和实践能力的培养,针对性和实用性较强,特别适合职业院校汽车类专业的学生使用,也可供汽车后市场从业人员阅读参考。

图书在版编目(CIP)数据

汽车配件管理与营销/张思杨主编. —哈尔滨:
哈尔滨工业大学出版社,2014.6
ISBN 978-7-5603-4744-8

Ⅰ.①汽…　Ⅱ.①张…　Ⅲ.①汽车-配件-市场营销学-高等学校-教材　Ⅳ.①F766

中国版本图书馆CIP数据核字(2014)第102658号

责任编辑　苗金英
出版发行　哈尔滨工业大学出版社
社　　址　哈尔滨市南岗区复华四道街10号　邮编150006
传　　真　0451-86414749
网　　址　http://hitpress.hit.edu.cn
印　　刷　天津市蓟县宏图印务有限公司
开　　本　850mm×1168mm　1/16　印张18　字数556千字
版　　次　2014年6月第1版　2014年6月第1次印刷
书　　号　ISBN 978-7-5603-4744-8
定　　价　36.00元

PREFACE

前 言

随着国民经济的蓬勃发展，我国汽车产销量不断提升，汽车保有量的急剧增加，给汽车服务业带来巨大的商机，国内出现了巨大的汽车配件市场，我国汽车配件工业面临着巨大的商机和发展空间。作者编写本教材，目的是便于汽车类专业学生对汽车配件的营销与管理有一个比较全面系统的了解和认识，为解决日后实际工作中的具体问题提供一些帮助。

本教材编写以《国家中长期教育改革和发展规划纲要(2010—2020年)》为指导，吸收了近年来汽车类专业高职教育教学所取得的新成果，立足以人为本、以行动为导向的原则，根据广大学生的要求，精选学生终身受用的基础理论、基本知识和基本技能，突出实用性和新颖性。按照学生的认知规律，由表及里、由浅入深，分学习任务组织教材体系。每个学习任务开始提出知识目标、能力目标、态度目标三方面的任务目标，每个项目开始以情境导入学习，项目结束有与情境导入相呼应的任务实施，每个学习任务结束设计了评价体会，体现以学生为主体的行动导向教学方法。学习任务后的任务工单为学生提供练习任务，拓展与提升可以开拓学生视野。本教材编写首先体现了基于学习过程化、系统化的教材开发模式，即本书基于工作过程系统化的开发理念和“任务引领，项目导向”的方式进行编著；课程情境导入部分的真实案例作为本教材的主线贯穿全书，然后在各个学习任务中根据案例对应内容进行导入，使课程知识围绕项目及工作任务展开，同时教师也可以通过情境化教学模式进行教学，学生通过案例引入的阅读，基本可以掌握本教材的主要内容及各个岗位的工作流程。其次，

本教材配有资源库,学生可以自主学习测试。总之,本教材体现了“情境、体验、拓展、互动”的特色,特别适合职业院校汽车类专业学生使用,还可以作为汽车后市场从业人员的参考资料。

本教材由张思杨担任主编,由吴炳理、贾利军、唐中然、王小晋担任副主编,周少璇、高晓倩、徐玉强、邵雨露、王心俣、谭柯(成都畅易汽车科技有限公司)、杨祖刚(四川广汇申蓉汽车集团)参与编写,李慧敏协助本教材的资料收集与整理工作。

在编写的过程中,我们参阅了相关的文献、资料,在此,对这些文献资料的作者表示诚挚的感谢!

限于编者的水平,书中难免有疏漏和不足之处,敬请广大读者批评指正。

编　者

编审委员会

本书学习导航

通过本任务的目标掌握具体的知识点。

任务目标

学习任务1

汽车配件识别

【任务目标】

1. 知识目标：掌握汽车配件的概念与分类；掌握国产汽车零部件编号规则；熟悉进口汽车配件编号规则；掌握汽车配件查询与检索方法；掌握汽车配件安全常识及其常用量器具的使用；基本掌握汽车配件质量鉴别方法。

2. 能力目标：能对汽车配件进行分类；能利用汽车零部件编号规则区分配件；基本会识别汽车配件质量。

3. 态度目标：用汽车配件识别武装自己；对汽车配件产生兴趣；对汽车配件的识别产生信心。

【任务描述】

一辆汽车由成千上万个零件组成。汽车使用过程中需要不断给予各种补给，维护时需要更换耗材及零部件。数量巨大的汽车零配件需求给汽车后市场带来了繁荣景象，特别是我国汽车零配件处于高消耗的环境，更为汽车配件市场带来无限的商机。但是汽车配件种类繁多，具有较高的技术含量，汽车配件生产、经营等环节纷繁复杂，给配件的识别带来很大的难度。掌握较丰富的汽车配件知识，具备较强的汽车配件识别能力，是作为汽车配件营销人员、管理人员以及汽车服务人员应该具有的基本职业能力。

【课时计划】

[illegible]	[illegible]	[illegible]
1.1	汽车配件的概念与分类	1
1.2	国产汽车零部件编号规则	1
1.3	进口汽车零部件编号规则	1
1.4	汽车配件查询与检索	1
1.5	汽车配件安全常识及其常用量器具	2
1.6	汽车配件质量鉴别	2

将任务的起因及需要的结果描述出来，有助于更加顺畅地完成任务。

任务描述

课时计划

建议课时，供教师参考。

通过实际工作情境的描述，引导学生思考，从而引出所需理论和实践内容。

情境导入

任务实施

“情境导入”中具体问题的解决方法和步骤，包括说明、技术标准与要求、设备器材、作业准备、操作步骤、记录与分析等。

评价体会

从知识点和技能点考查学生对本任务内容的掌握情况，使学生的实践操作能力得到进一步提高。

任务工单

以工作页形式呈现。技能考核设置实训项目，以考评的方式，考核学生对知识的实际运用能力，包括相关资讯、计划与决策、实施、检查与评价等。

目录

CONTENTS

CONTENTS

学习任务1

汽车配件识别

【任务目标】

1. 知识目标：掌握汽车配件的概念与分类；掌握国产汽车零部件编号规则；熟悉进口汽车配件编号规则；掌握汽车配件查询与检索方法；掌握汽车配件安全常识及其常用量器具的使用；基本掌握汽车配件质量鉴别方法。

2. 能力目标：能对汽车配件进行分类；能利用汽车零部件编号规则区分配件；基本会识别汽车配件质量。

3. 态度目标：用汽车配件识别武装自己；对汽车配件产生兴趣；对汽车配件的识别产生信心。

【任务描述】

一辆汽车由成千上万个零件组成。汽车使用过程中需要不断给予各种补给，维护时需要更换耗材及零部件。数量巨大的汽车零配件需求给汽车后市场带来了繁荣景象，特别是我国汽车零配件处于高消耗的环境，更为汽车配件市场带来无限的商机。但是汽车配件种类繁多，具有较高的技术含量，汽车配件生产、经营等环节纷繁复杂，给配件的识别带来很大的难度。掌握较丰富的汽车配件知识，具备较强的汽车配件识别能力，是作为汽车配件营销人员、管理人员以及汽车服务人员应该具有的基本职业能力。

【课时计划】

项目	项目内容	参考课时
1.1	汽车配件的概念与分类	1
1.2	国产汽车零部件编号规则	1
1.3	进口汽车零部件编号规则	1
1.4	汽车配件查询与检索	1
1.5	汽车配件安全常识及其常用量器具	2
1.6	汽车配件质量鉴别	2

项目 1.1　汽车配件的概念与分类

情境导入

2013 年 12 月，某车主电动门窗遥控不工作，经维修人员检查确定为遥控接收器损坏，需要更换接收器中控总成。维修该车的 4S 店给出配件的报价为 1 050 元，车主通过朋友从成都配件市场了解到配件卖价为 350 元。车主要求 4S 店优惠，4S 店仅同意少 50 元，价格悬殊太大，车主不同意。4S 店工作人员解释他们换的是原厂配件，还有保修期，说车主在市场上了解到的不是原厂件，可能是副厂件或假冒伪劣件。请问车主该如何选择？4S 店配件管理人员应该如何说服顾客？

【任务分析】

作为配件营销人员或配件管理人员，掌握汽车配件的概念与分类，有利于配件的管理和销售。

理论引导

1.1.1　汽车配件的概念与术语

1. 汽车配件的概念

一辆汽车是由数千个零件组成的，这些零件又分属汽车的不同部件或总成。虽然汽车种类很多，但其主要组成部件的结构与工作原理大致是相同的。在汽车维修企业和汽车配件经营企业里，通常将汽车零部件、汽车消耗材料（如冷却液、制动液、发动机机油、轮胎、齿轮油等）统称为汽车配件，有时又称为零配件、零部件、零件或零备件。

2. 汽车配件行业术语

（1）汽车零部件

汽车零部件一般都编入各车型汽车配件目录，并标有统一规定的零部件编号。汽车零部件又分为零件、合件、组合件、总成件和车身覆盖件。

（2）汽车标准件

按国家标准设计与制造，对同一种零件统一其形状、尺寸、公差、技术要求，能通用在各种仪器、设备上，并具有互换性的零件称为标准件，例如螺栓、垫圈、键、销等。其中适合用于汽车的标准件，称为汽车标准件。

（3）汽车材料

这里指的是汽车的运行材料，如各种油液、蓄电池、轮胎等。汽车材料大多是非汽车行业生产而由汽车使用的产品，一般不编入各车型汽车配件目录，所以也将其称为汽车的横向产品。

1.1.2　汽车配件的分类

1. 按是否与汽车制造厂家配套分

汽车配件根据配件来源渠道方式可分为原厂件、副厂件、假冒伪劣件、拆车件、翻新件和其他来源的零件。

（1）原厂件

原厂件又称为配套件（正厂件），是指与汽车制造厂家配套的装车件，是正规配套厂生产的零部件，这些企业经过 ISO 9000 质量认证和等同于现有的美国、德国、法国、意大利汽车质量要求的 ISO/TS 16949 汽车质量认证，一般均是从汽车生产厂流通出来的，使用整车生产厂家的原厂商标，由厂家直接授权给各地经销商销售，和副厂件相比，正厂件的产品性能好，价格相对较高，质量好，服务体系完善，一般由原厂售后服务部门进行区域调配，也对外销售。国内的汽车生产厂家强烈建议自己的特约维修站采用原厂件，以保证车辆的正常运行。

(2)副厂件

副厂件又称非配套件，是指专业配件生产厂家制造的零件，但不是与汽车制造厂家配套的装车件。副厂件标有自己的厂名，也有自己的商标，但没有汽车品牌的LOGO(否则为违法)。副厂件上面会写上“适用于××、××车型”。副厂件，一般以小厂生产为主，但也不乏一些国际大厂生产的。在国内生产的车型，其年份越长，市场上的副厂件就越多。桑塔纳、捷达、富康这“老三样”就是一个典型。

(3)假冒伪劣件

假冒伪劣件是指假冒原厂件、副厂件的生产厂家，或采用劣质材料生产的配件。汽车配件行业的混乱、车主对汽车配件鉴别能力的欠缺，给予了假冒伪劣件一个暴利市场。

(4)拆车件和翻新件

拆车件(Salvaged Parts)是指从报废车辆上拆下的零件，常见于使用时间长的进口车辆的修理。

翻新件(Rebuilt Parts或Retrofit Parts)是一些旧件经过专业厂家的重新修复或加工后，能够满足使用性能并有质量保障，如翻新的自动变速器、液力变矩器等。

(5)其他来源的零件

由某些厂家采用原厂本部件图纸或实物自行生产的零配件，俗称“副厂件”，一般价格低廉，质量也参差不齐。随着技术的进步和工艺的改进，其整体质量到今天已大为改观，而且很多都不再是“三无”产品。但这类零件在给用户带来实惠的同时，在一定程度上也侵害了整车制造厂的利益，其合法性至今仍受到汽车制造厂家的普遍质疑。

在普通汽车使用者的心目中，原厂件的质量远远优于副厂件，其实不完全是这样。例如，上海大众桑塔纳装车的等速万向节是上海纳铁福传动轴有限公司的产品，质量不错；而“杭万”牌等速万向节是中国最大的万向节生产企业——杭州万向节厂生产的，质量也很好，价格比纳铁福的便宜一些，但它不是上海大众的配套产品。很多车主不愿意接受副厂件的主要原因在于：目前不少假冒伪劣产品充斥着配件市场，坑害客户，影响产品信誉。

在汽车配件中，还有一个重要的概念，那就是“纯正部件”。纯正部件是进口汽车部件中的一个常用名称，指的是各汽车厂原厂生产的配件，而不是副厂或配套厂生产的配件。纯正部件虽然价格较高，但质量可靠，坚固耐用，故用户均愿采用。凡是国外原厂生产的纯正部件，包装盒上均印有英文“GENUINE PARTS”或中文“纯正部件”字样。

例如，某客户要购买螺栓，汽车配件销售员至少要询问以下几个问题才能准确把握客户的需要。

①六角头还是方头，或者其他形式。

②螺纹是英制还是公制。

③螺栓直径是多少。

④螺距是多少，1.5、1.75还是2.0。

⑤螺栓长度是多少，是全螺纹还是一段螺纹。

⑥精度等级：A级、B级还是C级。

⑦性能等级：8.8级还是10.9级。

⑧国产的，还是进口的(注意进口螺栓性能等级与国产螺栓的对照关系)。

⑨要不要同时更换垫圈和螺母之类的配合零件。

⑩是要带密封胶(润滑油)的产品，还是另购密封胶(润滑油)。

⑪螺栓形式特殊的，是否需要采购配套的拆装工具。

一般来说，客户向汽车配件经销商购买配件时，配件销售人员会问客户是要“原厂件”还是要“副厂件”，这是由配件的来源渠道不同导致的。配件的来源渠道不同，价格可能会相差较大，当然质量也会有差别。

当配件销售人员对汽车配件专业术语的应用和客户需求信息的把握驾轻就熟时，他离成为一名优秀的汽车配件销售员已经不远了。

2. 按零部件组成方式分

汽车配件按零部件组成方式可分为零件、合件、组合件、总成件和车身覆盖件。

(1)零件

零件是汽车的基本制造单元。零件是组成机械和机器的不可拆分的单个制件，其制造过程一般不需要装配工序，它是一个不可再拆卸的整体。如轴套、轴瓦、螺母、曲轴、叶片、齿轮、凸轮、连杆体、连杆头等。根据零件本身的性能，又可分为汽车专用零件、汽车通用标准件及通用标准件。

(2)合件

合件是指两个以上的零件装成一体，起着单一零件的功用，例如一对连杆轴瓦、连杆和连杆盖。

(3)组合件

组合件由几个零件或合件装成一体，但不能单独完成某种功用，例如离合器压板、变速器盖等。

(4)总成件

总成件由若干零件、合件、组合件装成一体，能单独起着某一机构的功用，例如变速器总成、差速器总成、发动机总成等。

(5)车身覆盖件

车身覆盖件是指构成汽车车身或驾驶室、覆盖发动机和底盘的异形体表面和内部的汽车零件。车身覆盖件既是外观装饰性的零件，又是封闭薄壳状的受力零件，由板材冲压、焊接成型，并包括覆盖汽车车身的零件，如翼子板、车门等。

3. 按汽车组成方式分

汽车配件按汽车组成方式可分为发动机配件、底盘配件、电气系统配件和车身配件。

(1)发动机配件

发动机配件主要由机体组、曲柄连杆机构、配气机构、燃油供给系统、进排气系统、润滑系统、冷却系统、点火系统和启动系统等零部件构成。

(2)底盘配件

底盘配件主要由传动系统、行驶系统、转向系统和制动系统等零部件构成。

(3)电气系统配件

电气系统配件主要由电源系统、点火系统、启动系统、照明及信号装置、汽车仪表、电动车窗、风窗玻璃洗涤器和风窗玻璃刮水器等零部件构成。

(4)车身配件

车身配件主要由车身壳体、车前板制件、车门、车窗、车身外部装饰件和内部装饰件、座椅以及通风、暖气、空调装置等零部件构成。

任务实施

在本项目情境中，4S店配件管理人员应该按下表所示程序说服顾客。

环节	对应项目	具体程序
1	汽车配件概念与分类	(1)给顾客讲清配件的简单概念 (2)让顾客了解配件分类
2	汽车配件术语	给顾客讲解一些汽车配件术语
3	汽车分类规则及产品编号规则	(1)给顾客普及汽车分类规则及产品编号规则常识 (2)就本次配件给顾客说明订货过程 (3)应顾客要求重新订货

项目1.2 国产汽车零部件编号规则

情境导入

一个维修人员学徒,一次师傅不在时进购配件,发觉配件都有相关的配件号,他看不懂,没能力进行工作,现在要求你(配件管理员)为他做一个汽车配件计划表,并完成购进配件过程。

【任务分析】

一名合格的配件管理人员应该学会描述汽车配件编码规则,学会描述汽车配件的用途和作用,能够制定购置配件计划清单,能够购置价廉物美的汽车标准件。

理论引导

国产汽车零部件编号规则按中国汽车工业协会于2004年3月12日发布,2004年8月1日开始实施的《汽车产品零部件编号规则》统一编制。

1.2.1 汽车零部件编号

1.零部件编号表达式

完整的汽车零部件编号表达式由企业名称代号、组号、分组号、源码、零部件顺序号和变更代号构成。零部件编号表达式根据其隶属关系可按下列3种方式进行选择,如图1.1所示。

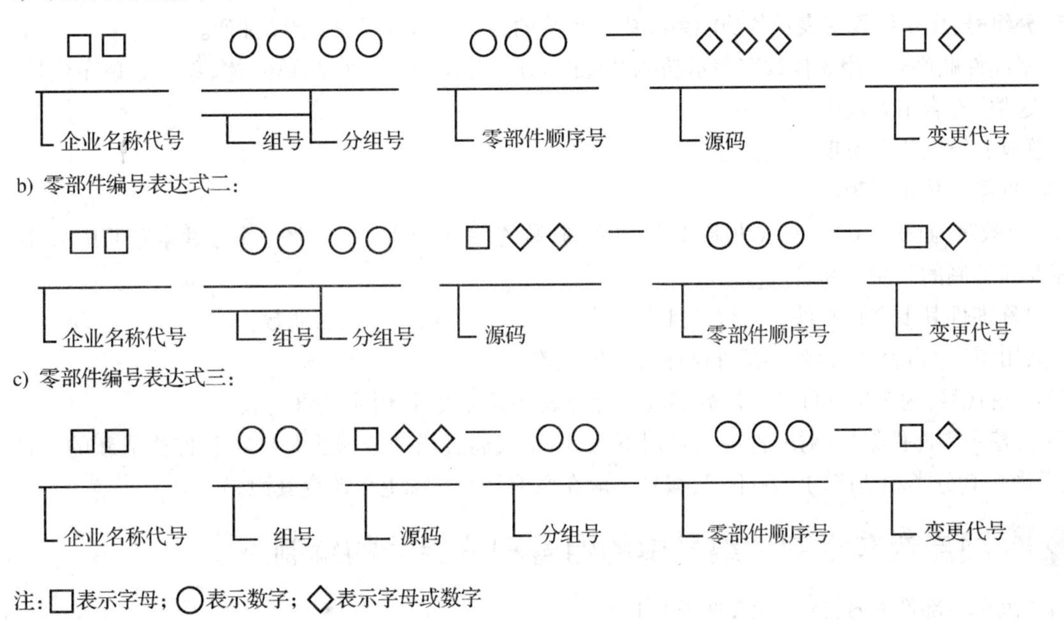

图1.1 汽车零部件编号方式

2.汽车组合模块编号表达式

汽车组合模块组合功能码由组号合成,前两位组号描述模块的主要功能特征,后两位组号描述模块的辅助功能特征,如图1.2所示。例如:10×16表示发动机带离合器组合模块;10×17表示发动机带变速器组合模块;17×35 表示变速器带手制动器组合模块。

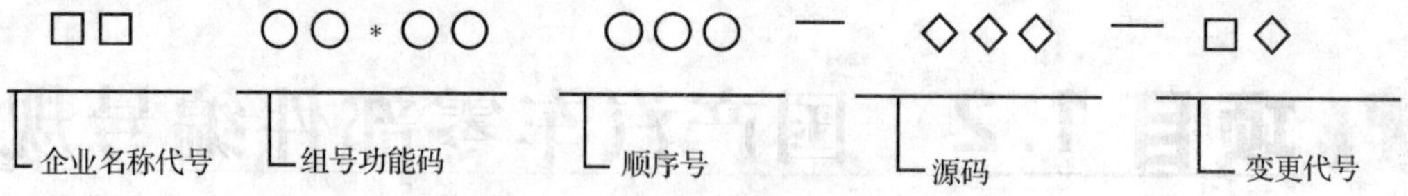

图 1.2 汽车组合模块编号表达式

1.2.2 对国产汽车零部件编号规则的说明

1. 标准《汽车产品零部件编号规则》适用范围

①本标准规定了各类汽车、半挂车的总成和装置及零件号编制的基本规则和方法。

②本标准适用于各类汽车和半挂车的零件、总成和装置的编号。

③本标准不适用于专用汽车和专用半挂车的专用装置部分的零件、总成和装置的编号及汽车标准件和轴承的编号。

2.《汽车产品零部件编号规则》标准术语

(1)企业名称代号

当汽车零部件图样使用涉及知识产权或产品研发过程中需要标注企业名称代号时,可在最前面标注经有关部门批准的企业名称代号。一般企业内部使用时,允许省略。企业名称代号用 2 位或 3 位汉语拼音字母表示。

(2)源码

源码用 3 位字母、数字或字母与数字混合表示,由企业自定。

① 描述设计来源:指设计管理部门或设计系列代码,由 3 位数字组成。

② 描述车型中的构成:指车型代号或车型系列代号,由 3 位字母与数字混合组成。

③ 描述产品系列:指大总成系列代号,由 3 位字母组成。

④ 组号:用 2 位数字表示汽车各功能系统分类代号,按顺序排列。

⑤ 分组号:用 4 位数字表示各功能系统内分系统的分类顺序代号,按顺序排列。

⑥ 零部件顺序号:用 3 位数字表示功能系统内总成、分总成、子总成、单元体、零件等顺序代号,零部件顺序号表述应符合下列规则:

a. 总成的第三位应为零。

b. 零件第三位不得为零。

c. 3 位数字为 001~009,表示功能图、供应商图、装置图、原理图、布置图、系统图等为了技术、制造和管理的需要而编制的产品号和管理号。

d. 对称零件其上、前、左件应先编号且为奇数,下、后、右件后编号且为偶数。

e. 共用图(包括表格图)的零部件顺序号一般应连续。

⑦ 变更代号:为 2 位,可由字母、数字或字母与数字混合组成,由企业自定。

⑧ 代替图零部件编号:对零件变化差别不大,或总成通过增加或减少某些零部件构成新的零件和总成后,在不影响其分类和功能的情况下,其编号一般在原编号的基础上仅改变其源码。

1.2.3 国产汽车零部件编号中的组号和分组号的编制

国产汽车零部件编号分组清单,见表 1.1。

表 1.1　国产汽车零部件编号分组清单

组号	分组号	名　称	组号	分组号	名　称
10		发 动 机	11	1106	输油泵
	1000	发动机总成		1107	化油器
	1001	发动机悬置		1108	油门操纵机构
	1002	气缸体		1109	空气滤清器
	1003	气缸盖		1110	调速器
	1004	活塞与连杆		1111	燃油喷射泵
	1005	曲轴与飞轮		1112	喷油器
	1006	凸轮轴		1115	发动机断油机构
	1007	配气机构		1116	燃油电磁阀
	1008	进排气歧管		1117	燃油细滤器
	1009	油底壳及润滑组件		1118	增压器
	1010	机油收集器		1119	中冷器
	1011	机油泵		1120	燃油压力脉动衰减器
	1012	机油粗滤器		1121	燃油分配器
	1013	机油散热器		1122	燃油喷射泵传动装置
	1014	曲轴箱通风装置		1123	电控喷射燃油泵
	1015	发动机启动辅助装置		1124	电控喷射燃油器
	1016	分电器传动装置		1125	油水分离器
	1017	机油细滤器		1126	冒烟限制器
	1018	机油箱及油管		1127	自动提前器
	1019	减压器		1128	高压燃油管路
	1020	减压器操纵机构		1129	燃油喷射管路
	1021	正时齿轮机构		1130	燃油蒸发物排放控制系统
	1022	曲轴平衡装置		1131	燃油压力调节器
	1023	发动机标牌		1132	进气系统
	1024	发动机吊钩		1133	释压阀
	1025	皮带轮与张紧轮		1134	怠速控制阀
	1026	发动机电控单元执行装置		1136	燃气供给系装置
	1030	发动机工况诊断装备		1140	贮气瓶
11		供 给 系		1141	燃气管路
	1100	供给系装置		1142	蒸发器
	1101	燃油箱		1143	过滤器
	1102	副燃油箱		1144	混合器
	1103	燃油箱盖		1145	燃气空燃比调节阀
	1104	燃油管路及连接件		1146	燃气压力调节器
	1105	燃油粗滤器		1147	气体流量阀

续表 1.1

组号	分组号	名　称	组号	分组号	名　称
11	1148	气体喷射器	15		自动液力变速器
	1149	充气口总成		1500	自动液力变速器总成
	1150	充气(出气)三通总成		1501	液力变矩器
	1151	燃气减压阀		1502	自动变速器总成
	1152	燃气安全装置		1503	冷却器
	1153	燃气选择开关		1504	自动液力变速器操纵机构
	1154	空气预滤器		1505	液力变速器电控单元执行装置
	1156	供给系电控单元执行装置		1506	液力偶合器
12		排气系		1507	锁止离合器
	1200	排气系装置		1508	单向离合器
	1201	消声器	16		离合器
	1202	谐振器		1600	离合器总成
	1203	消声器进排气管		1601	离合器
	1204	消声器隔热板		1602	离合器操纵机构
	1205	排气净化装置(催化转化器)		1603	偶合器
	1206	二次空气供给系统		1604	离合器助力器
	1207	排气再循环系统(EGR)		1605	贮液罐
	1208	隔热板		1606	离合器取力器
	1209	尾管		1607	离合器操纵管路
13		冷却系		1608	离合器总泵
	1300	冷却系装置		1609	离合器分泵
	1301	散热器	17		变速器
	1302	散热器悬置		1700	变速器总成
	1303	散热器软管与连接管		1701	变速器
	1304	散热器盖		1702	变速器换挡机构
	1305	放水开关		1703	变速器换挡操纵装置
	1306	调温器		1704	变速器油泵
	1307	水泵		1705	发动机构
	1308	风扇		1706	变速器悬置
	1309	风扇护风罩		1707	AMT 电控单元执行装置
	1310	散热器百叶窗		1708	同步器
	1311	膨胀箱		1709	油压调节器
	1312	热交换器		1710	油压开关总成
	1313	风扇离合器		1711	润滑油滤清器
	1314	冷却系电控单元执行装置		1712	冷却器

续表 1.1

组号	分组号	名称	组号	分组号	名称
17	1720	副变速器总成	21	2124	电池过热报警装置
	1721	副变速器		2126	插头
	1722	副变速器操纵机构		2127	冷却系装置
18		分动器		2128	电机过速报警装置
	1800	分动器总成		2129	电机过热报警装置
	1801	分动器悬置		2131	电机过电流报警装置
	1802	分动器		2132	整流器
	1803	分动器换挡机构		2133	漏电报警装置
	1804	分动器操纵装置		2134	接触器
	1805	分动器选择开关		2136	运行显示装置
	1806	换挡气缸总成		2137	电制动显示装置
	1807	分动器电控单元执行装置		2138	故障诊断装置
20		超速器		2139	变流器
	2000	超速器总成		2141	锁止机构
	2001	超速器		2142	电机控制器
	2002	超速器边轴器		2143	继电调整器与变向器
	2003	超速器接合器		2144	联轴节
	2004	超速器操纵机构		2146	变速系统
21		电动汽车驱动系统		2147	传动系统
	2100	电动汽车驱动装置		2148	制动系统
	2101	电池组		2149	动力单元
	2102	主开关		2151	驱动单元
	2103	驱动电动机	22		传动轴
	2104	驱动控制系统		2200	传动轴装置
	2105	电缆及连接器		2204	后桥第一中间传动轴
	2106	断路器		2205	中桥传动轴
	2107	充电器		2206	中桥中间传动轴
	2108	车辆控制器		2207	后桥第二中间传动轴
	2109	接线盒		2208	前桥第一中间传动轴
	2110	变压器		2209	前桥第二中间传动轴
	2111	传感器		2210	后桥第三中间传动轴
	2120	燃料电池		2211	中桥第二中间传动轴
	2121	偶合器		2212	传动轴保护架
	2122	逆变器		2241	传动轴中间支承
	2123	AC/DC 变速器	23		前桥

续表1.1

组号	分组号	名 称	组号	分组号	名 称
23	2300	前桥总成	27		支承连接装置
	2301	前桥壳及半轴套管		2700	支承连接装置
	2302	前桥主减速器		2701	挂车台架
	2303	前桥差速器及半轴		2702	牵引装置
	2304	转向节		2703	连接机构
	2305	前桥轮边减速器		2704	挂车转向装置
	2306	前桥差速锁		2705	转向装置的止位机构
	2307	前桥差速锁操纵机构		2706	挂车台架转向装置
	2308	变速驱动桥		2707	牵引连接装置
	2309	前桥变速操纵机构		2720	挂车支承装置总成
	2310	前桥轴头离合器		2721	挂车支承装置
	2311	前桥限位带		2722	挂车支承装置的轴及滚轮
24		后 桥		2723	支承装置升降机构
	2400	后桥总成		2724	支承装置升降驱动机构
	2401	后桥壳及半轴套管		2725	支承装置升降驱动机构操纵装置
	2402	后桥主减速器		2728	挂车自动连接机构
	2403	后桥差速器及半轴		2730	鞍式牵引座
	2404	转向节		2731	铰接车转盘装置
	2405	后桥轮边减速器		2740	辅助支承装置总成
	2406	后桥差速锁		2741	辅助支承装置
	2407	后桥差速锁操纵机构	28		车 架
	2408	变速驱动桥		2800	车架总成
	2409	后桥变速操纵机构		2801	车架
25		中 桥		2802	发动机挡泥板
	2500	中桥总成		2803	前保险杠
	2501	中桥壳及半轴套管		2804	后保险杠
	2502	中桥主减速器		2805	牵引装置
	2503	中桥差速器及半轴		2806	前拖钩(拖拽装置)
	2505	中桥轮边减速器		2807	前牌照架
	2506	中桥差速锁		2808	后牌照架
	2507	中桥差速锁操纵机构		2809	防护栏
	2510	轴间差速器		2810	副车架总成
	2511	轴间差速锁	29		汽车悬架
	2512	轴间差速锁操纵机构		2900	汽车悬架装置
	2513	中桥润滑油泵		2901	前悬架总成

续表 1.1

组号	分组号	名 称
29	2902	前钢板弹簧
	2903	前副钢板弹簧
	2904	前悬架支柱及臂
	2905	前减震器
	2906	前悬架横向稳定装置
	2908	调平控制系统
	2909	前推力杆
	2911	后悬架总成
	2912	后钢板弹簧
	2913	后副钢板弹簧
	2914	后独立悬架控制臂
	2915	后减震器
	2916	后悬架横向稳定装置
	2917	侧向稳定后拉杆
	2918	平衡悬架
	2919	后悬架反作用杆
	2920	限位器
	2921	附加桥钢板弹簧
	2922	附加桥附加弹簧
	2923	附加桥减震器
	2924	附加桥横向稳定器
	2925	前横臂独立悬架系统
	2926	后横臂独立悬架系统
	2930	前空气悬架
	2935	后空气悬架
	2940	第二前悬架总成
	2941	第二前悬架钢板弹簧
	2942	第二前悬架减震器
	2945	悬架电控单元执行装置
	2950	空气悬架电控单元执行装置
	2955	液压悬架电控单元执行装置
	2960	油气悬架
	2965	限位拉索
30		前 轴
	3000	前轴总成

组号	分组号	名 称
30	3001	前轴及转向节
	3003	转向拉杆
	3010	第二前轴总成
	3011	第二前轴及转向节
31		车轮及轮毂
	3100	车轮及轮毂装置
	3101	车轮
	3102	车轮罩
	3103	前轮毂
	3104	后轮毂
	3105	备轮架及升降机构
	3106	轮胎
	3107	备轮攀升缸总成
	3109	备轮攀升手压泵
	3117	附加轴轮毂
	3112	联结法兰
	3113	轮辋
32		附加桥(附加轴)
	3200	附加桥总成
	3201	摆臂轴及摆臂
	3202	附加桥举升机构
	3203	举升机构管理系统
33		后 轴
	3300	后轴总成
	3301	后轴及转向节
	3303	转向拉杆
34		转向系统
	3400	转向装置
	3401	转向器
	3402	转向盘及调整机构
	3403	转向器支架
	3404	转向轴及万向节
	3405	转向操纵阀
	3406	动力转向管路
	3407	动力转向油泵

续表 1.1

组号	分组号	名称	组号	分组号	名称
34	3408	动力转向油罐	35	3526	手制动阀
	3409	动力转向助力缸		3527	辅助制动装置
	3411	整体动力转向器		3529	防冻泵
	3412	转向附件		3530	弹簧制动气室
	3413	紧急制动转向装置		3533	双路阀
	3415	转向转换装置		3534	压力保护阀
	3417	助力转向控制滑阀		3540	真空助力器带制动泵总成
	3418	电子助力转向执行装置		3541	真空泵
35		制动系		3548	发动机进气制动
	3500	制动系装置		3549	发动机排气制动
	3501	前制动器及制动鼓		3550	ABS 防抱死装置
	3502	后制动器及制动鼓		3551	制动调整臂
	3504	制动踏板及传动装置		3555	空气干燥器总成
	3505	制动总泵		3556	制动截止阀
	3506	制动管路		3561	制动软管及连接器
	3507	驻车制动器		3562	制动带
	3508	驻车制动操纵装置		3565	车辆稳定性辅助装置
	3509	空气压缩机		3567	电控单元执行装置
	3510	气压或真空增力机构		3568	EBS 电控单元执行装置
	3511	油水分离器	36		电子装置
	3512	压力调节器		3600	整车电子装置系统
	3513	贮气筒及架		3601	车载电子诊断装置
	3514	气制动阀		3602	自动驾驶装置
	3515	保险装置		3603	防撞雷达装置
	3516	快放阀		3604	巡航装置
	3517	紧急制动阀		3605	防盗系统
	3518	加速阀(继动阀)		3606	IC 卡识读机
	3519	制动气室		3607	电子报站器
	3520	气制动分离开关		3610	发动机系统电控装置
	3521	气制动管接头		3611	发动机系统电控用传感器
	3522	挂车制动阀		3612	电子喷射电控单元及传感器
	3523	感载阀		3613	化油器电控单元及传感器
	3524	缓速器		3614	供给系电控单元及传感器
	3525	制动压力调节阀		3615	EGR 电控单元及传感器

续表 1.1

组号	分组号	名　称	组号	分组号	名　称
36	3616	冷却系电控单元及传感器	37	3740	微电机
	3621	自动液力变速器电控单元及传感器		3741	刮水电机及开关
	3623	AMT 电控单元及传感器		3742	中隔墙电机及开关
	3624	分动器电控单元及传感器		3743	座位移动电机及开关
	3629	空气悬架电控单元及传感器		3744	暖风电机及开关
	3630	ABS 电控单元及传感器		3745	空调电机及开关
	3631	缓速器电控单元及传感器		3746	门窗电机及开关
	3634	转向系电控单元及传感器		3747	洗涤电机及开关
	3635	EBS 电控单元及传感器		3748	后风窗除霜装置
	3636	电控单元及传感器		3749	散热器风扇电机及开关
	3658	安全气囊电控单元及传感器		3750	变换开关
	3665	集中润滑系统电控单元及传感器		3751	接触器
	3682	卫生间电控单元及传感器		3752	焊震限制器
37		电气设备		3753	行程电磁铁
	3700	电气设备		3754	电磁开关
	3701	发电机		3755	制动位液面装置
	3702	发电机调节器		3757	气压报警开关
	3703	蓄电池		3758	车门信号开关
	3704	点火开关		3759	座椅加热器及控制开关
	3705	点火线圈		3761	真空信号开关
	3706	分电器		3763	车辆限速装置
	3707	火花塞及高压线		3764	ABS 系统调节电动机
	3708	启动机		3765	电子节气门
	3709	灯光总开关		3766	闪光器
	3710	变光开关		3767	燃油泵电动机
	3719	遮光罩		3768	电子点火模块
	3721	电喇叭		3769	进气预热器
	3722	电路保护装置		3770	电预热塞
	3723	接线器		3774	组合开关
	3725	点烟器		3775	主副油箱转换阀
	3728	磁电机		3776	倒车监视系统
	3730	挂车供电插座		3777	分动器控制装置
	3735	各种继电器		3778	电子防盗装置
	3736	电源总开关		3779	取力指示器及开关
	3737	搭铁开关		3780	电压转换开关

续表 1.1

组号	分组号	名　称	组号	分组号	名　称
37	3781	空挡开关	38	3826	气制动储气筒压力表
	3782	电动外后视镜开关		3827	发动机油压表
	3783	冷风电动机		3828	冷却液温度表
	3784	逆变器		3832	变速器操纵信号显示装置
	3785	防暴电子设备		3833	举升信号装置
	3786	天线电动机		3834	差速操纵信号显示装置
	3787	中央门锁		3850	车辆行驶记录仪
	3788	火焰塞		3853	挂车自动连接信号显示装置
	3789	润滑泵电动机		3865	集中润滑系统显示装置
	3790	电子门锁		3871	预热温度开关及显示器总成
	3791	遥控门锁及遥控器		3872	蓄电池欠压报警装置
	3792	烟板开关			随车工具及组件
38		仪器仪表	39	3900	随车工具及组件
	3800	仪器仪表装置		3901	通用工具
	3801	仪表板		3903	说明牌
	3802	车速里程表及传感器		3904	铭牌
	3803	远光指示灯		3905	铲子
	3804	电钟		3907	牵引钢绳
	3806	燃油表		3908	防滑链
	3807	机油温度表		3909	备用桶
	3808	水温表		3910	灭火器及附件
	3809	气体温度表		3911	油脂枪
	3810	机油压力表		3912	轮胎气压表
	3811	电流表		3913	起重器
	3812	电压表		3914	保温套
	3813	转速表		3915	活动扳手
	3814	真空表		3916	特种工具
	3815	混合气点火器		3917	轮胎充气手泵
	3816	空气压力表		3918	拆卸工具
	3818	警报器装置		3919	工具箱
	3819	蜂鸣器		3920	厚薄规及量规
	3820	组合仪表		3921	装饰标牌
	3822	燃气显示装置		3922	备品包箱
	3824	稳压器总成		3923	车辆识别代号标牌
	3825	水位报警器总成		3924	发动机修理包

续表 1.1

组号	分组号	名称	组号	分组号	名称
39	3926	三角警告牌	41	4122	壁灯
40		电线束		4123	顶灯
	4000	汽车线束装置		4124	阅读灯
	4001	发动机线束		4126	踏步灯
	4002	车身线束		4127	行李箱照明灯
	4003	仪表板及控制台线束		4128	应急报警闪光灯
	4004	座舱线束		4129	警告灯
	4006	装货空间线束		4131	门灯
	4010	车架线束		4133	组合后灯
	4011	前线束		4134	制动灯及开关
	4012	中间线束		4135	回复反射器
	4013	后线束		4136	闪光器
	4014	空调线束	42		特种设备
	4016	线束固定器(线夹)		4200	特种设备
	4017	线束插接器		4201	机械打气泵
	4018	灯具线束		4202	一挡取力器(动力输出装置)
41		汽车灯具		4203	增压泵及减速器
	4100	汽车灯具装置		4205	二挡取力器
	4101	前照灯		4207	三挡取力器
	4102	前小灯		4209	发动机拆卸器
	4103	仪表灯		4210	特种设备气压操纵装置
	4104	内部照明灯及开关		4211	取力器
	4106	工作灯		4212	水下部件通气管
	4107	尾灯		4221	轮胎充气系贮气筒
	4108	牌照灯		4222	轮胎充气压力控制阀
	4109	停车灯		4223	轮胎阀体
	4111	转向灯及开关		4224	轮胎充气接头
	4112	投光灯		4225	轮胎充气管路
	4113	倒车灯及开关		4240	车门自动开关机构
	4114	示廓灯		4250	集中润滑系统
	4116	雾灯及开关		4260	集中气动助力伺服系统
	4117	侧标志灯(侧反射器)	45		绞盘
	4118	挂车标志灯		4500	绞盘总成
	4119	防空灯及开关		4501	绞盘
	4121	组合前灯		4502	绞盘传动轴

续表 1.1

组号	分组号	名称	组号	分组号	名称
45	4503	绞盘操纵装置	51	5133	后地板
	4504	绞盘钢索、链条及钩		5134	纵梁
	4505	绞盘鼓		5135	横梁
	4506	绞盘驱动装置		5136	压条
	4507	绞盘支架		5140	前踏步总成
	4508	液压泵、液压马达		5150	中间踏步总成
	4509	液压管路及连接器		5160	后踏步总成
		车　身		5172	车身下防护装置
50	5000	车身总成		5173	车身下防护板
	5001	车身固定装置		5174	车身下导流板
	5002	车身翻转机构			风　窗
	5004	车身锁止机构	52	5200	风窗总成
	5005	放物台		5201	风窗框
	5006	车身外装饰		5202	风窗铰链
	5010	车身骨架		5203	风窗侧面玻璃
	5012	伸缩棚装置		5204	风窗升降装置
	5014	绞接棚及转盘机构		5205	刮水器
		车身地板		5206	风窗玻璃及密封条
51	5100	车身地板总成		5207	风窗洗涤器
	5101	车身地板零件			前　围
	5102	车身地板护面	53	5300	前围总成
	5107	车身地板盖板		5301	前围骨架及盖板
	5108	工具箱		5302	前围护面
	5109	地毯		5303	杂物箱
	5110	地板隔热层		5304	前围通风孔
	5111	进风口罩		5305	副仪表板
	5112	售票台		5306	仪表板
	5120	驾驶区地板总成(前地板总成)		5310	前围隔热层
	5121	驾驶区地板		5315	高架箱
	5122	纵梁			侧围
	5123	横梁	54	5400	侧围总成
	5124	压条		5401	侧围骨架及盖板
	5130	乘车区地板总成(后地板总成)		5402	侧围护面
	5131	通道地板		5403	侧围窗
	5132	侧面地板		5404	侧围升降机构

续表 1.1

组号	分组号	名　称	组号	分组号	名　称
54	5405	中间支柱	56	5601	后围骨架及盖板
	5406	三角窗		5602	后围护面
	5409	内行李架		5603	后围窗
	5410	侧围隔热层		5604	行李箱盖
	5411	行李舱门		5605	行李箱盖铰链及支柱
55		车身装饰件		5606	行李箱盖锁及手柄
	5500	车身装饰		5608	行李箱护面
	5501	顶盖装饰件		5610	后围隔热层
	5502	喷水口装饰件		5611	刮水器
	5503	安全带装饰件		5612	洗涤器
	5504	车身底部装饰件		5613	隔栅
	5506	牌照及照明装置装饰件		5614	导流板
	5507	活动入口装饰件	57		顶　盖
	5508	中间支柱装饰件		5700	顶盖总成
	5509	散热器护栅装饰件		5701	顶盖骨架及盖板
	5511	大灯、信号灯装置装饰件		5702	顶盖内护面
	5512	轮罩装饰件		5703	顶盖通风窗
	5513	排气口出口装饰件		5704	顶盖外护面
	5514	散热器导流板装饰件		5709	行李架总成
	5516	变速杆装饰件		5710	顶盖隔热层
	5517	空调装饰件		5711	顶盖升降机构
	5518	行李箱装饰件		5713	应急窗(安全窗)
	5519	驾驶台装饰件	58		乘员安全约束装置
	5521	地板装饰件		5800	乘员安全约束装置
	5522	车壁装饰件		5810	安全带总成
	5523	豪华座椅装饰件		5811	前安全带
	5524	行李架装饰件		5812	后安全带
	5526	乘客扶手装饰件		5813	中间安全带
	5527	卧铺装饰件		5814	安全带收紧器
	5528	车门搁物袋		5820	安全气囊总成
	5529	座椅背搁物袋		5821	前气囊袋
	5531	专用隔热、隔音装饰件		5822	侧气囊袋
	5532	专用防尘、防雨密封装饰件		5823	气体发生器
56		后　围		5824	安全气囊电控单元执行装置
	5600	后围总成		5825	微处理器

续表 1.1

组号	分组号	名称	组号	分组号	名称
58	5826	安全气囊触发器	61	6107	车门密封条
	5830	儿童约束保护系统		6108	车门开关机构
	5831	儿童安全座椅		6109	车门滑轨及限位机构
	5832	儿童安全门锁		6110	车门气路
	5833	儿童安全带		6111	车门气泵
	5834	童车和轮椅约束装置		6112	车门应急开启装置
59		客车舱体与舱门	62		后侧面车门
	5901	大行李舱体		6200	后侧车门总成
	5902	大行李舱门		6201	车门骨架及盖板
	5903	蓄电池舱体		6202	车门护面
	5904	蓄电池舱门		6203	车门窗
	5907	除霜器舱体		6204	车门玻璃升降机构
	5908	除霜器舱门		6205	车门锁及手柄
	5909	空调舱体		6206	车门铰链
	5910	空调舱门		6207	车门密封条
	5915	配电舱体		6208	车门开关机构
	5916	配电舱门		6209	车门滑轨及限位机构
	5918	小行李舱体		6210	车门气路
	5919	小行李舱门		6211	车门气泵
	5920	其他舱体与舱门		6212	车门应急开启装置
60		车篷及侧围	63		后车门
	6000	车篷总成		6300	后车门总成
	6001	车篷骨架及附件		6301	车门骨架及盖板
	6002	车篷及侧围		6302	车门护面
	6003	车篷后窗		6303	车门窗
	6004	车篷升降机构		6304	车门玻璃升降机构
	6005	车篷座		6305	车门锁及手柄
61		前侧面车门		6306	车门铰链
	6100	前侧面车门总成		6307	车门密封条
	6101	车门骨架及盖板		6308	车门开关机构
	6102	车门护面		6309	车门助力撑杆
	6103	车门窗		6310	后门窗刮水器
	6104	车门玻璃升降机构		6311	后门窗洗涤器
	6105	车门锁及手柄		6312	后门窗除霜器
	6106	车门铰链			

续表 1.1

组号	分组号	名称	组号	分组号	名称
64		驾驶员车门	68	6801	驾驶员座骨架
	6400	驾驶员车门总成		6802	驾驶员座骨架保护面
	6401	车门骨架及盖板		6803	驾驶员座软垫
	6402	车门护面		6804	驾驶员座调整机构
	6403	车门窗		6805	驾驶员座靠背
	6404	车门玻璃升降机构		6807	驾驶员座支架
	6405	车门锁及手柄		6808	驾驶员座头枕
	6406	车门铰链		6809	驾驶员座扶手
	6407	车门密封条	69		前座
	6408	车门开关机构		6900	前座总成
	6409	驾驶员车门(右)		6901	前座骨架
66		安全门		6902	前座骨架护面
	6600	安全门总成		6903	前座软垫
	6601	安全门骨架及盖板		6904	前座调整机构
	6602	安全门护面		6905	前座靠背
	6605	安全门锁及手柄		6906	前座扶手
	6606	安全门铰链		6907	前座支架
	6607	安全门密封条		6908	前座头枕
	6608	安全门开关机构		6930	前座中间座
67		中侧面车门总成	70		后座
	6700	中侧面车门总成		7000	后座总成
	6701	车门骨架及盖板		7001	后座骨架
	6702	车门护面		7002	后座骨架护面
	6703	车门窗		7003	后座软垫
	6704	车门玻璃升降机构		7004	后座调整机构
	6705	车门锁及手柄		7005	后座靠背
	6706	车门铰链		7006	后座扶手
	6707	车门密封条		7007	后座支架
	6708	车门开关机构		7008	后座头枕
	6709	车门滑轨及限位机构	71		乘客单人座
	6710	车门气路		7100	乘客单人座总成
	6711	车门气泵		7101	乘客单人座骨架
	6712	车门应急开启装置		7102	乘客单人座骨架护面
68		驾驶员座		7103	座位软垫
	6800	驾驶员座总成		7104	座位调整机构

续表 1.1

组号	分组号	名　称	组号	分组号	名　称
71	7105	座位靠背	74	7408	乘客多人座头枕
71	7106	座位扶手			折合座
71	7107	座位支架	75	7500	折合座总成
71	7108	乘客单人座头枕	75	7501	折合座骨架
71	7109	座椅附件	75	7502	折合座架护面
		乘客双人座	75	7503	座位软垫
72	7200	乘客双人座总成	75	7504	座位调整机构
72	7201	乘客双人座骨架	75	7505	座位靠背
72	7202	乘客双人座骨架护面	75	7506	座位扶手
72	7203	座位软垫	75	7507	座位支架
72	7204	座位调整机构			卧　铺
72	7205	座位靠背	76	7600	卧铺总成
72	7206	座位扶手	76	7601	卧铺骨架
72	7207	座位支架	76	7602	卧铺软垫
72	7208	乘客双人座头枕	76	7603	卧铺支架
72	7209	座椅附件	76	7604	卧铺骨架护面
		乘客三人座	76	7605	卧铺扶手
73	7300	乘客三人座总成	76	7606	卧铺靠背
73	7301	乘客三人座骨架	76	7607	卧铺调整机构
73	7302	乘客三人座骨架护面	76	7608	卧铺搁脚架
73	7303	座位软垫	76	7609	卧铺梯
73	7304	座位调整机构	76	7611	卧铺附件
73	7305	座位靠背			中间隔墙
73	7306	座位扶手	78	7800	中间隔墙总成
73	7307	座位支架	78	7801	中间隔墙骨架及盖板
73	7308	乘客三人座头枕	78	7802	中间隔墙护面
		乘客多人座	78	7803	中间隔墙窗
74	7400	乘客多人座总成	78	7804	中间隔墙玻璃升降机构
74	7401	乘客多人座骨架	78	7805	中间隔墙门
74	7402	乘客多人座骨架护面			车用信息通信与声像设备
74	7403	座位软垫	79	7900	车用信息通信与声像装置
74	7404	座位调整机构	79	7901	收放机
74	7405	座位靠背	79	7902	无线电发报机
74	7406	座位扶手	79	7903	天线
74	7407	座位支架	79	7904	滤波器

续表 1.1

组号	分组号	名称	组号	分组号	名称
79	7905	车载电话	81	8121	进气道与滤清器
	7906	防干扰装置		8122	集液器
	7908	录放机		8123	供暖和通风系统
	7909	扩音机	82		附　件
	7910	车用视盘机		8200	附件
	7911	车用音响装置		8201	内后视镜
	7912	显示器总成		8202	外后视镜
	7913	车用卫星定位导航装置		8203	烟灰缸
	7914	车载计算机		8204	遮阳板
	7917	车内监控摄像系统		8205	窗帘
	7921	电源附件		8206	搁脚板
	7922	声像附件		8207	各种用具、枪架
	7925	信息通信附件		8208	反光器
	7930	交通信息显示系统		8209	安全锤
81		空气调节系统		8213	冰箱
	8100	空气调节装置		8214	饮水器
	8101	暖风设备		8215	拉手
	8102	除霜设备		8218	物品盒
	8103	制冷压缩机		8219	下视镜
	8104	车身强制通风设备		8220	保险柜
	8105	冷凝器		8221	杯架
	8106	膨胀阀		8222	书架、工作台
	8107	蒸发器(制冷器)		8223	药箱
	8108	空调管路		8224	随车文件盒
	8109	贮液干燥器		8225	衣钩
	8110	吸气节流阀		8226	行李挂钩
	8111	冷气附件		8227	告示牌
	8112	空气调节操纵装置		8228	投币机
	8113	空气净化设备		8230	卫生间总成
	8114	空调电气设备		8231	卫生间
	8115	加温设备		8232	卫生间储水箱
	8116	冷、暖风流量分配器		8233	卫生间供排水装置
	8117	空气流量分配器		8234	卫生间电控单元执行装置
	8118	恒温调节器		8235	卫生间污物处理封装装置
	8119	进、送风格栅		8240	炊事间总成

续表 1.1

组号	分组号	名　称	组号	分组号	名　称
84		车前、后钣金件	85	8515	翼开启机构
	8400	车前钣金零件		8516	顶棚外蒙皮总成
	8401	散热器罩	86		车箱倾斜机构
	8402	发动机罩及锁		8600	车箱倾斜机构总成
	8403	前翼板		8601	车箱底架
	8404	后翼板		8602	倾斜机构
	8405	踏脚板		8603	倾斜机构液压缸
85		车　箱		8604	倾斜机构油泵
	8500	车箱总成		8605	倾斜机构油泵管路
	8501	车箱底板		8606	倾斜机构操纵装置
	8502	车箱边板		8607	分配机构
	8503	车箱后板		8608	举升机构油箱
	8504	车箱前板		8610	举升机构传动轴
	8505	车箱板锁		8611	油泵限位阀
	8506	车箱座位		8613	举升节流单向阀
	8507	车箱工具箱		8614	下降限位阀
	8508	车箱篷布及支架		8615	下降节流单向阀
	8509	车箱护栏		8616	滤清器
	8511	车箱挡泥板		8617	车箱保险支架总成
	8514	后门骨架总成			

任务实施

在本项目情境中，配件管理员要完成购进配件过程，首先必须掌握以下环节的知识要点。

环　节	对应项目	具体程序
1	国产汽车零部件编号规则	(1)根据现有知识拓展与提升搜集有关国产汽车零部件编号规则等相关知识要点以拓宽知识面 (2)根据理论知识在实践中进行运用
2	汽车零部件编号	(1)明确汽车零部件编号表达式中各项含义 (2)能根据汽车零部件型号对编号进行解读
3	对国产汽车零部件编号规则的说明	(1)熟悉《汽车产品零部件编号规则》的适用范围 (2)掌握《汽车产品零部件编号规则》标准术语
4	国产汽车零部件编号中的组号和分组号的编制	(1)熟悉汽车构造名称及组号和分组号 (2)能根据编号表查询组号与分组号 (3)能根据编制表对国产汽车零部件编号进行组号与分组号解读

项目 1.3 进口汽车零部件编号规则

情境导入

实习配件管理员小李发现一配件上标记有 327　867　011　D　MP1 的字样，请教老员工张师傅，张师傅向小李进行了详细的讲解，并告诉小李，应多了解进口汽车配件编号规则方面的知识。

【任务分析】

作为配件营销人员或配件管理人员，应该掌握进口汽车配件编号规则方面的知识，以便更好地为客户服务，增强专业能力。

理论引导

我国进口汽车品牌繁多，各汽车制造厂的零件编号并没有统一规定，由制造厂自行编制，其配件编号规则各有差异。现以德国大众系列汽车配件编号规则为例说明汽车零部件编号规则。

1. 大众系列汽车配件编号表达式

L　□□□　○○○　○○○　○○　○○○

①　②　③④　⑤　⑥　⑦

①表示国产配件标记“L”；②表示车型号；③表示主组号；④表示子组号；⑤表示零件号；⑥表示更改标记；⑦表示颜色代码。

2. 大众系列汽车配件编号表达式举例

(1) 327　867　011　D　MP1

车型标记由 3 个数字或字母组成，表示该总成或零件是为这个车型设计生产的，也表示这种总成或零件是优先为这种车型生产和装配使用的，也可以在其他车型上使用。

从车型最末一位数字可以区别：

×单数：左驾驶的车型。

×双数：右驾驶的车型。

(2) 327　867　011　D　MP1

机组标记由 3 个数字或字母组成，表示该总成或零件（主要指发动机、变速箱、发电机、启动机及点火装置）不是专门为哪个车型设计生产的，而是由设计人员选用的。机组零件一般是由配套厂商设计生产的。

(3) 327　867　011　D　MP1

零件号的第 4 位是大组号（总成），在微缩胶片中大众公司将汽车的主要结构元素相应地分成 11 个大组：

1：发动机及燃油喷射系统。

2：油箱及供油管路；排气系统及空调设备的制冷循环系统。

3：变速箱。

4：前轴（前悬挂）；差速器及转向系统。

5：后轴（前悬挂）；差速器及转向系统。

6：车轮、刹车系统。

7:手操纵系统、脚踏板组。

8:车身、空调、暖风控制系统。

9:电器。

0:附件。

N:标准件。

(4)327　8 67　011　D　MP1

零件号的第五、六位是小组号,每一个大组可以分成(00 到 99)100 个小组。按设计要求将该大组中的分总成或零件分别放在相应的小组中表示。注意:小组号应与大组号放在一起使用才有意义。

(5)327　867　011　D　MP1

零件序号是由 3 位数字组成(000 到 999),表示这个零件在这个小组中的编号,从这 3 个数字的末一位数字可以区别:

×单数:不分左右的零件或安装在车辆的左侧的零件。

×双数:安装在车辆的右侧。

(6)327　867　011　D　MP1

尾码(变形后补标记或更改标记),一般由 1 个或 2 个字母组成,它的出现表示该总成或零件曾经变更过。

它的含义是:×不同的材料;×不同的外形或结构;×不同的外厂部件货源。

(7)327　867　011　D　MP1

颜色代码一般用来辨别装饰件的颜色,它由 3 位数字或字母组成,我们应该将颜色标记的数字或字母始终作为一个整体来看待,因为只有它们在一起时才有意义。若将它们分开,则不代表任何含义。

智能零件是指汽车用的各类含有控制程序的控制器零件,这些配件在订货时必须注意颜色代码,因为不同的颜色代码代表不同版本的控制程序和参数。此类零件在订货时颜色代号绝对不能弄错,否则装车后会导致部分或全部功能的缺失。这类配件包括:舒适系统控制器、安全气囊控制器、组合仪表、电动摇窗机马达和电网控制器。

例如:

06B 105 561　001

06B 105 591　007

3BD 867 011　EWM

3BD 867 011 A　EVZ

1J4 959 812 C　07P

1C0 909 601 A　00L

以上 6 个配件均带有颜色代码,但是并不是所有的颜色代码都表示颜色。

目前在配件目录中的颜色代码有 3 种含义。

①表示真实的颜色,主要应用于内外饰件、面板及各类带颜色的配件。

3BD 867 011　EWM　表示法兰绒灰色的车门内护。

3BD 867 011 A　EVZ　表示浅米色/白金色的车门内护。

②表示零件的尺寸分组,主要应用于发动机的主轴瓦及连瓦。

06B 105 561　001　表示尺寸 2.508 ~2.512。

06B 105 591　007　表示尺寸 2.504 ~2.508。

③表示零件所带的不同版本的控制程序,主要应用于智能控制零件,这些零件集中在 POLO 和 PASSAT 车型中。

1J4 959 812 C 07P

1C0 909 601 A 00L

(8)N　017　131　7

规范零件和类规范零件等同于我国的国标和部标(也就是标准件)。它由德文字“Norm”的第一个字母“N”开始。另外,由“N”开头的零件也表示这是一个较小的零件。

上述配件号的第10位出现字母“X”(举例:6Q0 920 800 X 075),则表示该零件是配套生产厂家充好程序后直接供配件系统使用的,而整车厂流水线上的零件是在现场装车后按需要再充程序的。

3.大众系列汽车配件编号中主组号及子组号的编制

大众系列汽车配件共分11大类,主组号及子组号的编制见表1.2。

表1.2　大众系列汽车配件编号中主组号及子组号表

1大类	发动机及燃油喷射系统
1	100 发动机或发动机总成
2	103 缸体、缸盖、缸头上的通风软管、油底壳
3	107 活塞、活塞环
4	109 配气机构,包括:进排气门、凸轮轴、正时齿轮、正时齿轮罩、皮带等
5	115 机油泵、机油滤清器、托架、油标尺
6	121 发动机的水冷却系统,包括:水泵、散热器、进出水管、风扇等
7	127 燃油泵(化油器车用)、燃油储压器、连接软管
8	129 化油器及进气系统,包括:空气滤清器、进气歧管等
9	133 喷射式发动机用的喷油器、燃油管路、冷启动阀、压力调节器、燃油计量阀(其中包括空气滤清器总成及空气计量阀)等
10	141 液压离合器(4、5缸通用)
11	145 动力转向液压泵
12	198 修理包,包括:缸体密封件(包括:曲轴前后油封)、活塞环、连杆、止推垫圈、轴瓦等
13	199 发动机悬置件
2大类	油箱及供油管路、排气系统及空调设备的制冷循环系统
1	201 供油系统,包括:油箱、燃油管路、燃油滤清器及燃油泵
2	253 排气歧管及排气消音器
3	260 空调设备的制冷循环系统,包括:蒸发器、膨胀阀、压缩机、冷凝器、制冷软管、高低压开关等
4	298 修理包,包括:磁性离合器的一套附件等
3大类	变速箱
1	300 变速箱总成
2	301 机械变速箱壳体和变速箱及发动机之间的连接部件
3	311 4速和5速的变速箱所有齿轮、轴等
4	321 自动变速箱壳体
5	322 自动变速箱前进、倒挡齿轮离合器,液压变矩器
6	325 阀体、自动变速箱的油滤器
7	398 修理包,包括:变速箱密封件修理包,一套密片等
8	399 变速箱悬置件

续表 1.2

4 大类	前轴(前悬挂)、差速器及转向系统
1	407 导向控制臂及连接轴(驱动轴)、轮毂
2	408 差速器和齿轮组及自动变速箱和发动机相连接的壳体及连接件
3	411 前悬挂,包括:减震弹簧、稳定杆等
4	412 前减震器
5	419 涡轮蜗杆转向器、方向盘、转向柱(不包括动力转向)
6	422 动力转向机及液体容器和连接软管
7	498 修理包,包括:一套密封件(包括驱动轴油)、差速器齿轮、车轮支承座等
5 大类	后轴(前悬挂)、差速器及转向系统
1	500 后桥及附件
2	511 后悬置
3	512 后减震器
6 大类	车轮、刹车系统
1	609 后鼓式制动器
2	610 制动总泵及制动管路
3	611 制动助力器(四缸机:真空助力、五缸机、液压助力)
4	614 制动压力调节器
5	615 前盘式制动器,包括:制动片、制动柱塞缸、制动盘等
6	616 自动调平系统,包括:自动调平阀、压力真空罐等
7	698 修理包,包括:前、后成套刹车蹄片,制动水泵修理包,刹车衬垫,制动管及柱塞外壳的成套密封件等
7 大类	手操纵系统、脚踏板组
1	711 变速箱换挡机构、手制动操纵杆及冷启动钢索
2	713 自动变速箱的换挡机构
3	721 制动踏板、离合器踏板组、机械变速箱用的油门踏板及油门钢索
4	722 自动变速箱用的制动踏板、油门踏板
5	798 修理包,包括:制动总泵推杆等
8 大类	车身、空调、暖风控制系统
1	800 车身体总成
2	803 前侧梁及轮罩、车身的前后地板总成
3	805 散热器框及导水板
4	807 前、后保险杠
5	808 侧板(包括门框架侧板及后叶子板轮罩)
6	813 后隔板(行李箱内侧)、后端板、后挡泥板
7	817 顶板
8	819 鼓风机及壳、驾驶座乘客座内的暖风和通风的通道及通风口
9	820 自然通风和暖风控制(驾驶室内)、真空罐和真空软管(空调)

续表 1.2

10	821 前叶子板
11	822 发动机罩盖
12	827 行李箱后罩盖及箱锁
13	831 前车门、车门铰链、车门密封件、限位杆
14	833 后车门、车门铰链、车门密封件、限位杆
15	837 前门把手、内护板、玻璃框架及玻璃升降器
16	838 后门把手、内护板、玻璃框架及玻璃升降器
17	845 车窗玻璃(共计 8 块)
18	853 所有玻璃嵌条、车门保护条、散热器护栏、驾驶室内通风口装饰板
19	857 主要包括:仪表板、杂物箱、遮阳板、后视镜、安全带(车前内部位等)
20	860 灭火器
21	862 中央门锁系统
22	863 车身内各部件隔音板及装饰板(不包括前仪表板)
23	867 车门、车门柱装饰板和顶盖的装饰板
24	881 前座椅总成及头枕
25	885 后座椅总成及头枕
26	898 修理包,包括:一套锁芯、一套保险杠安装件、叶子板修理包等
9 大类	电器
1	903 发电机及连接固定件
2	904 点火启动系统,包括点火线圈、点火线、火花塞、分电器、点火开关等
3	905 K-喷射霍尔传感控制单元(五缸机用)
4	906 电控单元、速度传感器、防抱死开关、防滑控制开关
5	911 启动机及其零部件
6	915 蓄电池、蓄电池的固定件
7	919 在发动机和变速箱的各种开关、传感器以及仪表盘上的各种指示器和点烟器
8	937 继电器盘及继电器(位置:方向盘下部)
9	941 前大灯、前雾灯,后牌照灯、仪表板的开关保险丝/ 继电器盒中的所有保险丝和继电器(位置:车左前部)
10	945 后制动灯、转向信号灯及灯
11	947 车内的各种照明灯及制动控制系统和车门灯控制开关
12	951 喇叭、双音喇叭
13	953 前转向灯及转向、警报、雨刷满打满算洗涤的综合开关
14	955 刮水器及洗涤件
15	957 车速表、距离传感器
16	959 电风扇、电动车窗及电动后视镜的开关
17	971 各种线束
18	989 修理包,包括:一套雨刷器片、霍尔感应器等

续表 1.2

0 大类	附件
1	000 火花塞(101 000 005 AB)
2	011 千斤顶
3	021 工具箱
4	018 发动机护板
5	035 收音机、收放机喇叭、火花塞接头、分电盘、高压线插头、自动天线
N 大类	标准件
1	N 010 螺栓
2	N 011 垫圈
3	N 012 弹簧垫圈、锁环、锁片
4	N 013 密封圈
5	N 017 灯泡、保险丝
6	N 024 卡箍
7	N 038 线束
8	N 900 自攻螺丝
9	N 902 锁环
10	N 904 铆钉

任务实施

在本项目情境中,小李按照张师傅的要求重点学习并掌握以下环节的知识要点。

环 节	对应项目	具体程序
1	进口汽车零部件编号规则	(1)根据现有知识拓展与提升搜集有关进口汽车零部件编号规则等相关知识要点以拓宽知识面 (2)根据理论知识在实践中进行运用 (3)根据德国大众品牌的汽车零部件编号规则衍生对比其他进口品牌的汽车零部件编号规则的异同点
2	德国大众系列汽车配件编号规则	(1)掌握德国大众系列汽车配件编号规则,举例说明汽车零部件编号规则 (2)掌握大众系列汽车配件编号表达式含义
3	大众系列汽车配件编号表达式举例	(1)根据举例进一步熟悉大众系列汽车配件编号表达式中各项含义 (2)根据汽车配件编号对汽车配件产品进行识别
4	大众系列汽车配件编号中主组号及子组号的编制	(1)熟悉汽车构造名称及组号和分组号 (2)能根据编号表查询组号与分组号 (3)能根据编制表对大众汽车零部件编号进行组号与分组号解读

项目 1.4 汽车配件查询与检索

情境导入

吴某是成都汽配城一名汽车配件个体经营者，每天销售业务量很大，以前查找货很费时，影响业务。上年聘请了两名汽车营销专业毕业生，他们计算机基础能力强，很快熟练应用汽车配件查询与检索系统为客户查找配件，大大提高了查找配件准确度和工作效率，深受老板欢迎。

【任务分析】

在配件管理或销售时，快速查询并确认客户所需配件的零件编号、零件名称、型号等信息是非常重要的，这是配件管理信息化。

理论引导

汽车配件的查询与检索包括两方面的内容，一方面是查询并确认客户所需配件的零件编号、零件名称、型号等信息；另一方面是查询该配件的库存数量、价格、仓位等信息。本节主要介绍前者。

1.4.1 汽车配件检索工具

通过查阅配件目录来确认配件编号。汽车配件检索工具一般有书本配件手册、微缩胶片配件目录和电子配件目录(CD 光盘)3 种形式。

1.4.2 电子配件目录(CD 光盘)汽车配件查询与检索方法

现以一汽－大众配件电子目录系统为例，说明汽车配件查询与检索方法。

1. 大众集团的备件号体系

一汽－大众的备件号系统大体上遵循了德国大众汽车集团备件号的编写规则，但由于中国汽车市场的差异性，我们需要对进口备件和国产备件加以区分，在 1997 年以前，我们在备件号后面加上字母“L”或在颜色代码处写上“LOC”来表示该件的国产备件号。1997 年以后，规定在备件号前面加字母“L”来表示该件的国产备件号。但是备件号的总位数仍为 18 位(包括空格)。需要说明的是：对于进口备件号为 18 位，需要进行国产化处理时，在加上字母“L”的同时要去掉备件号颜色代码前的空格，这样就可以保证国产化的备件号仍为 18 位。下面举例说明：

193 845 217 A L10/97－LOC →可写成 L193 845 217 A 车门固定玻璃密封件

020 311 123 N L05/98－LOC →可写成 L020 311 123 N 向心滚珠轴承

049 903 119 L →可写成 L049 903 11 三角皮带轮

02T 300 045 H →可写成 L02T 300 045 H 手动变速箱

1GD 867 011 AGSYE →可写成 L1GD 867 011 AGSYE 门护板

2. 备件号的输入规则

一汽－大众计算机备件管理体系中，备件号的输入都有固定的格式，不按照规则进行输入，系统不能识别，就不能正确地订货，所以，正确地输入备件号是非常重要的。␣在计算机中表示空一个格。

例如：

L1H0␣412␣359 (1L0/4B0/6N0/6K0/8D0/8E0 后面的“0”是数字零)

357—498—625—B

443—845—501—AJ

191—863—241—AF—LN8

L191—863—241—AFLN8

N————102—564—01

LN————905—618—01

3. 底盘号及销售代码介绍

(1)底盘号(表1.3)

在德国大众公司的管理系统中,底盘号是由17位数字组成的。有些零件进行技术更改后,需要以底盘号进行区分,在备件电子目录系统中可简写成如下形式:F 4B－33010341(F表示底盘,M表示发动机,G表示变速箱,D表示日期)。有部分备件在订货时需要提供底盘号,如汽车钥匙、发动机和变速箱控制器、线束等。需要底盘号订货的零件在目录或R3系统中均有标注。当查询电子目录遇到难以区分的备件时,可以通过提供底盘号来查询该车的装备,以此确定所需备件。

表1.3　底盘号

1	2	3	4	5	6	7	8	9	10	11	12	13	14	15	16	17
L	F	V	B	A	4	4	B	2	3	3	0	1	0	3	4	1
			安全保护装置	车身类型	发动机变速箱	车型代码		检验位	车型年份	装配厂	生产顺序号					
中国一汽－大众			A－安全带	A－四门阶背式	汽油发动机	4B－奥迪C5			1997－V	3－中国长春						
			B－安全带+安全气囊	B－四门溜背式	1－手动变速箱	4C－奥迪C6			1998－W	一汽－大众						
				C－四门方背式	2－自动变速箱 柴油发动机	1G－捷达			1999－X							
					3－手动变速箱	1J－宝来			2000－Y							
					4－自动变速箱 两用燃料发动机	2J－高尔夫			Jan－01							
					5－手动变速箱	1K－速腾			Feb－02							
					6－自动变速箱	2K－开迪			Mar－03							
									Apr－04							
									May－05							
									Jun－06							
									Jul－07							
									Aug－08							
									Sep－09							
									2010－A							

(2)整车销售代码

销售代码是由阿拉伯数字0~9和英语26个字母组合而成的,加上两个空格,总共有18位。获取销售代码有以下几种方式:①向用户索取;②向出售该车的经销商索取;③通过底盘号查询。

下面仍以底盘号LFVBA44B233010341为例说明,如图1.3所示。

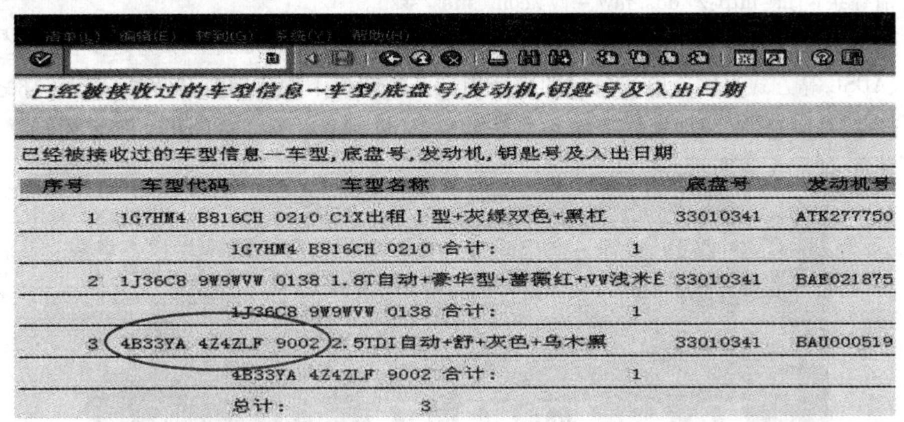

图1.3 整车销售代码(4B33YA 4Z4ZLF 9002)

销售代码的正确书写格式为:4B33YA⌴4Z4ZLF⌴9002。销售代码的释义见表1.4。

表1.4 销售代码

1	2	3	4	5	6	7	8	9	10	11	12	13	14	15	16	17	18
4	B	3	3	Y	A	空格	4	Z	4	Z	L	F	空格	9	0	0	2
车型		车身	技术装备	E-1.6 2V	1-捷达4挡		车身外部颜色				内饰组合码			装备组合			
4B-奥迪C5		奥迪:	1-C	K-1.6L 新2V	4-捷达5挡												
4Z-奥迪C6		3-阶背	2-CL	H-1.6 5V	3-捷达4挡自动												
1G-捷达		4-溜背	3-GL	M-2V MPI	4-2.4升自动												
1J-宝来		5-变形车身	4-CT	P-ANQ													
2J-高尔夫			5-GT	T-AWL													
1K-速腾			6-CLX	L-APS													
2K-开迪			奥迪:	Q-ATX													
			1-奥迪C5	S-LPI/LPG													
			2-奥迪C5 WTZ	Y-BND													
			3-奥迪C5 WAE														
			4-奥迪C5 WTZ+WAE														

4. 一汽-大众备件电子目录的下载与安装

一汽-大众备件电子目录是关于一汽-大众所有车型的备件信息的软件，它是指导经销商订购备件的信息集。电子目录的安装方法参见《一汽-大众备件电子目录用户手册》。《一汽-大众备件电子目录用户手册》的获取，请登录网址：http://dds.faw-vw.com/sites/sssp。

经销商需要有一汽-大众公司 partner 域的账号及 SecurID 卡，否则无法登录。为了使用此系统，经销商可以通过拨号、ADSL 等方式上网。电子目录的更新周期正常情况下为2周左右，请定期上网检查更新。

系统登录打开 IE 浏览器，在地址栏中输入地址 http://dds.faw-vw.com/sites/sssp 然后点击回车键，系统会要求用户登录，如图1.4所示。

图1.4 系统登录界面

在本页面，用户需要在"用户代码"后面输入 partner 域账号，在"用户密码"后面输入密码(与邮箱用户名和密码相同，但需要在用户名前加"partner\")。然后点击按钮"确定"，系统进入如图1.5所示界面。

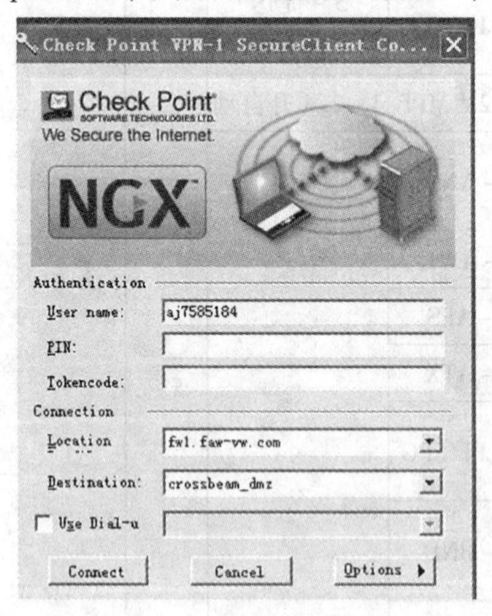

图1.5 系统登录界面

输入 SecurID 卡的用户名和密码，用户名和密码为公司提供给经销商的 R3 系统的用户名和密码，请不要直接用默认的用户名，进入如图1.6所示界面。

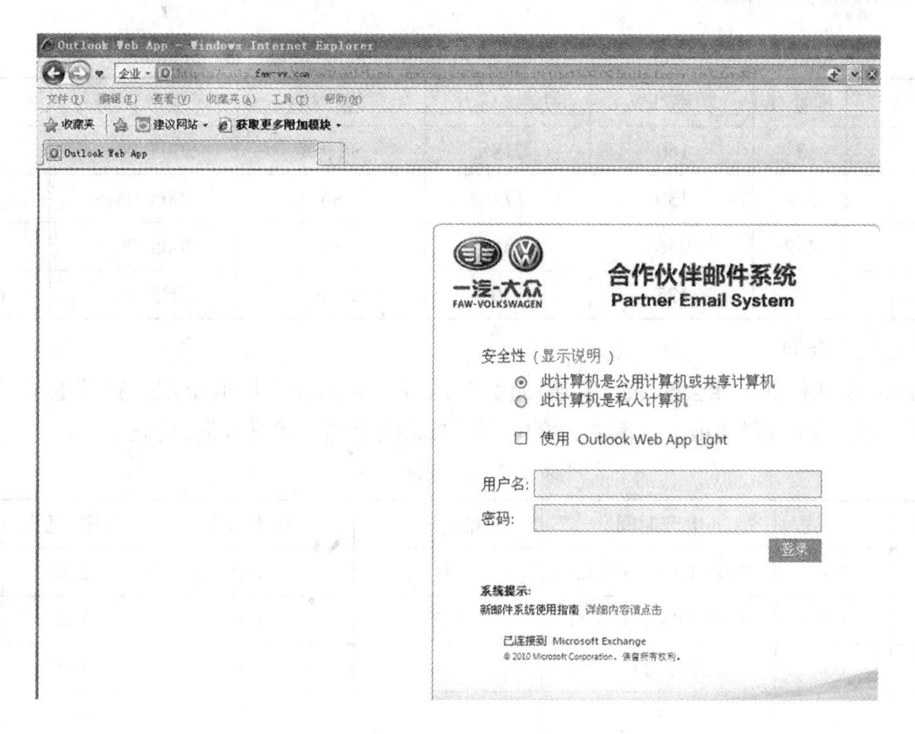

图1.6 系统登录界面

5. 电子目录系统汽车配件号查询与检索

(1)车型一览表

一汽－大众电子目录系统车型一览表,见表1.5。

表1.5 车型一览表

销售代码		车型名称	功率/kW	功率/马力	发动机代码	变速箱代码	规格	安装时间	注释
4Z8	0RH	Audi C6 3.0L	160	218	BBJ	HHA	SA	2005.03—2005.05	
4Z8	06H	Audi C6 2.4L	130	177	BDW	GAC	SA	2005.03—2005.05	
4Z8	0RH	Audi C6 3.0L	160	218	BBJ	HSW	SA	2005.06—	
4Z8	06H	Audi C6 2.4L	130	177	BDW	HSX	SA	2005.06—	
4Z8	0RL	Audi C6 3.0L	160	218	BBJ	HKH	6A	2005.09—	四驱
						GSZ	HA		
4Z8	05L	Audi C64.2L	246	335	BAT	HWE	6A	2005.09—	四驱
						FGL	HA		
4Z8	06C	Audi C62.4L	130	177	BDW	GYF	6S	2005.09—	
4Z8	08C	Audi C62.0L	125	170	BPJ	GVC	6S	2005.09—	FSI发动机
4Z8	08H	Audi C62.0L	125	170	BPJ	HJF	SA	2005.09—	FSI发动机

(2)发动机代码查询

电子目录中,备注栏处可能会有发动机代码,用以说明该件应用的车型。打开电子目录,选择“查询”菜单,然后单击“发动机”选项。一汽－大众电子目录系统发动机代码查询,见表1.6。

表 1.6　发动机代码

发动机代码	排量/L	功率/kW	功率/马力	规　格	生产日期	注　释
BBJ	3	160	218	SA,6A	2005.04—	
BDW	2.4	130	177	SA	2005.04—	
BAT	4.2	246	335	6A	2005.09—	
BPJ	2	125	170	6S,SA	2005.09—	FSI 发动机

(3)变速箱代码查询

电子目录中,备注栏处可能会有下列变速箱代码,用以说明该件应用的车型。打开电子目录,选择“查询”菜单,然后单击“变速箱”选项。一汽 - 大众电子目录系统变速箱代码查询,见表 1.7。

表 1.7　变速箱代码

变速箱代码	形　式	生产时间	排量/L	功率/kW	功率/马力	注　释
HHA	SA	2005.03 - 2005.05	3	160	218	
FGL	HA	2005.09 - 2006.03	4.2	246	335	
GYF	6S	2005.09 -	2.4	130	177	
⋮	⋮	⋮	⋮	⋮	⋮	

(4)附表查询

订购线束时,需要通过查询附表来确定所需线束的备件号。附表中的方案号是确定线束的关键,方案号的获取有以下几种方式:

①在车辆接线盒标签上标有该车的方案号。

②在整车线束标签上也有该车的方案号。

③通过对该车装备与附表对应也能够获取该车的方案号。

需要注意的是,对于 Bora A4 和 Golf 公司提供单根线束,对于其他车型的线束不提供单根线束,订购整车线束需要提供底盘号。

(5)电子目录中的符号说明

在电子目录中、插图中、备件号前、件数栏、备注栏处有下列符号,要求掌握其含义,这是正确查出所需备件号的前提,见表 1.8。

表 1.8　电子目录中的符号说明

符　号	符号说明
-	图上无显示
X	在件数栏中表示:根据需求
*	在件数栏中表示:根据供货单位(米)提供;在备件号前面表示:该件在修理包中提供
>	在备件号前表示:此件可更换,注意备件号及供货范围可能有偏差
#	在备件号前表示:可提供更换件,但相应旧件必须归还
( )	在图示栏中表示:此件无示意图,可参考无括号的示图
> >	在底盘号、发动机号、变速箱号的前面表示:到……为止;在底盘号、发动机号、变速箱号的后面表示:从……开始
S	在备注栏中表示:特种车或特种装配
PR -	在备注栏中表示:原始特征代码(基本装备)

(6)电子目录中的插图说明(图1.7)

备件订货是根据电子目录插图的含义来进行的,正确找出插图,理解其含义,是正确订货的保证。

①插图上端有备件图号。

②插图:显示备件的订货单元。

③备件插图上的数字与备件文字说明上的数字相对应。

④目录中有许多镶嵌的大括号,它表示总成的形式、级别,可从中看出该级别的总成是由哪些散件组成的。

⑤括号包含的部分,表示可提供的订购单元;在括号里的备件,只要有图号,顾客就可以订购。

⑥连线没有延伸到括号里的备件,不属于订购单元。

⑦备件名称:包括该件的详细说明,如:该件的底盘号,与该件配合使用的备件号;订货单位等。

⑧备注:包括尺寸标准,结构位置,发动机排量,左/右方向等。

⑨件数:表示每辆车所需的件数。

⑩车型:包括车型代码、发动机代码、变速箱代码、生产厂家或国家、PR号。

特别说明:前/后/左/右的方向是以行车方向为基准确定的。

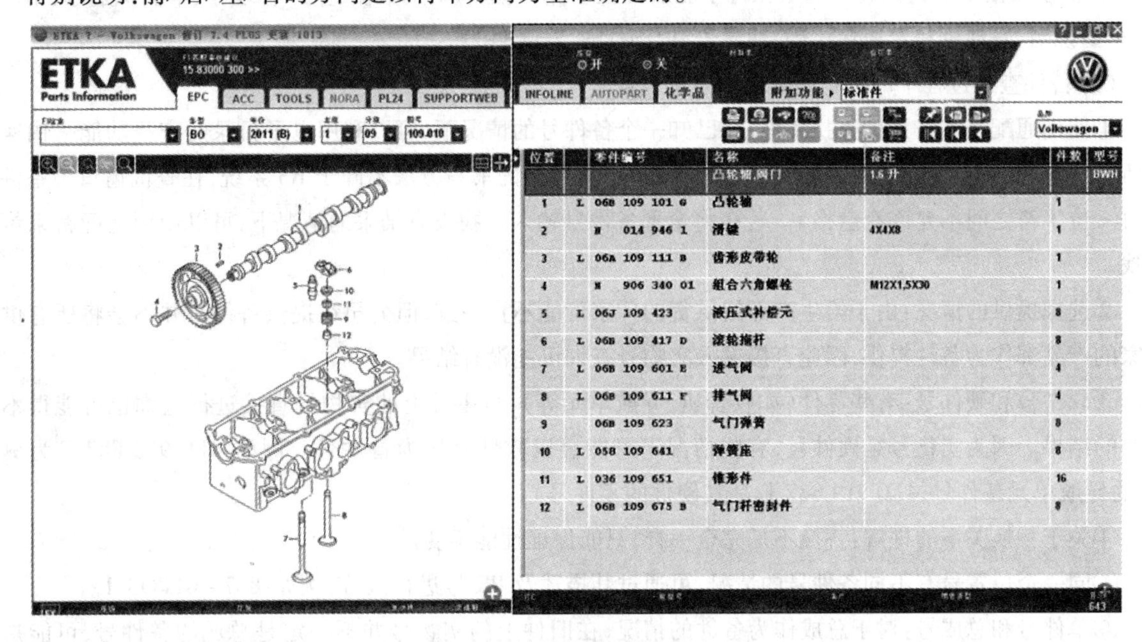

图1.7 电子目录插图

(7)如何在电子目录中查找备件号

备件号的查找不是通过几次培训、几道练习题就能掌握的,需要今后不断地努力,在工作中学习,在工作中探索,在工作中熟练掌握,下面所给的参数及步骤只是一个参考,实际工作中并不一定按此步骤执行。

①确认备件号的有关参数:

a. 车型(销售代码),款式,规格。

b. 正确的备件名称。

c. 底盘号。

d. 发动机型号、输出功率、发动机代码。

e. 变速箱规格、变速箱代码。

f. 制造厂家代码及生产日期。

g. 选装件(如中央门锁)、内部装备材料(PR号)及色调(内饰组合码)。

h. 车体外部颜色等。

②查找备件号的步骤：

a. 需要知道最基本的参数。

b. 确定零件所在的大类。

c. 确定零件所在的小类。

d. 确定显示备件的图号。

e. 根据备件名称找到插图，确认备件号/根据车型、款式、备注说明确认备件号。

③车辆标牌、发动机、底盘号的位置：

a. 车辆标牌——位于发动机机舱右围板处或贮气室右侧。

b. 发动机号——位于缸体和缸盖结合处的缸体前端，此外齿型皮带罩上有一条形码不干胶标签，其上标出了发动机号码。

c. 车辆识别号——车辆识别号标在发动机机舱前端围板处，通过排水槽盖上的小窗口（底盘号）即可看到底盘号。

d. 整车数据不干胶标签——贴在行李舱后围板左侧，其上有下列数据：生产管理号、车辆识别号、车型代号、车型说明、发动机和变速箱代码、油漆号/内饰代码、选装件号。

（8）备件查找过程中的技巧及需要注意的问题

①使用通配符 * 来帮助查找备件：在已知一个备件号的情况下，可以利用电子目录的查找功能来快速查找所需的备件（需要注意的是：电子目录查询窗口中备件号的书写方法不同于 R3 系统，在查询窗口中备件号的每一位字符之间不允许有空格）。若在将全部备件号输入查找没有结果的情况下，可以使用通配符来帮助查找。

②选择提供的情况：由于给生产部门供货的厂家可能不止一家，但公司在提供备件时并不会将所有供货厂家的产品都作为备件提供，因此直接输入实物号查询可能没有结果。

③软件号和硬件号：有些零件（如收音机、导航单元等），将零件上的实物号直接进行查询也可能得不到想要的结果。因为实物号是硬件号，有些情况下可能会以软件号作为备件号。例如：4E0 910 887 F 为奥迪 C6 的导航单元备件号，4E0 919 887 E 是其硬件的零件号。

④关于替换关系的理解：替换不是完全一样，只能保证性能不变。

⑤同一个位置号有不同备件号的情况：可通过其描述及 PR 号进行区分，例如：867 - 01POS. 1。

⑥单件号和总成号：对于总成作为备件的情况，在旧件上的实物号并不一定是总成的备件号，可能是单件的零件号，若按此号查找备件是不能正确订货的。

任务实施

在本项目情境中，两名大学生深受老板欢迎的原因是他们掌握了以下环节的知识要点并熟练应用。

环　节	对应项目	具体程序
1	汽车配件查询与检索	(1)根据现有知识拓展与提升搜集有关汽车配件查询与检索等相关知识要点以拓宽知识面 (2)根据理论知识在实践中进行运用 (3)以一汽－大众配件电子目录系统为例,说明汽车配件查询与检索方法,衍生对比其他进口品牌的汽车配件查询与检索方法的异同点
2	汽车配件检索工具	(1)掌握检索工具形式即书本配件手册、微缩胶片配件目录和电子配件目录(CD光盘)3种形式 (2)根据3种工具进行实践应用并检索查询汽车配件
3	电子配件目录(CD光盘)汽车配件查询与检索方法	(1)以一汽－大众配件电子目录系统为例,掌握大众系统汽车配件查询与检索方法 (2)熟悉大众集团的备件号体系 (3)掌握备件号的输入规则 (4)熟悉底盘号及销售代码含义 (5)掌握一汽－大众备件电子目录的下载与安装 (6)根据电子目录系统进行汽车配件号查询与检索

项目1.5　汽车配件安全常识及其常用量器具

情境导入

小江是汽车配件城一家汽配公司的业务员,在搬运配件时不小心把腰“闪”了,向周主管请假休息3天,周主管同意了,并严肃地告诫小江,今后一定要注意工作中的安全事项,保护好自己。

【任务分析】

汽车配件管理经营中会遇到有害、易燃、易爆物品,既会用到电、机械、化学器具等,也会遇到需要出体力的情况,为避免工伤事故发生,需要从业人员具备安全常识,提高安全意识。

理论引导

汽车配件管理经营中有大量易燃、易爆等危险物品的存在,如发动机机油、空调制冷剂、油漆等。在管理的过程中稍有不慎极易引起燃烧、爆炸等火灾事故发生,而且在搬运大型汽车配件(如发动机总成)时,还需要动用各种搬运机械,如果操作有误很有可能造成工伤事故。因此,必须牢牢树立“安全管理、预防为主”的管理方针。

下面针对汽车配件管理过程中涉及的安全知识做简要的介绍。

1.5.1 汽车配件安全常识

1. 基本注意事项

(1)作业须知

①始终安全工作,防止伤害的发生。

②防止事故伤害到自己或者周围的同事。

(2)事故因素

①人为因素造成的事故:由于不正确使用机器或工具,穿着不合适的衣物,或由于技术员不小心造成的事故。

②自然因素造成的事故:由于机器或工具出现故障,缺少完整的安全装置,或者工作环境不良造成的事故。

安全规章可能因地域不同而异,并且可能超越以前的基本方针。

根据安全管理的特点和应用范围,安全管理可分为以下几种类型。

(1)工作场地内部管理

许多工伤事故都是由杂乱无章引起的。在凌乱的工作场所,常常会发生因绊倒、跌倒或滑倒而导致受伤的事故。如图1.8所示。

图1.8　凌乱的工作场所

我们有责任安全妥善保管所有设备、部件和汽车,以保护自己和同事不受伤害。

整洁车间的特征如下:

①地面清洁不湿滑。

②火警应急出口畅通。

③器具存取通道无障碍。

④工具存放安全方便。

⑤电气和压缩空气等动力输出源标记清楚明显并定期检查。

⑥加长电缆或软管在用后收好或悬吊在天花板上。

⑦工作场所灯光明亮。

⑧空气新鲜,工作环境舒适。

⑨固定设备或装置得到定期维护并处于安全状态。

⑩工作场所的所有人员均受过使用常用设备的培训,并知道安全操作规程。

(2)个人注意事项

①应避免的事情:宽松的袖口;项链;手镯;喇叭裤;时装鞋;紧身裙;解开的领带;长发;手表;戒指;手帕垂挂在衣袋外面。

②忠告:摘下珠宝首饰;戴"夹式"领带;穿用经过批准的工作服、工装裤等;穿用带有防压铁头的劳保靴;束紧长发;需要时,使用正确的眼/手/耳防护装置;准备工作不要仓促,给自己留有充足的准备时间,才能获得安全。

(3)工具安全使用

许多割伤和擦伤都是由使用损坏的手用工具或误用手用工具造成的。保持工具清洁完好。切勿使用已损坏的工具。

多数手用工具都需要操作者用些力气。不管是在拉、推还是转身时,一定要站稳。确保万一工具打滑或失去控制时不会伤到手。如图1.9所示。

有益的忠告:

①一定要使用正确规格的工具进行作业。

②锋利的工具不用时,应护好刃口。

③不要使用手柄松动的工具。

④不要用工具干不相应的工作。

⑤不要使用带"蘑菇头"的冲子或錾子。

⑥在使用切具时,一定要用台钳固定工件。

⑦切勿使用开裂的套筒。

⑧切勿加长工具手柄以增大杠杆作用。

⑨切勿使用电动工具来驱动"手用"套筒。

⑩不得将工具遗留在发动机罩下。

⑪要有工具清单。

(4)防火和用电安全

应在吸烟区吸烟,如图1.10所示。

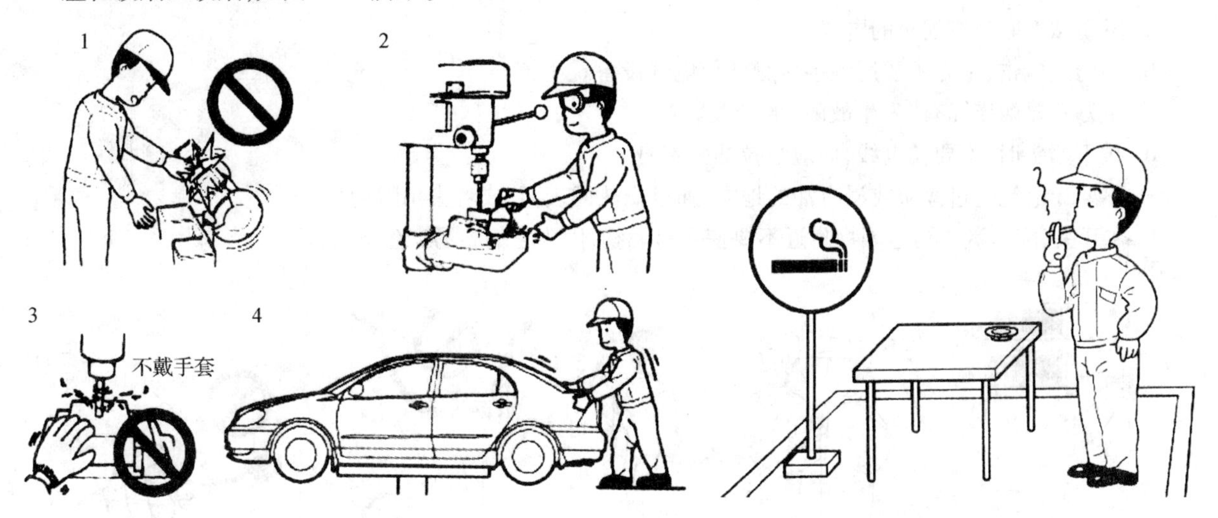

图1.9 工具安全使用

图1.10 在吸烟区吸烟

①防火。必须采取如下的预防措施来防止火灾:

a. 如果火灾警报响起,所有人员应当配合扑灭火焰。要做到这一点,他们应知道灭火器放在何处,应如何使用。

b. 不要在吸烟区之外的场地吸烟,并且要确认将香烟熄灭在烟灰缸里。如图1.11所示。

为了防止火灾和事故,在易燃品附近应遵照如下预防措施:

a. 浸满汽油或机油的碎布有可能自燃,所以它们应当被放置到带盖的金属容器内。如图1.12所示。

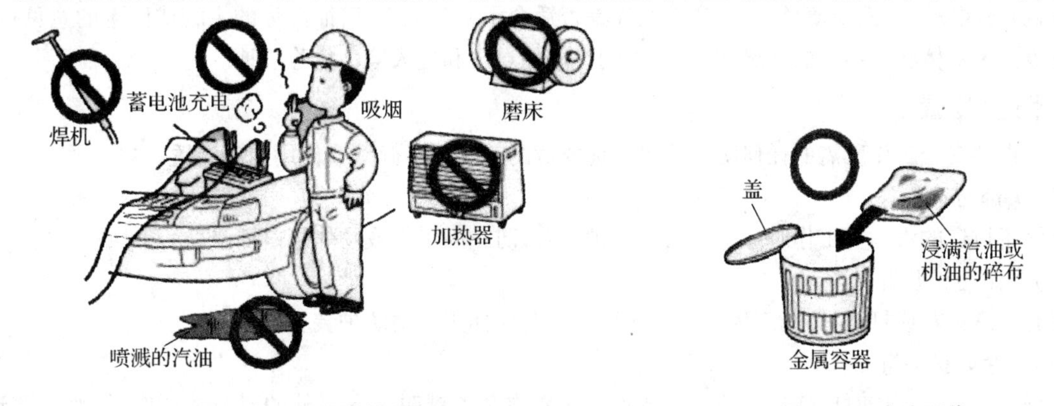

图1.11 不要随处吸烟

图1.12 废油回收

b. 在机油存储地或可燃的零件清洗剂附近,不要使用明火。

c. 千万不要在处于充电状态的电池附近使用明火或产生火花,因为它们会产生可以点燃的爆炸性气体。

d. 仅在必要时才将燃油或清洗溶剂携带到车间,携带时还要使用能够密封的特制容器。

e. 不要将可燃性废机油和汽油丢弃到阴沟里,因为它们可能导致污水管系统产生火灾。应将这些材料倒入一个排出罐或者一个合适的容器内。

f. 在燃油泄露的车辆修好之前,不要启动该车辆上的发动机。修理燃油供给系统,例如拆卸化油器时,应当从蓄电池上断开负极电缆以防止发动机被意外启动。

②电气设备安全措施。不正确地使用电气设备可能导致短路和火灾。因此,要学会正确使用电气设备,并认真遵守以下防护措施,如图1.13所示。

a. 如果发现电气设备有任何异常,立即关掉开关,并联系管理员/领班。

b. 如果电路中发生短路或意外火灾,在进行灭火步骤之前首先关掉开关。向管理员/领班报告不正确的布线和电气设备安装情况。

c. 有任何保险丝熔断都要向上级汇报,因为保险丝熔断说明有某种电气设备出现故障。

此外,还要注意以下几点,如图1.14所示。

a. 不要靠近断裂或摇晃的电线。

b. 为防止电击,千万不要用湿手接触任何电气设备。

c. 千万不要触摸标有“发生故障”的开关。

d. 拔下插头时,不要拉电线,而应当拉插头本身。

e. 不要让电缆通过潮湿或浸有油的地方,通过炽热的表面,或者尖角附近。

f. 在开关、配电盘或马达等物附近不要使用易燃物,因为它们容易产生火花。

图1.13 安全用电1　　图1.14 安全用电2

③一般行为。事故往往发生在分心或精神不集中的时候。

④在工作场所应做到:要走不要奔跑;不要戴“随身听”;要明察周围发生的事情;小心驾驶;安全操作机械设备;切勿在安全方面走捷径;如果拿不准你是否适合于某项工作,请征询你的主管或医生的意见;切勿在酒后或服药后身体状况不佳的情况下工作,否则可能使自己和他人陷于危险境地。

2. 防护装置

你可得到安全工作所需的任何防护装置。你要做的就是正确佩戴或使用这些装置。

(1)头部防护装置

在停于坡道的汽车下工作时应使用头部防护装置,防止因工具或物体掉落而受伤。

(2)眼睛防护装置

在有飞溅火花或打磨/钻孔产生粉尘的区域工作时应使用眼睛防护装置。

(3)耳朵防护装置

在噪声环境下工作时应使用耳朵防护装置。如果你必须喊叫3 m以外的对方才能听见,则表明环境噪声过大需要使用耳朵防护装置。

(4)手防护装置

处理锋利或高温材料时,使用正确类型的手套可防止割伤或烫伤。

(5)脚防护装置

劳保靴应该适合于从事的工作。鞋底应该防滑,脚趾部位应有防压铁头。

(6)呼吸道防护装置

某些工作会产生粉尘或涉及使用会释放烟雾的材料。应该使用正确型号的面具,防止吸入粉尘或烟雾。

3. 搬运

(1) 人工搬运

搬抬物体时使用正确的方法有助于减小背部受伤的危险。

①关键要点：

a. 不要试图抬过重的物体，20 kg 通常是一个人的安全极限。

b. 从地面抬起物体时，两脚应微微分开，屈膝，背部挺直，用腿部肌肉提供力量抬起重物。

c. 不要猛颠物体；搬运重物时，让重物贴近身体。

d. 搬运 20 kg 以下物体时，应让物体贴近身体，背部挺直，膝盖弯曲。

②正确的人工搬运方法：只能举升和搬运力所能及的重物，没有把握时应找人帮忙。体积很小、很紧凑的零部件有时也会很重或者不好平衡。如图 1.15 所示。

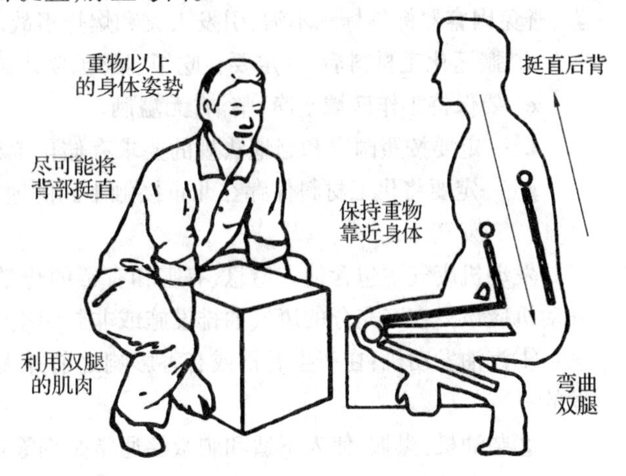

图 1.15　正确的人工搬运方法

(2) 举升机和起重机

对于超过 20 kg 的物体，建议使用活动吊车或千斤顶等起重装置。每种设备的使用都应进行专业培训，下面是一些常识性的规定：

①切勿超过所用设备的安全工作荷载。

②在车下工作前，一定要用车桥支架支撑好汽车。

③举升或悬吊重物时难免有危险，所以，切勿在无支承、悬吊或举起的重物（如悬吊的发动机等）下工作。

④一定要保证千斤顶、举升器、车桥支架、吊索等起重设备胜任和适用相应作业，而且状况良好并得到定期维护。

⑤切勿临时拼凑起重装置。

4. 材料

(1) 化工材料

汽车的生产、保养和配件管理中有可能使用某些带有危险性的材料。下面简要介绍一些在汽车上工作时可能遇到的这类材料。

使用、存储和搬运如溶剂、密封材料、胶黏剂、油漆、树脂泡沫塑料、蓄电池电解液、防冻剂、制动液、燃油、机油和润滑脂之类的化工材料时一定要小心谨慎，轻拿轻放。这些材料可能有毒、有害、有腐蚀性、有刺激性、高度易燃或能产生危险烟雾和粉尘。

化学品对人产生的影响可能是直接的或缓发的、暂时性或永久性的、累积的，有可能危及生命或折减寿命。

①化工材料使用的禁忌：

a. 不要混合化工材料，除非按照制造厂商的说明进行；某些化学品混合在一起能形成其他有毒或有害的化合物，释放有毒或有害的烟雾，或变成爆炸物。

b. 不要在封闭的空间，例如人在车内时喷洒化工材料，尤其是带有溶剂的材料。

c. 不要加热或火烧化工材料，除非按照制造厂商的说明进行。有些化工材料高度易燃，有些可能释放有毒或有害烟雾。

d. 切勿敞开容器。释放出的烟雾能积聚至有毒、有害或易爆的浓度。有些烟雾比空气重，会在封闭、低洼部位积聚。

e. 切勿将化工材料换盛在未做标记的容器内。

f. 切勿用化学品洗手或洗衣服。化学品，特别是溶剂和燃油，会使皮肤变干并可能产生刺激导致皮炎，或被皮肤吸收大量有毒或有害物质。

g. 切勿用空容器盛装其他化工材料，除非它们在监控条件下已被清洗干净。

h. 切勿嗅闻化工材料。

②化工材料使用中的注意事项：

a. 一定要仔细阅读并遵守材料容器（标签）及任何附带活页、告示或其他的说明上的危险和预防警告。从厂商处可获得化工材料的有关健康和安全数据表。

b. 皮肤和衣服沾染化工材料后一定要马上清除。更换严重污染的衣服并清洗干净。

c. 一定要制定工作规程和准备防护衣具，避免皮肤和眼睛受到污染，避免吸入蒸气、悬浮微粒、粉尘或烟雾，避免因容器标签标示不清，引发火灾和爆炸事故。

d. 搬运化工材料后，一定要在吃饭、抽烟、喝水或如厕之前洗手。

e. 要保持工作区域干净、整洁，无溢洒。

f. 一定要按照国家和当地法规的要求存储化工材料。

g. 一定要将化工材料保存在儿童接触不到的地方。

（2）废气

发动机废气中包含使人窒息、有害和有毒的化学成分和微粒，如碳氧化物、氮氧化物、乙醛和芳香族烃。发动机应该只在有充分的废气抽排设施或非封闭空间并且全面通风的条件下运行。

①汽油发动机：在产生有毒或有害影响之前并无充分的气味或刺激警告。这些影响可能是即发的或缓发的。

②柴油机：黑烟、使人不适和刺激性通常是烟雾达到有害浓度的预先警报。

（3）空调制冷剂

①高度易燃、可燃。操作现场要遵守“严禁吸烟”的规定。

②皮肤接触可能导致冻伤。

③必须遵循制造商的使用说明。避免明火，穿戴适当的防护手套和护目镜。

④如果皮肤或眼睛接触到制冷剂，应立即用大量清水冲洗受影响部位。眼睛还应使用专用冲洗液清洗，不得揉擦。必要时寻求医疗救护。某些空调制冷剂会破坏大气臭氧层。

⑤不得将制冷剂容罐暴露于日光或高温下。

⑥加注时，不得将制冷剂容罐直立，应将阀口朝下。

⑦不得让制冷剂容罐受冻。

⑧切勿掉落制冷剂容罐。

⑨任何情况下不得将制冷剂向大气排放。

⑩不得混用制冷剂，如R12（氟利昂）和R134a。

（4）燃油

a. 尽量避免皮肤接触燃油。

b. 万一发生接触，要用肥皂和水清洗受侵害的皮肤。

c. 燃油高度易燃，应遵守“严禁吸烟”的规定。

d. 吞下燃油会对口腔和咽喉产生刺激，肠胃吸收后可导致昏睡和神志不清。

e. 少量燃油对儿童来说都可能是致命的。

f. 长期或反复接触汽油，会使皮肤变干并引起过敏和皮炎。

g. 油液进入眼睛会产生严重刺激。

h. 车用汽油中含有对人体有害的苯，汽油蒸气的浓度必须保持在极低的水平。

i. 高浓度会引起眼鼻喉过敏、恶心、头痛、抑郁和醉酒症状；超高浓度会导致意识迅速丧失；长期接触高浓度汽油蒸气可致癌。

目前汽车所用的燃料有：汽油、柴油（轻油）、甲醇、液化石油气及其他燃料。

这里我们要讨论两种最常用的燃料：汽油和柴油。

①汽油:汽油是原油精炼产生的碳氢化合物。汽油是高挥发性的,并生成大量的热。汽油能满足车辆燃油的必要条件。不含有害物质;高抗爆性能;相对低价。

注意:

a. 汽油是高挥发性的,并且与空气接触后汽化形成可燃气体。

b. 因为极小的火花都能轻易将其点燃,因此非常危险,必须小心处理。

②柴油:柴油(也称"轻油")是一种碳氢混合物,汽油及煤油从原油中蒸馏出来后,又以150~370 ℃从原油中蒸馏出柴油。柴油主要用于运转柴油机。

注意:

a. 和汽油不同,柴油也可用作润滑油。不可互换燃油,因为如果误将汽油倒入柴油机,它会损坏喷油泵和喷嘴。

b. 柴油可分为不同类型,主要根据其流动性,因为随着温度下降,流动性会降低。根据使用环境(温度)决定使用的类型。

存储和搬运易燃材料或溶剂时,特别是在电气设备附近或焊接过程中,一定要严格遵守防火安全条例。使用电气或焊接设备之前,要确保没有火灾隐患存在。使用焊接或加热设备时,手边应备有适当的灭火器。

注意:严禁将燃油倒入下水道,否则有可能引起爆炸。

(5) 溶剂

常用溶剂包括丙酮、石油溶剂油、甲苯、二甲苯和三氯乙烷,用于材料的清洗和脱蜡,油漆、塑料、树脂、稀料等。其中有些高度易燃或可燃。

a. 皮肤长期或反复接触这类溶剂,会使皮肤脱脂并引起过敏和皮炎。

b. 有些溶剂可通过皮肤吸收,引起中毒或伤害。

c. 溅入眼内可产生严重刺激并可能导致视力丧失。

d. 短时间接触高浓度溶剂蒸气或烟雾会引起眼睛和咽喉疼痛、昏睡、眩晕、头痛,甚至导致神志不清。

e. 反复或长期接触过量但低浓度溶剂蒸气或烟雾,在事前没有足够预兆的情况下,可对人体产生更严重的有毒或有害影响。

健康保护注意事项:

①避免长期和反复接触机油,特别是废旧发动机机油。

②尽量穿戴防护衣具,包括抗渗手套。

③切勿将沾有机油的布片放在衣袋里。

④避免穿戴被油污染的衣服,特别是内衣裤和鞋袜。

⑤开放的割伤和伤口应立即得到急救治疗。

⑥每次工作前,涂抹隔离膏,有助于去除皮肤上的机油。

⑦用肥皂和水清洗,确保清除所有皮肤上的机油(皮肤清洁剂和指甲刷会有帮助)。用含有羊毛脂的护肤霜补充皮肤上被清除的自然油脂。

⑧切勿使用汽油、煤油、柴油、稀料或溶剂清洗皮肤。

⑨如果皮肤出现异常,立即求医。

⑩如果可能,搬运部件前,先清除部件上的油脂。

只要有接触眼睛的危险,就应该佩戴防护装置,例如化学品护目镜或防护面罩;另外还应备有眼睛清洗装置。

(6) 润滑油和润滑脂

a. 避免长期和反复接触矿物油。

b. 所有润滑油和润滑脂都可能对眼睛和皮肤产生刺激。

c. 长期和反复接触矿物油会去除皮肤上原有脂肪,导致皮肤干裂、过敏和皮炎。

d. 废旧机油可能含有可导致皮肤癌的有害污染物。

e. 必须提供充足的皮肤防护和清洗设施。

f. 不得把废旧发动机机油用作润滑油或用于任何皮肤可能接触的地方。

g. 废机油和废滤清器应通过授权废弃物处理承包商或特许废物处理场进行处理，或送到废油再生回收行业。这方面如果有疑问，应向地方有关当局查询。

h. 将废机油倒于地面、倒入下水道或排水沟或排入河道是非法的。如果机油流入河水，将对鱼类及其他生物产生毁灭性影响。如果河水为人类提供生活用水，那么供水就可能受到长时间污染。据研究测定，1 L 机油可污染5 000 m^3的水。

(7) 氯氟化碳(CFC)

含氯氟烃主要用作汽车空调系统的制冷剂和气雾剂的挥发剂，卤化物则用于灭火剂。科学界担心含氯氟烃和卤化物正在消耗地球上方能滤除有害紫外线的臭氧层。其后果可导致人类皮肤癌、白内障和免疫系统低下病患增加，还会降低农作物和水产系统的产量。

(8) 粉尘

a. 粉末、粉尘或烟尘多半有刺激性、有害或有毒，应避免吸入来自粉状化工材料或干磨操作产生的粉尘。

b. 如果通风不足，应戴呼吸防护装置。

c. 细微粉尘属于可燃物，有爆炸危险，要避免达到爆炸极限并远离火源。

d. 切勿用压缩空气清除表面或织物上的粉尘。

(9) 石棉

a. 石棉通常用于制造制动器和离合器衬片、变速器制动带和密封垫。

b. 吸入石棉粉尘会导致肺损伤，有时可致癌。

c. 建议使用制动鼓清洗机、真空吸尘器或湿擦的方法清除粉尘。

d. 石棉粉尘垃圾应该弄湿，装入密封容器并做标记，确保安全处置。

e. 如果要在含石棉的材料上切割或钻孔，应将该零件弄湿并仅用手用工具或低速动力工具加工。

(10) 防冻剂

a. 防冻剂高度易燃、可燃，主要用于汽车冷却系统、制动器气压系统和风窗清洗液。

b. 冷却液防冻剂(乙二醇)受热时会释放蒸气。

c. 避免吸入这类蒸气。

d. 防冻剂可通过皮肤吸收，引起中毒或伤害。

e. 防冻剂如果误食可能致命，应立即求医。

f. 任何与普通食品加工或自来水供应管路连接的冷却用或工业用水系统不许使用这类防冻剂产品。

(11) 酸和碱

a. 这些酸碱包括苛性钠或硫酸，通常用于蓄电池和清洁材料。

b. 它们对皮肤、眼睛、鼻子及咽喉有刺激性和腐蚀性，可引起烧伤，可穿透普通的防护衣具。

c. 避免溅于皮肤、眼睛和衣服。

d. 穿戴恰当的抗渗防护围裙、手套和护目镜。

e. 切勿吸入有害雾气。

f. 确保在发生泼溅事故时，能立即得到洗眼瓶、淋浴和肥皂。

g. 设置“对眼有害”标志。

(12) 制动液(聚二醇)

a. 溅于皮肤、眼睛会有轻微刺激。

b. 尽可能防止接触皮肤和眼。

c. 由于蒸气压力极低，所以在大气温度下不会产生吸入蒸气的危险。

(13) 防锈材料

a. 这类材料不尽相同，但均高度易燃。

b. 要遵守“严禁吸烟”的规定，还要遵循制造厂商的使用说明。

c. 它们可能含有溶剂、树脂、石化产品等。

d. 应该避免接触皮肤和眼睛。

e. 只可在非封闭空间和充分通风的情况下喷涂。

(14) 油漆

a. 高度易燃、可燃。

b. 遵守"严禁吸烟"的规定。

c. 喷涂最好在带废气排放设备、能将蒸气和喷雾从呼吸区域排除的工作间进行。

d. 在工作间工作的人员应该穿戴专用呼吸防护装置。

e. 在开放车间进行小面积修理工作的人员应该戴供气滤尘呼吸器。

(15) 胶黏剂和密封剂

a. 高度易燃、可燃。

b. 遵守"严禁吸烟"的规定。

c. 通常应保存在"非吸烟"区。

d. 工作中应注意保持清洁和整齐,例如在工作台上铺盖一次性纸张。

e. 应该尽可能用涂胶器进行涂胶。

f. 容器(包括辅助容器)应贴有恰当的标签。

①厌氧、氰基丙烯酸酯(超级胶)及其他丙烯酸胶黏剂:

a. 这类胶黏剂大多有刺激性、感光性或对皮肤及呼吸道有害,某些还对眼睛有刺激性。

b. 应该避免接触皮肤和眼睛,并遵循制造厂商的使用说明。

c. 腈基丙烯酸酯胶黏剂(超级胶)切不可接触皮肤或眼睛。如果皮肤或眼睛组织被黏结,应覆盖清洁潮布,并立即求医。切勿试图将粘住的地方撕开。胶黏剂蒸气对鼻子和眼睛有刺激性,应在通风良好的地方使用。

②树脂基胶黏剂/密封剂:

a. 包括环氧化物和甲醛树脂基胶黏剂和密封剂。

b. 应该在通风良好的地方进行混合,混合时可能释放有害或有毒挥发性化学物质。

c. 皮肤接触未硫化的树脂和硬化剂可引起过敏、皮炎,并吸收有毒或有害化学物质。溅入眼睛可损伤眼睛。

d. 充分通风,避免接触皮肤和眼睛。

e. 溅入眼睛会引起不适和造成损伤。

f. 喷涂最好在带废气排放设备、能将蒸气和喷雾雾滴从呼吸区域排除的工作间内进行。

g. 穿戴专用手套及眼睛和呼吸道防护装置。

h. 热熔胶固态下安全。熔融态可导致烫伤,吸入有毒气体可危害健康。

i. 使用专用防护衣具和带有热熔断路器的恒温控制加热器,并保证充足的通风。

(16) 泡沫材料(聚氨基甲酸酯)

泡沫材料通常用于隔绝噪声。经过硫化处理的泡沫塑料用于座椅和装饰垫等。

a. 患慢性呼吸道疾病、哮喘、支气管炎,或有异态反应疾病史的人员不应接触或在未硫化材料附近工作。

b. 泡沫的成分、蒸气或喷雾可导致直接过敏,产生过敏性反应,并可能有毒或有害。

c. 切勿吸入有害蒸气和喷雾。

d. 涂施这些材料时,必须充分通风并使用呼吸防护装置。

e. 切勿在喷雾后马上摘下口罩,应等到蒸气/雾气完全散尽之后再摘下口罩。

f. 燃烧未硫化的成分和硫化的泡沫塑料会产生有毒和有害烟雾。

g. 在加工泡沫材料时及其蒸气/雾气散尽之前,不允许抽烟、出现明火或使用电气设备。

h. 任何高温切割硫化或部分硫化泡沫材料的操作都应在充分通风的情况下进行。

1.5.2 汽车配件管理常用量器具

1. 常用工具

汽车维修、配件管理中常用工具包括扳手、钳子、螺丝刀、套筒、电动及气动工具等。

(1) 扳手

扳手是汽车修理、配件管理中最常用的一种工具,主要用于扭转螺栓、螺母或带有螺纹的零件。如果扳手选用不当或使用不当,不但会造成工件和扳手损坏,还可能引发危及人身安全方面的事故。因此,正确地选用和使用扳手显得尤为重要。

扳手种类繁多,常见的有梅花扳手、开口扳手、组合扳手、活动扳手等。在拆卸螺栓时,应按照"先套筒扳手,后梅花扳手,再开口扳手,最后活动扳手"的选用原则进行选取,如图1.16所示。

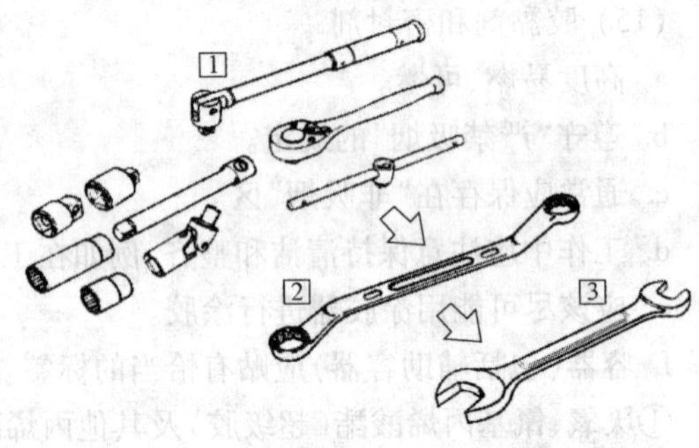

图1.16 扳手的选用原则

1—套筒扳手;2—梅花扳手;3—开口扳手

在选用扳手时,要注意扳手的尺寸,尺寸是指它所能拧动的螺栓或螺母正对面间的距离。例如扳手上标有22 mm,即此扳手所能拧动螺栓或螺母棱角正对面间的距离为22 mm。

现在常见的工具都有公制、英制两种尺寸单位。公制和英制之间的换算关系为:1 mm = 0.039 37 in。

(2) 钳子

钳子用于弯曲小的金属材料,夹持扁形或圆形零件,切断软的金属丝等。

在汽车维修中,常用的有钢丝钳、鲤鱼钳、尖嘴钳、斜嘴钳、水泵钳、卡簧钳、大力钳、管钳等。

应根据在汽车维修中所要达到的不同目的来选用不同种类的钳子,还要考虑工作空间的大小等因素。

(3) 螺丝刀

螺丝刀俗称改锥或起子,主要用于旋拧小扭矩、头部开有凹槽的螺栓和螺钉。

螺丝刀的类型取决于本身的结构及尖部的形状,常用的有一字螺丝刀、十字螺丝刀。一字螺丝刀用于单个槽头的螺钉,十字螺丝刀用于带十字槽头的螺钉。

2. 常用测量工具的使用

在配件管理中也会需要从事测定作业,在测定时应尽可能采用精密的测量仪器,但不论何种测量仪器在测量过程中总是会存在测定误差。而误差包括测量仪器的误差(制造和磨损产生的误差)以及测量者本身的误差(因测量者习惯以及视觉因素产生的误差)。因此,测定时应该注意以下事项,方能保持测量仪器的精度。

①进行测量时,应使测量仪器温度和握持的方法保持在一定的测定状态。

②保持固定的测定动作。

③使用后应注意仪器的清理和维护,并存放在不受灰尘和气体污染的场所。

④要定期检查仪器精度。

具体使用原则如下:

(1) 游标卡尺的使用

①使用前的检查。使用游标卡尺时应先依照下列事项逐一检查:

a. 测定量爪的密合状态:主、副尺的量爪必须完全密合。内径测定用量爪在密合状态下,能够看到少许光线表示密合良好;反之,如果穿透光线很多,则表示量爪密合不佳。

b. 零点校正:当量爪密切结合后,主副尺零点必须相互一致才是正确的。

c. 游标的移动状况:游标必须能够在主尺上轻轻地移动而不会发出声音。

②测量操作。在从事测量作业之前,必须事先清理测量零件及游标尺。在测量外径时,需要将零件深夹

在量爪中，如图 1.17 所示，然后用右手拇指轻压游标卡尺，同时使测定工件和游标卡尺保持垂直状态。

内径尺寸的测量如图 1.18 所示，首先是用拇指轻轻拉开副尺，并使主尺量爪与测定物件保持正确接触，上下晃动，由指示的最大尺寸读取读数。

此外，用游标卡尺还可以测量汽车零部件的深度。

③游标卡尺的维护注意事项。游标卡尺是一种精密的测量工具，要获得很好的精度应小心轻放和妥善保存。

测量前，应将游标卡尺清理干净，并将两量爪合并，检查游标卡尺的精度情况。读数时，要正对游标刻度，看准对齐的刻线，目光不能斜视，以减小读数误差。游标卡尺用完后，应清除污垢并涂上防锈油，将其放回盒子里并放在不受冲击及不易掉下的地方保存。

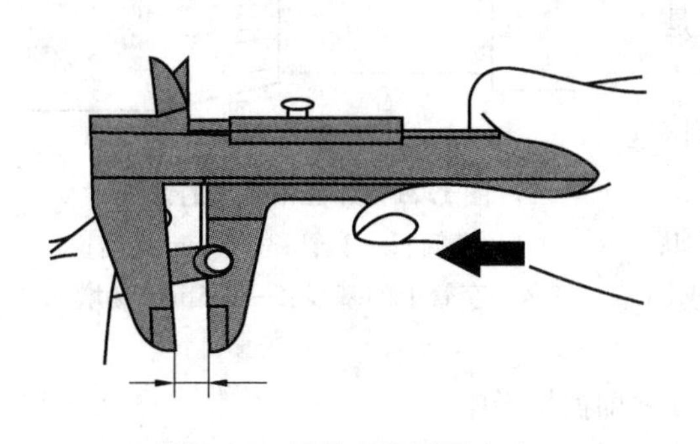

图 1.17　零件外径测量方法

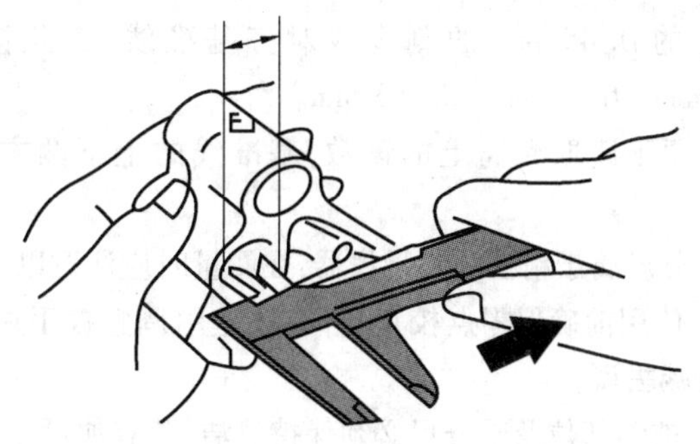

图 1.18　零件内径测量方法

(2) 外径千分尺

①概述。千分尺也称为螺旋测微器，它是利用螺纹节距来测量长度的精密测量仪器，是一种用于测量加工精度要求较高的零部件，汽车维修工作中一般使用可以测至 1/100 mm 的千分尺，其测量精度可达到 0.01 mm。

外径千分尺是用于外径宽度测量的千分尺，测量范围一般为 0 ~ 25 mm。根据所测零部件外径粗细，可选用测量范围为 0 ~ 25 mm、50 ~ 75 mm、75 ~ 100 mm 等多种规格的千分尺，如图 1.19 所示。

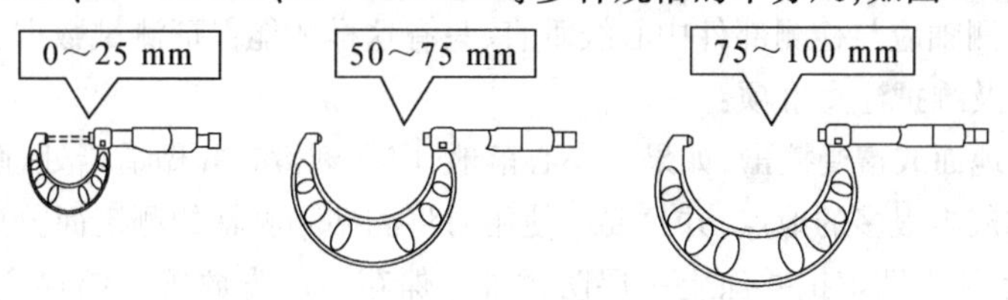

图 1.19　不同测量范围的外径千分尺

外径千分尺的构造如图 1.20 所示，主要由测砧、轴、锁销、螺钉、套管、棘轮定位器等部件组成。

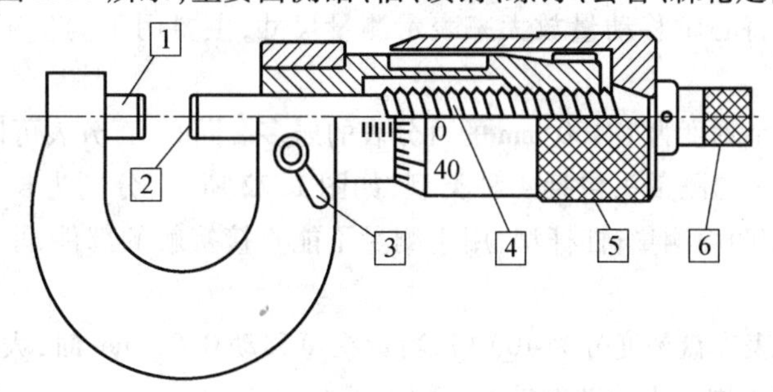

图 1.20　外径千分尺的结构和组成

1—测砧；2—轴；3—锁销；4—螺钉；5—套筒；6—棘轮定位器

固定套筒上刻有刻度,测轴每转动一周即可沿轴方向前进或后退0.5 mm。活动套管的外圆上刻有50等份的刻度,在读数时每等份为0.01 mm。

棘轮旋钮的作用是保证测轴的测定压力,当测定压力达到一定值时,限荷棘轮即会空转。如果测定压力不固定则无法测得正确尺寸。

②外径千分尺的读数。套筒刻度可以精确到0.5 mm,由此以下的刻度则要根据套筒基准线和套管刻度的对齐线来读取读数。

如图1.21所示,套筒上"A"的读数为55.50 mm,套管"B"上的0.45 mm的刻度线对齐基准线,因此读数是:55.50 mm+0.45 mm=55.95 mm。

为便于读取套筒上的读数,基准线的上下两方各刻有刻度。

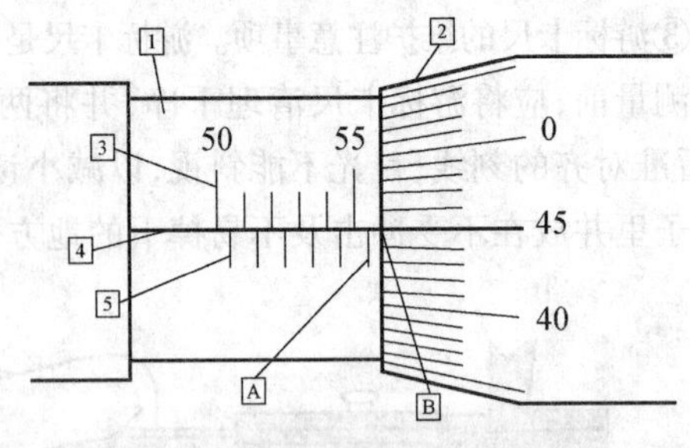

图1.21　外径千分尺的读数

1—套筒;2—套管;3—1 mm递增;4—套管上的基线;5—0.5 mm递增

千分尺属于精密的测量仪器,在测量时应注意以下事项:

a. 使用前确保零点校正,若有误差用调整扳手调整或用测定值减去误差。

b. 被测部位及千分尺必须保持清洁,若有油污或灰尘须立即擦拭干净。

c. 测量时将被测面轻轻顶住砧子,转动限荷棘轮及套筒使测轴前进。不可直接转动活动套管。

d. 测定时尽可能握住千分尺的弓架部分,同时要注意不可碰及砧子。

e. 旋转后端限荷棘轮,使两个砧端夹住被测部件,然后再旋转限荷棘轮一圈左右,当听到发出两三响"咔咔"声后,就会产生适当的测定压力。

f. 为防止因视差而产生误读,最好让眼睛视线与基准线成直角后再读取读数。

g. 当测量活塞、曲轴轴径之类的圆周直径时,必须保证测轴轴线与最大轴径保持一致(即测试处为轴径最大处)。若从横向来看,测轴应与检测部件中心线垂直,只有这样才能保证测试数据正确无误。

③外径千分尺的使用及维护注意事项:

a. 使用时应避免掉落地面或遭受撞击,如果不小心落地,应立刻检查并做适当处理。

b. 严禁放置在污垢或灰尘很多的地点,并且要在使用后将测砧和测轴的测定面分离后再放置。

c. 为防止生锈,使用后须立即擦拭并涂上一层防锈油。保存时应先放置于储存盒内,再置于湿度低、无振动的地方保存。

(3)百分表

百分表利用指针和刻度将心轴移动量放大来表示测量尺寸,主要用于测量工件的尺寸误差以及配合间隙。

一般汽车修理厂采用最小刻度为1/100 mm的百分表的居多。同时,百分表可以和夹具配合使用。

①测量头的种类。百分表的测量头包括4种类型,如图1.22所示,分别为长型,适合在有限空间中使用;辊子型,用于轮胎的凸面/凹面测量;杠杆型,用于测量不能直接接触的部件;平板型,用于测量活塞突出部分等。

②百分表的读数。百分表表盘刻度分为100格,当量头每移动0.01 mm时,大指针偏转1格;当量头每移动1.0 mm时,大指针偏转1周。小指针偏转1格相当于1 mm。

小提示:百分表的表盘是可以转动的。

③百分表的使用。百分表要装设在支座上才能使用,在支座内部设有磁铁,旋转支座上的旋钮使表座吸附在工具台上,因而又称磁性表座,如图1.23所示。此外,百分表还可以和夹具、V形槽、检测平板和顶心台合并使用,从事弯曲、振动及平面状态的测定或检查。

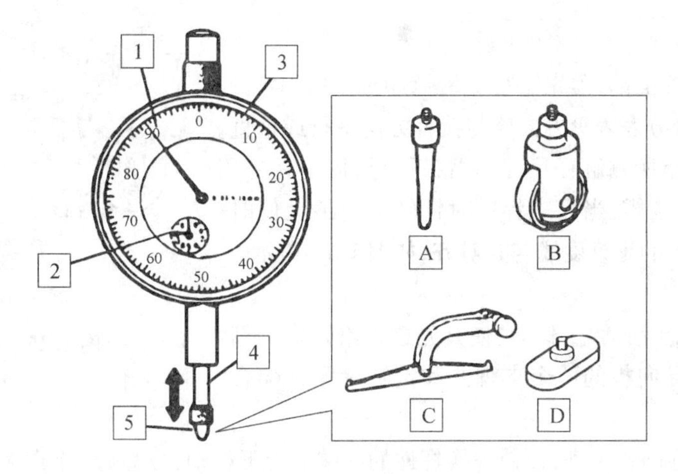

图 1.22　百分表的外形和测量头的类型

1—长指针;2—短指针;3—表盘;4—轴;5—悬挂式测量头;

A—长型;B—滚子型;C—杠杆型;D—平板型

④百分表的使用维护注意事项:

a. 百分表内部构造和钟表相类似,应避免摔落或遭受强烈撞击。

b. 心轴上不可涂抹机油或油脂。如果心轴上沾有油污或灰尘而导致心轴无法平滑移动时,请使百分表保持垂直状态,再将套筒浸泡在品质极佳的汽油内浸至中央部位,来回移动数次后再用干净的抹布擦拭,即能恢复至原来平滑的情况。

⑤百分表的保存:

a. 为防止生锈,使用后立即擦拭并涂上一层防锈油。

b. 定期检查百分表的精密度。

c. 收藏时先将百分表放在工具盒内,再放置在湿度低、无振动的库房内。

(4) 量缸表

量缸表也叫内径百分表,是利用百分表制成的测量仪器,也是用于测量孔径的比较性测量工具。在汽车维修中,量缸表通常用于测量汽缸的磨耗量及内径。

①量缸表的结构。量缸表主要包括百分表、表杆、替换杆件和替换杆件紧固螺钉等。

②量缸表的使用:

a. 使用游标卡尺测量缸径后获得基本尺寸,如图 1.24 所示,利用这些长度作为选择合适杆件的参考。

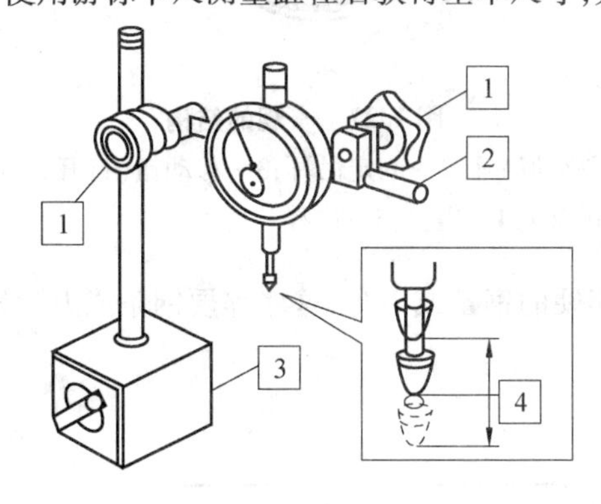

图 1.23　百分表

1—止动螺钉;2—臂;3—磁性支架;4—量程中心

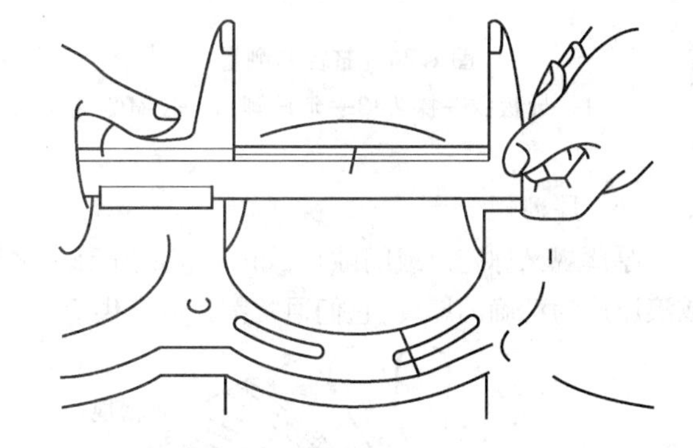

图 1.24　使用卡尺获得缸径基本尺寸

b. 量缸表需要经过装配才能使用。首先根据所测缸径的基本尺寸选用合适的替换杆件和调整垫圈,使量杆长度比缸径大0.5 ~ 1.0 mm。替换杆件和垫圈都标有尺寸,根据缸径尺寸可任意组合。量缸表的杆件除垫片调整式,还有螺旋杆调整式。无论哪种类型,只要将杆件的总长度调整至比所测缸径大0.5 ~ 1.0 mm

即可。

c. 将百分表插入表杆上部，预先压紧 0.5～1.0 mm 后固定。

d. 为了便于读数，百分表表盘方向应与接杆方向平行或垂直。

e. 将外径千分尺调至所测缸径尺寸，并将千分尺固定在专用固定夹上，对量缸表进行校零，当大表针逆时针转动到最大值时，旋转百分表表盘使表盘上的零刻度线与其对齐，如图 1.25 所示。

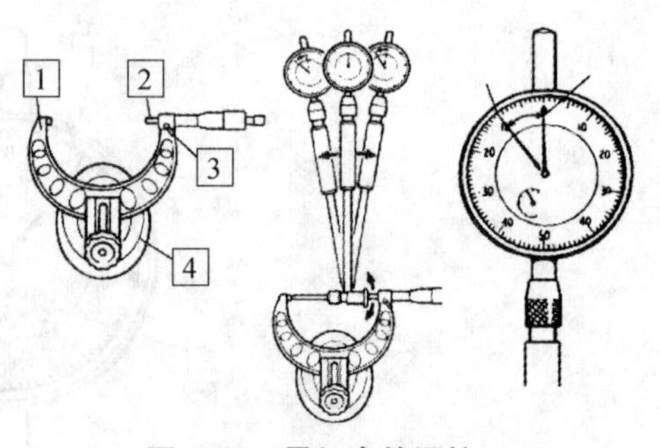

图 1.25　量缸表的调校

1—外径千分尺；2—轴；3—夹；4—支架

③缸径测量：

a. 慢慢地将导向板端（活动端）倾斜，使其先进入汽缸内，而后再使替换杆件端进入。导向板的两个支脚要和汽缸壁紧密配合，如图 1.26 所示。

b. 在测定位置维持导向板不动，而使替换杆件的前端做上下移动并观测指针的移动量，当量缸表的读数最小且量缸表和汽缸成真正直角时，再读取数据。

c. 读数最小即表针顺时针转至最大，在测量位置方面须参考维修手册。

(5) 卡规

在测量内径很小的配件时，如气门导管等部位，就需要另一种类似于量缸表的量具——卡规，如图 1.27 所示。

在使用卡规时，将测量端压缩放入被测物体内，读数与缸径表相同，当移动吊耳移动 2 mm 时，则长指针转动一圈测量精度为 0.01 mm。

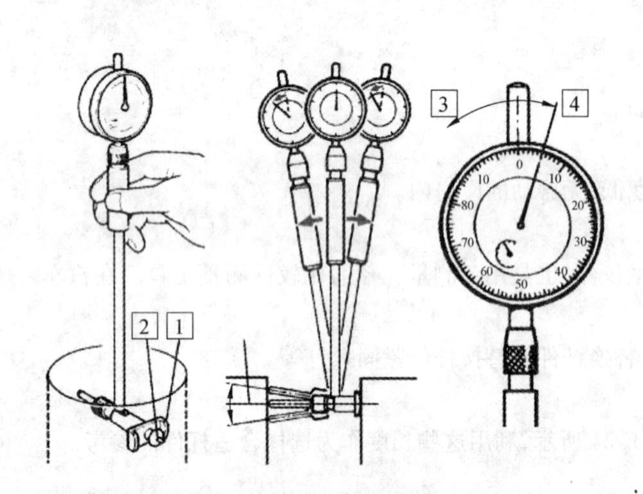

图 1.26　缸径的测量

1—导板；2—探头；3—延长侧；4—收缩侧

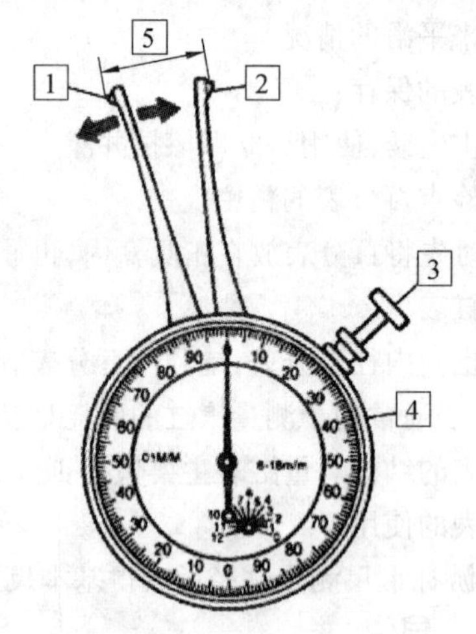

图 1.27　卡规的结构

1—可移动吊耳；2—固定吊耳；3—移动钮（打开、关闭可移动吊耳）；4—表盘；5—内径

(6) 厚薄规

厚薄规又称塞尺或间隙片，如图 1.28 所示。它是一组淬硬的钢条或刀片，这些淬硬钢条或刀片被研磨或滚压成为精确的厚度，它们通常都是成套供应。

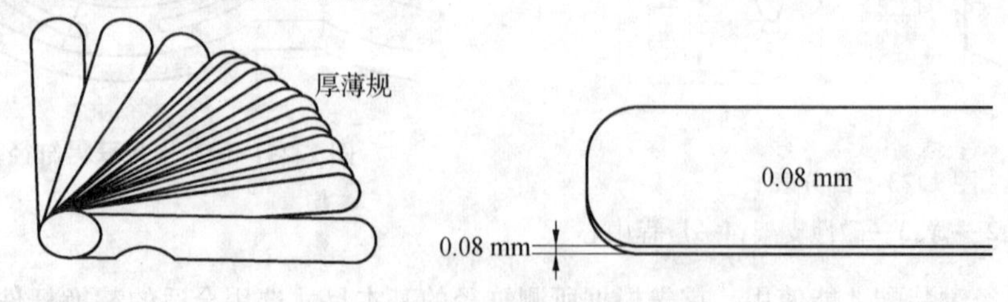

图 1.28　厚薄规及其规格

每条钢片标出了厚度(单位为 mm),它们可以单独使用,也可以将两片或多片组合在一起使用,以便获得所要求的厚度,最薄的可以达到0.02 mm。常用厚薄规长度有50 mm、100 mm和200 mm。在汽车维修工作中主要用于测量气门间隙、触点间隙和一些接触面的平直度等,如图1.29所示。

使用厚薄规测量时,应根据间隙的大小,先用较薄片试插,逐步加厚,可以一片或数片重叠在一起插入间隙内,插入深度应在20 mm左右。例如,用0.2 mm的厚薄规片刚好能插入两个工件的缝隙中,而0.3 mm的厚薄规片插不进,则说明两个工件的结合间隙为0.2 mm。

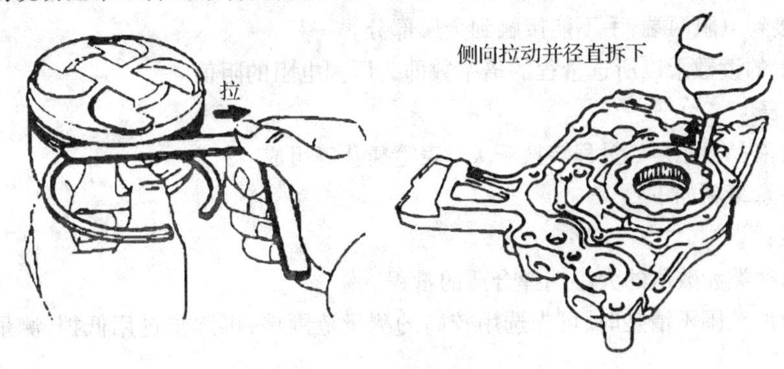

图1.29 厚薄规的应用

测量时,必须平整插入,松紧适度,所插入的钢片厚度即为间隙尺寸。严禁将钢片用大力强硬插入缝隙测量。插入时应特别注意前端,不要用力过猛,否则容易折损或弯曲厚薄规。

小提示:使用前必须将钢片擦净,还应尽量减少重叠使用的片数,因为片数重叠过多会增加误差。

当厚薄规同直尺一起使用时,厚薄规可用来检查零件的平直度,如汽缸盖的平直度。由于厚薄规很薄,容易弯曲或折断,测量时不能用力太大,如图1.30所示。

测量时应在结合面的全长上多处检查,取其最大值,即为两结合面的最大间隙量。测量后及时将测量片合到夹板中去,以免损伤各金属薄片。

厚薄规上不得有污垢、锈蚀及杂物;厚薄规使用完毕后要将测量面擦拭干净,并涂油,如图1.31所示。已发现有折损或标示刻度已经模糊不清的厚薄规应该立即予以更新。

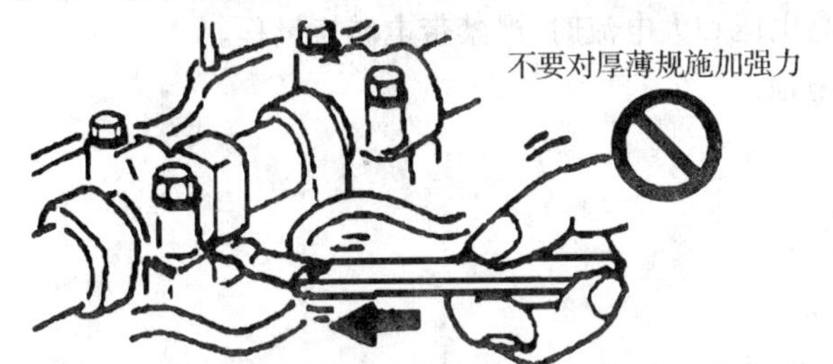

图1.30 厚薄规使用的注意事项

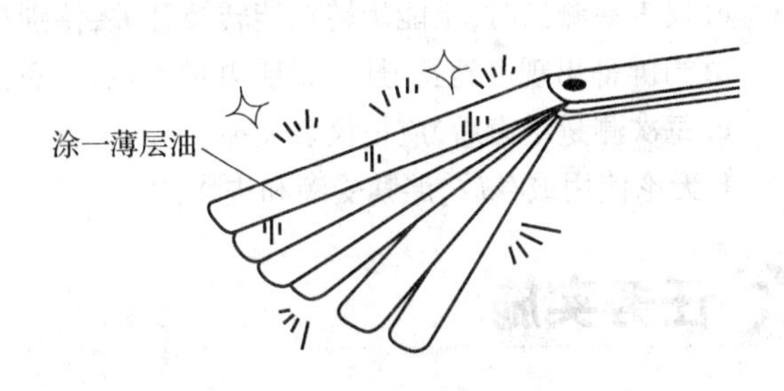

图1.31 厚薄规的存放方法

3.汽车电器配件基本检测工具

常用万用表检测电器配件线路通断、电阻值等。

万用表是电工必备的一种测量仪表,主要用来测量电压、电流、电阻等参数,俗称三用表。万用表可分为指针式万用表和数字式万用表。

(1)指针式万用表

①准备工作:

由于万用表种类很多,在使用前要做好测量的准备工作:

a. 熟悉转换开关、旋钮、插孔等的作用,检查表盘符号,“┌┐”表示水平放置,“⊥”表示垂直使用。

b. 了解刻度盘上每条刻度线所对应的被测电量。

c. 检查红色和黑色两根表笔所接的位置是否正确,红表笔插入“+”插孔,黑表笔插入“-”插孔,有些万用表另有交直流 2 500 V 高压测量端,在测高压时黑表笔不动,将红表笔插入高压插口。

d. 机械调零。旋动万用表面板上的机械零位调整螺丝,使指针对准刻度盘左端的"0"位置。

②电阻的测量:

a. 测电阻时把转换开关 SA 拨到"Ω"挡,使用内部电池做电源,由外接的被测电阻、E、RP、R1 和表头部分组成闭合电路,形成的电流使表头的指针偏转。

b. 两表笔短接,进行电调零,即转动零欧姆调节旋钮,使指针打到电阻刻度右边的"0"Ω 处。

c. 将两表笔并接到电阻两端,手不能接触到金属部分。

d. 表头指针显示的读数乘以所选量程的倍率数即为所测电阻的阻值。

(2)数字式万用表

数字式万用表由液晶显示屏、量程转换开关、表笔插孔等组成。

万用表测量的注意事项如下:

①指针式万用表:

a. 根据被测量的种类和数值的大小选择合适的量程。

b. 当被测电压数值范围不清楚时,可先选用较高的测量范围挡,再逐步选用低挡,测量的读数最好选在满刻度的 2/3 处附近。

c. 测量直流电量应注意红表笔接到被测电压的正极,黑表笔接到被测电压的负极。

d. 测量电流时,必须把电路断开,将表串接于电路之中。

e. 不能带电转动转换开关,避免转换开关的触点产生电弧而被损坏。

f. 切忌用电流挡或电阻挡测量电压。

g. 不允许带电测量电阻,否则会烧坏万用表。

h. 测量完毕后,将转换开关置于交流电压最高挡或空挡。

②数字式万用表:

a. 仪表所测量的交流电压峰值不得超过 700 V,直流电压不得超过 1 000 V 。交流电压频率响应:量程为 40 ~ 100 Hz,其余量程为 40 ~ 400 Hz。

b. 切勿在电路带电情况下测量电阻。不要在电流挡、电阻挡、二极管挡和蜂鸣器挡测量电压。

c. 仪表在测试时,不能旋转功能转换开关,特别是高电压和大电流时,严禁带电转换量程。

d. 当屏幕出现电池符号时,说明电量不足,应更换电池。

e. 每次测量结束后,应把仪表关掉。

f. 无论使用或存放,严禁受潮和进水。

任务实施

在本项目情境中,小江要在工作中对自己及物品进行有效保护,应该按照以下步骤进行。

环 节	对应项目	具体程序
1	汽车配件安全常识	(1)根据现有知识拓展与提升搜集有关汽车配件安全常识相关知识要点以拓宽知识面 (2)重点掌握工作场地内部管理、个人注意事项、工具安全使用、防火和用电安全、防护装置以及危险物品、化学制剂的使用等安全常识 (3)根据理论知识加强在实践中进行运用
2	常用量器具	(1)熟练掌握配件管理中常用工具套筒、扳手、钳子、螺丝刀、电动及气动工具等的使用 (2)熟练掌握常用量具游标卡尺、外径千分尺、百分表、量缸表、卡规、厚薄规、万用表等的科学使用

项目 1.6 汽车配件质量鉴别

情境导入

张先生在保修期内到定点4S店维修汽车手动变速器。维修中需要更换变速器3挡同步器齿轮及齿圈,张先生为待更换的齿轮质量与4S店师傅和配件经理发生了分歧,经过张先生有条有理的分析,对方默认该齿轮配件非原厂件,涉嫌假冒。4S店无条件为张先生另定配件,并赔偿张先生误工等损失,约定下次更换。

【任务分析】

汽车配件涉及的车型多,品种规格复杂,仅一种车型的配件品种就不下数千种。配件经营企业一般没有完备的检测手段,配件管理营销人员应具备相关知识,不断积累经验,练就一双识别真假配件的“火眼金睛”。

理论引导

假汽车配件的危害是不言而喻的,不像普通生活用品那样只是在工艺、品质上存在问题,严重时会危及车主和他人的生命安全。然而由于利益的驱使,仿冒配件至今仍难以杜绝。要想在汽配城之类的地方买到真正的原厂配件,就必须要练就一双“火眼金睛”。那么如何分辨真假配件呢?

汽车配件涉及的车型多,品种规格复杂,仅一种车型的配件品种就不下数千种。汽车维修企业和配件经营企业一般没有完备的检测手段,但只要我们熟悉汽车结构、制造工艺和材质等方面的知识,正确运用检验标准,凭借积累的经验和一些简单的检测方法,也能识别配件的优劣。

下面介绍一些常用的方法,以供参考。这些方法可简单地归纳为“八看”“四法”。

1.6.1 八看

1.看商标

要认真查看商标,上面的厂名、厂址、等级和防伪标记是否真实。因为对有短期行为的仿冒制假者来说,防伪标志的制作不是一件容易的事,需要一笔不小的支出。在商品制作上,正规的厂商在零配件表面有硬印和化学印记,注明了零件的编号、型号、出厂日期,一般采用自动打印,字母排列整齐,字迹清楚,小厂和小作坊一般是做不到的,如图1.32所示。

图1.32 上海大众减震器的表面

2. 看包装

根据包装进行识别，是检验汽车配件真伪的重要方法。纯正部件包装制作精美，色彩、花纹、样式都有一定的规则，一般是很难仿制得完全一样的。仿制的包装制作比较粗糙，较容易辨别。但有些仿制者依靠现代先进的印刷技术，将零件包装制作得很逼真，如不仔细辨认，也很难区别。进口汽车配件一般都有外包装和内包装，外包装有包装箱、包装盒；内包装一般是带标识的包装纸和塑料袋或纸袋。纯正配件外包装箱（盒）上都贴有厂家统一、印刷清晰、纸质优良，并印有 GENUINE PARTS（纯正部品）标记，且标有零件编号、名称、数量及生产厂和国家，如图 1.33 和图 1.34 所示。而仿制的标签印刷不精细，色彩不是轻就是重，很难与纯正件包装一致，使用计算机打印的零件编号及生产厂商标记的色彩非轻即重，仔细辨认，就能区分真伪。汽车零配件互换性很强，精度很高，为了能较长时间存放，不变质，不锈蚀，需在产品出厂前用低度酸性油脂涂抹。正规的生产厂家，对保装盒的要求也十分严格，要求无酸性物质，不产生化学反应，有的采用硬型透明塑料抽真空包装。考究的包装能提高产品的附加值和身价，箱、盒大都采用防伪标记，常用的有激光、条码、暗印等。在采购配件时，这些都很重要。

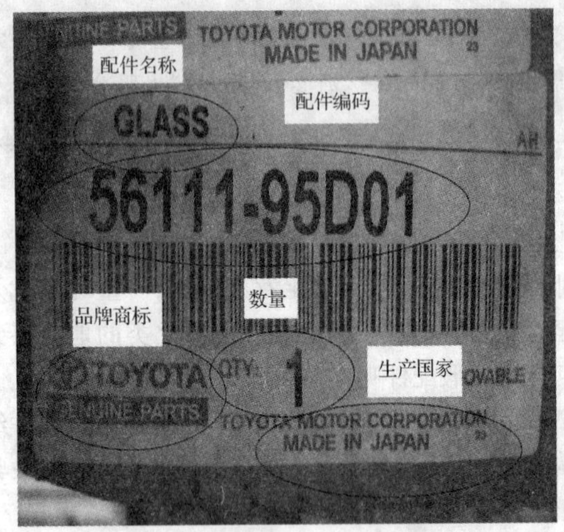

图 1.33　正品汽车配件的包装 1

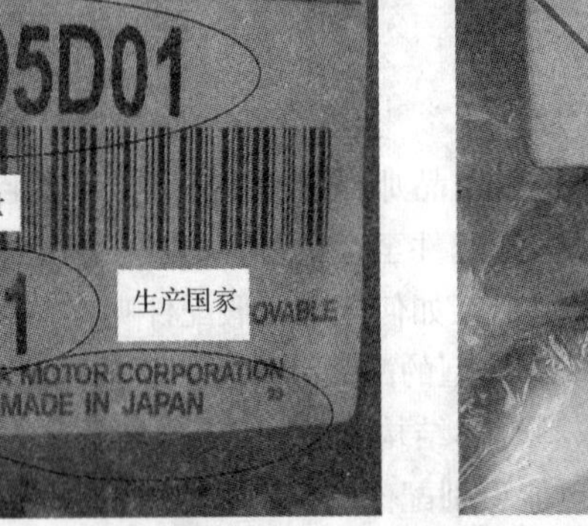

图 1.34　正品汽车配件的包装 2

3. 看文件资料

首先要查看汽车配件的产品说明书，产品说明书是生产厂家进一步向用户宣传产品，为用户做某些提示，帮助用户正确使用产品的资料。通过产品说明书可增强用户对产品的信任感。一般来说，每个配件都应配一份产品说明书（有的厂家配有用户须知）。如果交易量相当大，还必须查询技术鉴定资料。

对于进口配件还要查询海关进口报关资料。国家规定，进口商品应配有中文说明，一些假冒进口配件一般没有中文说明，且包装上的外文，有的文法不通，甚至写错单词，一看便能分辨真伪。

4. 看表面处理

鉴别金属机械配件，可以查看表面处理。所谓表面处理，即电镀工艺、油漆工艺、电焊工艺、高频热处理工艺。汽车配件的表面处理是配件生产的后道工艺，商品的后道工艺尤其是表面处理涉及很多现代科学技术。国际和国内的名牌大厂在利用先进工艺上投入的资金是很大的，特别对后道工艺更为重视，投入资金少则几百万元，多则上千万元。制造假冒伪劣产品的小工厂和手工作坊有一个共同特点，就是采取低投入掠夺式的短期经营行为，很少在产品的后道工艺上投入技术和资金，也没有这样的资金投入能力。例如，正品的传动轴的外球笼的外星轮内腔经过中频淬火，且球面球道均经过硬车磨削，光洁度很好，如图 1.35 所示。

(1) 镀锌技术和电镀工艺

汽车配件的表面处理，镀锌工艺占的比重较大，一般铸铁件、锻铸件、铸钢件、冷热板材冲压件等大都采用表面镀锌。质量不过关的镀锌，表面一致性很差。镀锌工艺过关的，表面一致性好，而且批量之间一致性也没有变化，有持续稳定性。专业人士一看，就能分辨真伪优劣。

电镀的其他方面，如镀黑、镀黄等，大工厂在镀前处理的除锈酸洗工艺比较严格，清酸比较彻底，这些工艺要看其是否有泛底现象。镀钼、镀铬、镀镍可看其镀层、镀量和镀面是否均匀，以此来分辨真伪优劣。正品镀锌的汽车配件如图 1.36所示。

图 1.35　正品外球笼的外星轮内腔

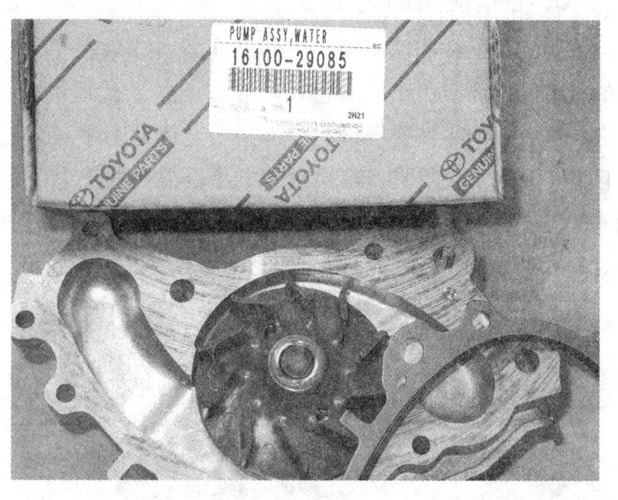

图 1.36　正品镀锌的汽车配件

(2)油漆工艺

现在一般都采用电浸漆、静电喷漆，有的还采用真空手段和高等级静电漆房喷漆。采用先进工艺生产的零部件表面，与采用陈旧落后工艺生产出的零部件表面有很大差异。目测可以看出，前者表面细腻、有光泽、色质鲜明；而后者则色泽暗淡、无光亮，表面有气泡和“拖鼻涕”现象，用手抚摸有砂粒感觉，相比之下，真假非常分明。正品喷漆工艺的汽车配件如图 1.37 所示。

(3)电焊工艺

在汽车配件中，减震器、钢圈、前后桥、大梁、车身等均有电焊焊接工序。汽车厂的专业化程度很高的配套厂，它们的电焊工艺技术大都采用自动化焊接，能定量、定温、定速，有的还使用低温焊接法等先进工艺。产品焊缝整齐、厚度均匀，表面无波纹形、直线性好，即使是点焊，焊点、焊距也很规则，这一点哪怕再好的手工操作也无法做到。正品电焊工艺的汽车配件如图 1.38 所示。

图 1.37　正品喷漆工艺的汽车配件

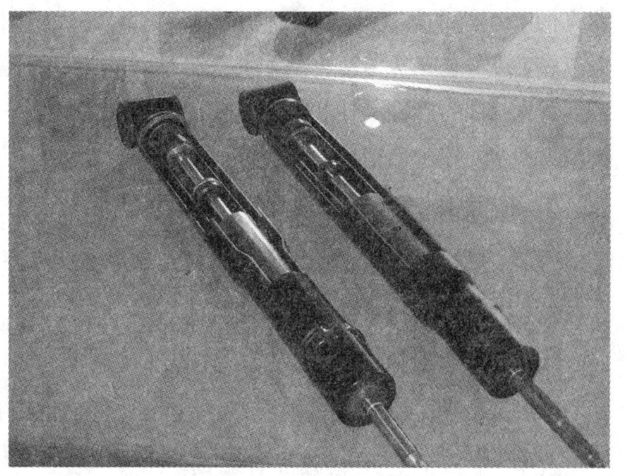

图 1.38　正品电焊工艺的汽车配件

(4)高频热处理工艺

汽车配件产品经过精加工以后才进行高频淬火处理，因此淬火后各种颜色都原封不动地留在产品上。如汽车万向节内、外球笼经淬火后，就有明显的黑色、青色、黄色和白色，其中白色面是受摩擦面，也是硬度最高的面。目测时，凡是全黑色或无颜色区别的，肯定不是高频淬火。

工厂要配备一套高频淬火成套设备，其中包括硬度、金相分析测试仪器和仪表的配套，它的难度高，投入资金多,还要具备供、输、变电设备条件,供电电源在30 000 V以上。小工厂、手工作坊是不具备这些设备条件的。正品高频热处理工艺的汽车配件如图1.39所示。

5.看非使用面的表面伤痕

从汽车配件非使用面的伤痕,也可以分辨是正规厂生产的产品,还是非正规厂生产的产品。表面伤痕是在中间工艺环节由于产品相互碰撞留下的。优质的产品是靠先进科学的管理和先进的工艺技术制造出来的。生产一个零件要经过几十道甚至上百道工序,而每道工序都要配备工艺装备,其中包括工序运输设备和工序安放的工位器具。高质量的产品由很高的工艺装备系数做保障,所以高水平工厂的产品是不可能在中间工艺过程中互相碰撞的。凡在产品不接触面留下伤痕的产品,肯定是小厂、小作坊生产的劣质品,如图1.40所示。

图1.39 正品高频热处理工艺的汽车配件

图1.40 非使用面的表面伤痕

6.看材质

劣质配件的材料大多不尽如人意,特别是橡胶、塑料等类型的配件很容易就可以看出优劣,如碰撞后掉落的形状成粉碎状等。其他诸如用铸铁代替优质钢、镀铜代替纯铜、普通钢材代替优质钢或合金钢等都是不法厂家常用的手法,可以通过砂轮打磨出的火花看出。通过观察合件、总成件中的小零件也可以看出零部件的真假。正规的配件总成、部件必须齐全完好,才能保证顺利装车和正常运行。一些总成件上的小零件缺失,就容易给装车造成困难,这种配件很可能就是假冒的配件。

此外,有的配件是废旧配件翻新的,这时只要拨开配件表面油漆后就能发现旧漆、油污及划痕。轮胎翻新情况严重,核价和定损更应注意。

7.看重量

假冒伪劣配件偷工减料,天生"体重"比较轻。许多配件可以用这个方法加以鉴别。现在的配件查询软件都标明有重量,如资料许可,可以查找给予参考。

8.看配件的配合度

买到的配件装到车上,要看能不能和其他配件有良好的配合。一般原厂配件都能轻松地装到车上,而劣质的配件由于工艺不精,加工误差较大,所以配件之间很难配合良好。此外,为保证配件的装配关系符合技术要求,一些正规配件表面刻有装配记号,用来保证配件的正确安装,若无记号或记号模糊无法辨认,则不是合格的配件。

1.6.2 四法

1. 检视法

(1)表面硬度是否达标

配件表面硬度都有规定的要求,在征得厂家同意后,可用钢锯条的断茬去试划(注意试划时不要划伤工作面)。划时打滑无划痕的,说明硬度高;划后稍有浅痕的说明硬度较高;划后有明显划痕的说明硬度低。

(2)结合部位是否平整

零配件在搬运、存放过程中,由于振动、磕碰,常会在结合部位产生毛刺、压痕、破损,影响零件使用,选购和检验时要特别注意。

(3)几何尺寸有无变形

有些零件因制造、运输、存放不当,易产生变形。检查时,可将轴类零件沿玻璃板滚动一圈,看零件与玻璃板贴合处有无漏光来判断是否弯曲。选购离合器从动盘钢片或摩擦片时,可将钢片、摩擦片举到眼前,观察其是否翘曲。选购油封时,带骨架的油封端面应呈正圆形,能与平板玻璃贴合无挠曲;无骨架油封外缘应端正,用手握使其变形,松手后应能恢复原状。选购各类衬垫时,也应注意检查其几何尺寸及形状。

(4)总成部件有无缺件

正规的总成部件必须齐全完好,才能保证顺利装配和正常运行。一些总成件上的个别小零件若漏装,将使总成部件无法工作,甚至报废。如:球笼带修理包、自动变速器修理包是否齐全。

(5)转动部件是否灵活

在检验机油泵等转动部件时,用手转动泵轴,应感到灵活无卡滞。检验滚动轴承时,一手支撑轴承内环,另一手打转外环,外环应能快速自如转动,然后逐渐停转。若转动零件发卡、转动不灵,说明内部锈蚀或产生变形。

(6)装配记号是否清晰

为保证配合件的装配关系符合技术要求,有一些零件,如正时齿轮表面均刻有装配记号。若无记号或记号模糊无法辨认,将给装配带来很大的困难,甚至导致装错。

(7)接合零件有无松动

由两个或两个以上的零件组合成的配件,零件之间是通过压装、胶接或焊接的,它们之间不允许有松动现象。如油泵柱塞与调节臂是通过压装组合的;离合器从动毂与钢片是铆接结合的;摩擦片与钢片是铆接或胶接的;纸质滤清器滤芯骨架与滤纸是胶接而成的;电器设备是焊接而成的。检验时,若发现松动应予以调换。

(8)配合表面有无磨损

若配合零件表面有磨损痕迹,或涂漆配件拨开表面油漆后发现旧漆,则多为旧件翻新。当表面磨损、烧蚀,橡胶材料变质时在目测看不清的情况下,可借助放大镜观察。

2. 敲击法

判定部分壳体和盘形零件是否有裂纹,用铆钉连接的零件有无松动以及轴承合金与钢片的结合是否良好时,可用小锤轻轻敲击并听其声音。如发出清脆的金属声音,说明零件状况良好;如果发出的声音沙哑,可以判定零件有裂纹、松动或结合不良。

浸油锤击是一种探测零件隐蔽裂纹最简便的方法。检查时,先将零件浸入煤油或柴油中片刻,取出后将表面擦干,撒上一层白粉(滑石粉或石灰),然后用小锤轻轻敲击零件的非工作面,如果零件有裂纹,通过振动会使浸入裂纹的油渍溅出,裂纹处的白粉呈现黄色油迹,便可看出裂纹所在。

3. 比较法

用标准零件与被检零件做比较，从中鉴别被检零件的技术状况。例如气门弹簧、离合器弹簧、制动主缸弹簧和轮缸弹簧等，可以用被检弹簧与同型号的标准弹簧（最好用纯正部品，即正厂件）比较长短，即可判断被检弹簧是否符合要求。

4. 测量法

(1)检查结合平面的翘曲（图 1.41）

以平板或钢尺作基准，放置在工作面上，然后用厚薄规测量被测件与基准面之间的间隙。检查时应从纵向、横向、斜向等各方面测量，以确定变形量。

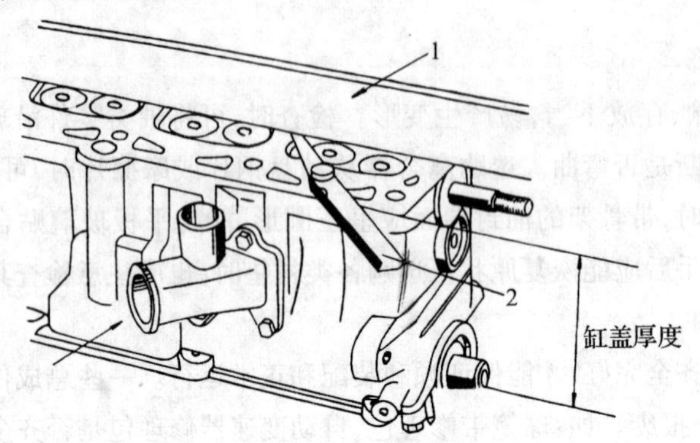

图 1.41　检查结合平面的翘曲

1—刀口尺；2—塞尺

(2)检查轴类零件

①检查弯曲（图 1.42）。将轴两端用 V 型铁水平支承，用百分表触针抵在中间轴颈上，转动轴一周，表针摆差的最大值反映了轴弯曲程度（摆差的 1/2 即为实际弯曲度），如图 1.42 所示。

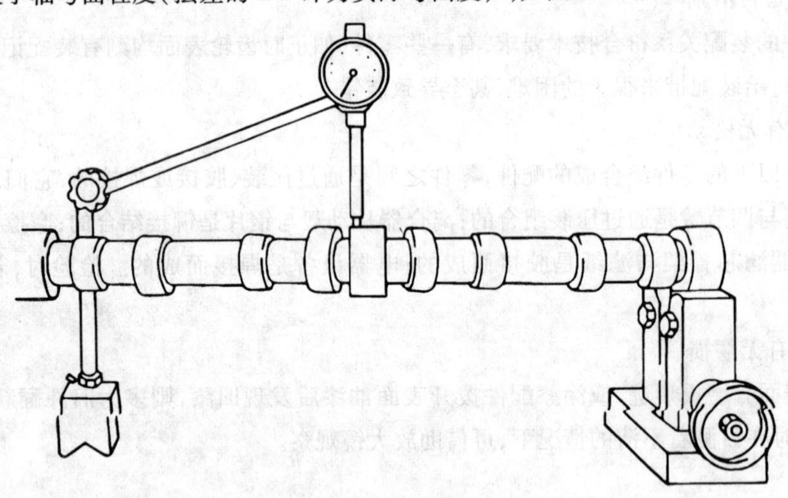

图 1.42　检查弯曲

②测量实际尺寸与基本尺寸的误差（图 1.43）。一般用外径千分尺测量，除检查外径，还需检查其圆度和圆柱度。测量时，先在轴颈油孔两侧测量，然后转 90° 再测量。轴颈同一横断面上差数最大值的 1/2 为圆度值。轴颈不同纵断面上差数最大值的 1/2 为圆柱度值。

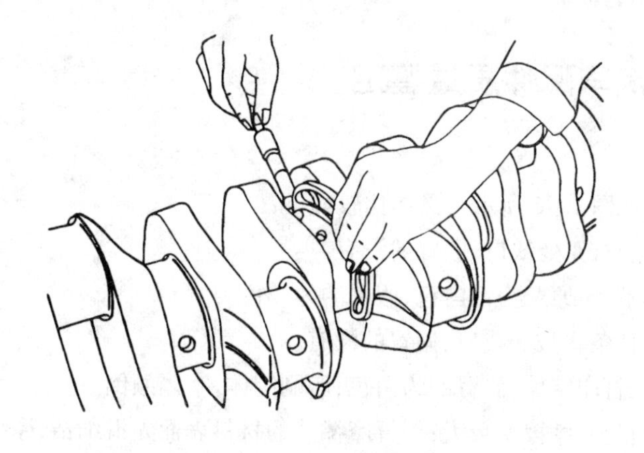

图 1.43　测量实际尺寸与基本尺寸的误差

③检验滚动轴承(图 1.44)：

a. 检验轴向间隙:将轴承外座圈放置在两垫块上,并使内座圈悬空,在内座圈上放一块小平板,将百分表触针抵在平板的中央,然后上下推动内座圈,百分表指示的最大值与最小值之差,即为它的轴向间隙。轴向间隙的最大允许值为 0.20 ~0.25 mm。

b. 检验径向间隙:将轴承放在一个平面上,使百分表的触针抵住轴承外座圈,然后一只手压紧轴承内圈,另一只手往复推动轴承外圈,表针所摆动的数字即为轴承径向间隙。径向间隙的最大允许值为 0.10 ~0.15 mm。

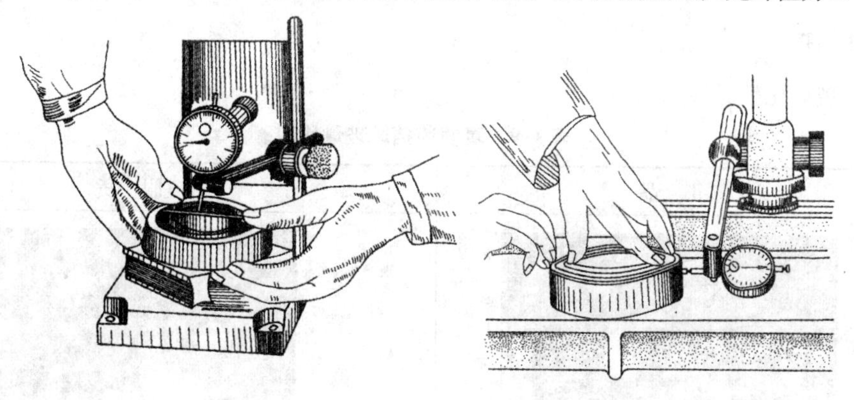

图 1.44　检验滚动轴承

c. 检验螺旋弹簧(图 1.45)：汽车上应用的压缩弹簧,如气门弹簧、离合器弹簧、制动主缸弹簧和轮缸弹簧;拉伸弹簧,如制动蹄片回位弹簧等。弹簧的自由长度可用钢板尺或游标卡尺测量,弹力的大小可用弹簧试验器检测。弹簧歪斜可用直角尺检查,歪斜不得超过 2°。

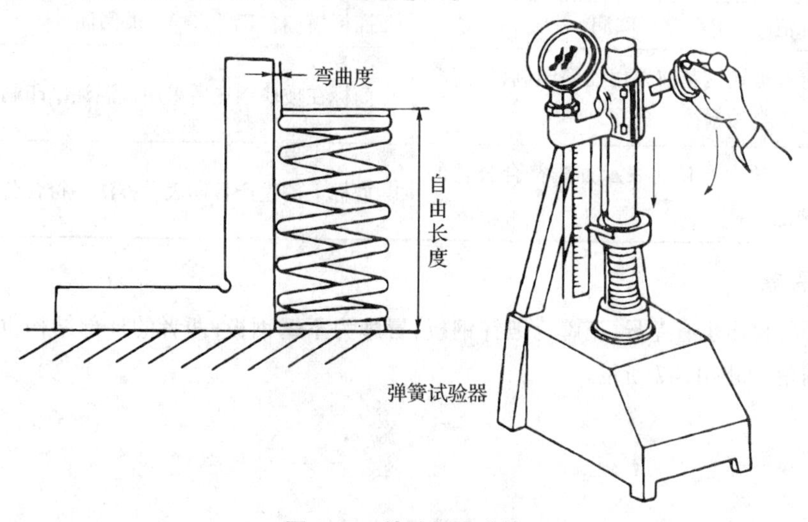

图 1.45　检验螺旋弹簧

1.6.3 几种常见汽车配件质量鉴定

1. 制动片

制动片外形结构比较如图 1.46 所示。具体比较如下：

①原配摩擦片背板周边有 4 处缺口，假冒的没有。

②报警簧片表面处理不同：原配为银白色，假冒的为黑色。

③原配缓冲片上有两长条状减噪缺口，假冒的没有。

④原配颜色为草绿色，打印字体；假冒的为白色，印刷字体，字体颠倒。

⑤正品摩擦材料表面粗糙，摩擦系数大；假冒摩擦片的材料表面光滑细洁，摩擦系数小。

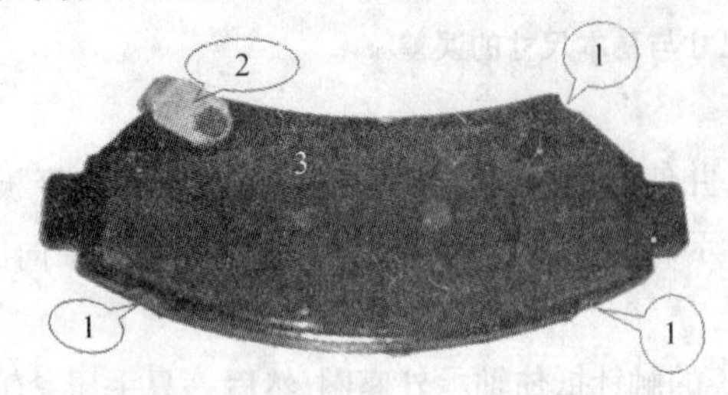

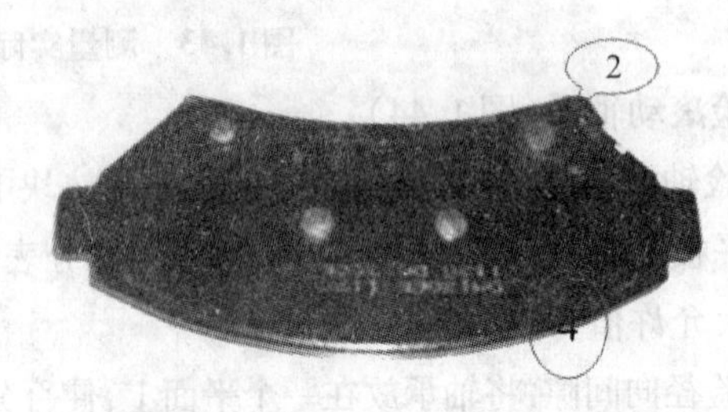

图 1.46　制动片外形结构比较

2. 前挡风玻璃

真假前挡风玻璃比较见表 1.9。

表 1.9　真假前挡风玻璃比较

	正　品	假　货
图示		
特点	商标清晰，"FY"字样圆润	商标模糊，"FY"字样不够圆润
	商标在玻璃钢花前采用油墨印刷，经高温烧结后不会被刮掉	商标在玻璃钢花后采用低温油墨印刷，易被刮掉
	商标上的生产日期表示方法符合公司的统一规定	商标上的生产日期表示方法不符合公司规定

3. 汽油滤清器

标签完全不同，材质也有差异，正牌为镀锌钢板，冒牌为不锈钢板；两者的外部结构也有差异，正牌的为倾角，冒牌的为圆角，如图 1.47 所示。

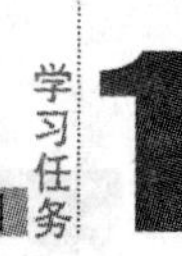

图 1.47　真假汽油滤清器比较

4. 油品

(1)看包装外观

新油包装外观干净漂亮,无油污尘迹,封口盖是一次性盖子,缺口处有封口锡纸,锡纸上均有厂家特殊标记,无这些特点,有可能是假油。另外,名牌油为防假冒,在标签贴纸、罐底、罐盖内侧、把手等不显眼处均有特殊标记,如果不法分子自订包装造假,只要对比一下两个外包装就可分辨真假。

(2)观察油外观

将机油倒出来观察,真油色浅透明,无杂质,无悬浮物,无沉淀物,味淡,晃动时流动性较好。假油或油色较深,或有杂质沉淀物,或味浓有刺激性,晃动时流动性较差,用手摸有拉丝现象。

5. 火花塞(俗称火咀)

发动机内部积碳增多,起步、加速性能下降,油耗增加。

(1)纯正件特征

纯正件采用了优质金属材料,侧面电极是一体加工完成的,并非焊接上去。间隙均匀,采用了优质金属材料,导热性能出色,即使在车速到达 200 km/h。电极的温度也只有800 ℃。内部都会有专门设计的电阻,以减少外界电波的干扰。

(2)假冒件特征

假冒件绝缘材质差,甚至有气孔,防导电的性能也相对较弱,并且内部一般,不会安装电阻,所以容易受到外界电波干扰。电极间隙一般不够均匀,绝缘体使用的材料也不够好,导热性能差。时速超过 130 km/h 后电极温度已到达 1 100 ℃,临近电极熔断点。如图 1.48 所示。

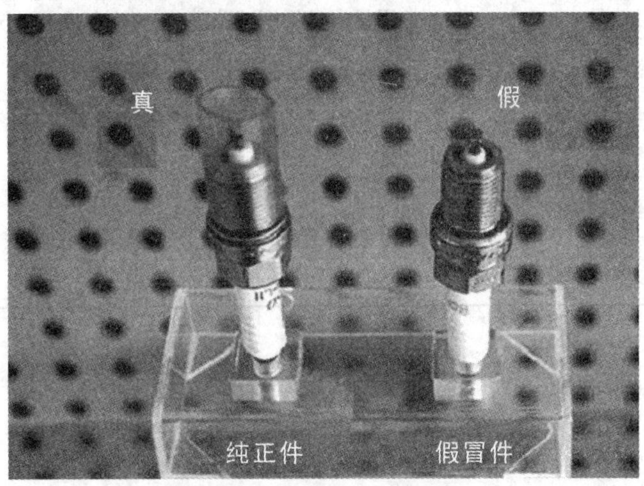

图 1.48　真假火花塞比较

(3)使用假冒件的危害

由于火花塞的工作环境是高温高压,所以伪劣产品的电极非常容易造成电极间隙过大,火花塞放电能量不足,结果就是冷启动困难,发动机内部积碳增多,起步、加速性能下降,油耗增加。

任务实施

在本项目情境中,4S店要为顾客更好地服务,减少工作失误,相关工作人员必须掌握以下环节的知识要点并具备较高的实际能力。

环 节	对应项目	具体程序
1	汽车配件质量鉴别	(1)根据现有知识拓展与提升搜集有关汽车配件质量鉴别等相关知识要点以拓宽知识面 (2)根据理论知识在实践中进行运用 (3)明确汽车配件质量鉴别在汽车配件营销与管理环节中的重要性
2	汽车配件质量鉴别方法	(1)掌握鉴别方法“八看”“四法”,包括:看商标、看包装、看文件资料、看表面处理、看非使用面的表面伤痕、看材质等 (2)根据“八看”“四法”对汽车配件质量进行鉴别应用及正假配件对比分析 (3)根据书中总结的鉴别方法及实践中总结适用于各自企业的鉴别方法
3	常见汽车配件质量鉴定举例	(1)根据实际例子对汽车配件质量鉴别方法的应用 (2)掌握常见汽车配件质量鉴定方法 (3)在实践过程中对汽车配件质量进行鉴定并总结鉴定方法

评价体会

评价与考核项目		评价与考核标准	配 分	得 分
知识点	汽车配件概念与分类	理论知识的掌握	5	
	汽车零部件编号规则	理论知识的掌握	10	
	汽车配件安全常识	理论知识的掌握	5	
技能点	汽车配件查询与检索	方法和步骤正确满分;否则每次扣5分	20	
	汽车配件常用量器具	常用量器具使用正确满分;否则每次扣5分	10	
	汽车配件质量鉴别	质量鉴别方法正确满分;否则每处扣5分	20	
情感点	学习态度	遵守纪律、态度端正、努力学习者满分;否则0~1分	10	
	相互协作情况	相互协作、团结一致满分;否则0~1分	10	
	参与度和结果	积极参与、结果正确满分;否则0~1分	10	
合 计			100	

任务工单

学习任务1：汽车配件识别 项目单元1:汽车配件查询与检索	班级			
	姓名		学号	
	日期		评分	

一、填空题

1. 汽车配件按是否与汽车制造厂家配套,分为________、________和________。汽车配件按零部件组成方式,分为________、合件、________、________和车身覆盖件。

2. 国产汽车零部件编号分组清单后悬架总成组号与分组号是________,分组号3630所标注的零部件名称是________。

3. 汽车配件检索工具一般有________、微缩胶片配件目录和________。

4. 获取销售代码的方式有________、向出售该车的经销商索取、________。

5. 根据备件号193 845 217 A L10/97 – LOC查询零部件的名称是________。

二、简答题

1. 根据《汽车产品型号编制规则》(GB 9417—88)解释EQ7201H和解放牌CA1258P11K2L7T1型6×4平头柴油载货汽车的汽车型号编号的含义。

2. 说明大众桑塔纳VIN号17位编码LSVAC6BR4DN012894数字与字母含义。

3. 根据国产汽车零部件编号规则画出完整的汽车零部件编号表达式并说明含义。

4. 根据进口汽车零部件编号规则说明327　867　011　D　MP1各项字母与数字所代表的含义。

5. 根据底盘号LFVBA44B233010341查询零部件名称并说明底盘号含义。

6. 定购线束时,需要通过查询附表来确定所需线束的备件号。附表中的方案号是确定线束的关键,方案号的获取有哪几种方式?

7. 确认备件号的有关参数有哪些?

8. 简述查找备件号的步骤。

9. 说明车辆标牌、发动机、底盘号的常见位置。

学习任务1：汽车配件识别 项目单元2:汽车配件常用量器具	班级			
	姓名		学号	
	日期		评分	

练习并达到正确、熟练使用常用工具、量具。

建议常用工具、量具:游标卡尺、外径千分尺、百分表、量缸表、卡规、厚薄规、万用表。

拓展与提升

影响汽车零部件品质提升的因素分析

■我国零部件企业质量管控意识有待加强

我国绝大多数自主零部件企业仍停留在大批量生产方式阶段，缺乏对工艺的研究，过程的质量管控能力严重不足，最终又要反映到零部件的质量上面，没有持续的改善，很难形成高品质的产品，最终也很难形成自己在制造环节的核心竞争实力。生产方式的落后是影响我国汽车零部件质量提升的最大问题。

竞争与合作是矛盾的统一，在竞争中合作与在合作中竞争，企业能力才能得到提高，行业才能得到发展。过度竞争与无原则合作，都将损害企业的利益，损害行业的发展。总体来看，我国汽车零部件行业竞争过度，合作不足，为拼价格而牺牲质量的现象大量存在，这种状态极大影响了企业及行业的发展，对产品质量水平的提高有很大影响。

■整车客户对品质需求千差万别

从某种意义上说，客户是产品品质的制造者，挑剔的客户带来高品质的产品。与发达国家相比，中国工资水平仍然较低，个人收入在不同地区、不同职业有很大的差异，部分地区的个人收入刚刚满足温饱水平。因此，品质不高但价格较低的产品在中国还有相当多的客户认可，相当部分自主整车企业的主要目标客户恰恰是这部分客户，这也是造成我国汽车产品质量不高的重要原因。

从数量看，能为要求较高的外资整车企业供货的自主零部件企业数量极少，而大部分自主零部件企业集中于为自主整车企业配套，对品质要求越低的整车企业，涉及的零部件企业数量越多。

汽车零部件企业的另一个重要客户市场是售后市场，汽车零部件的质量问题在我国售后市场的表现更加突出。由于标准、法规的缺失，我国汽车零部件售后市场主要体现为价格的竞争，假冒伪劣充斥，产品的品质良莠不齐，不但损害了消费者的利益，浪费了国家的资源，对零部件企业的质量意识的形成也造成了巨大冲击。同时，由于低质低价，这些企业对优良自主零部件企业的产品品质也造成下拉的影响。这一市场涉及零部件企业更多，其影响更大。随着近年我国汽车产量的迅速增长，我国汽车保有量将迅速增加，今后我国售后市场将呈现爆炸式的增长，如果售后市场假冒伪劣这一问题不解决，将对我国汽车零部件品质的提升造成更大的影响。

上述现象不但存在于我国汽车行业领域，几乎其他产业各个领域均有所存在，因此，全民质量意识很难形成，高品质的产品也很难造就出来。

学习任务2

汽车配件采购

【任务目标】

1. 知识目标：熟悉汽车配件采购的原则和方式；掌握制订采购计划、编制采购合同的方法；掌握汽车配件货品验收要点；掌握汽车配件采购人员需要的基本素质。

2. 能力目标：能够制订采购计划、编制采购合同；基本具备汽车配件货品验收能力；初步形成汽车配件采购人员需要的基本素质。

3. 态度目标：具有汽车配件采购人员需要的基本素质。

【任务描述】

汽车配件的采购需要采购人员从制订采购计划开始，熟悉采购各个流程，掌握进货渠道与进货商的选择原则，了解汽车配件验收的要点，掌握汽车配件采购人员要求的基本素质，从而更好地完成采购任务。

【课时计划】

项目	项目内容	参考课时
2.1	汽车配件采购的原则和方式	1
2.2	采购计划与采购合同	1
2.3	进货点的选择和进货量的控制	1
2.4	进货渠道与货源鉴别	1
2.5	汽车配件的验收	1
2.6	汽车配件采购人员的基本素质	1
2.7	汽车配件采购应用示例分析	1

项目 2.1 汽车配件采购的原则和方式

情境导入

某汽车配件销售公司采购人员张某,在制订下个月的配件采购计划之前,通过对汽车配件市场的考察,有针对性地选择了几家配件销售公司,并进行了采购洽谈确定了采购计划,签订了采购订单。张某如何制订采购计划?作为一名采购人员应该掌握什么原则?

【理论引导】

汽车配件采购直接影响到企业整体效益,因此在采购过程中要选择"质优价廉"、急缺、特殊的配件。价格高于本地售价的不予采购;倒流的配件不予采购;属于搭配配件、质次价高或货品积压的配件不予采购。

理论引导

2.1.1 配件采购的原则

配件采购除了按照生产计划执行外,还应注意以下采购原则:

①坚持数量、质量、规格、型号、价格综合考虑的购进原则,合理组织货源,保证配件适合用户的需要。

②坚持依质论价,优质优价,不抬价,不压价,合理确定配件采购价格的原则;坚持按需进货、以销定购的原则;坚持"钱出去,货进来,钱货两清"的原则。

③购进的配件必须加强质量的监督和检查,防止假冒伪劣配件进入企业,流入市场。在配件采购中,不能只重数量而忽视质量,只强调工厂"三包"而忽视产品质量的检查,对不符合质量标准的配件应拒绝购进。

④购进的配件必须有产品合格证及商标。实行生产认证制的产品,购进时必须附有生产许可证、产品技术标准和使用说明。

⑤购进的配件必须有完整的内、外包装,外包装必须有厂名、厂址、产品名称、规格型号、数量、出厂日期等标志。

⑥要求供货单位按合同规定按时发货,以防应季不到或过季到货,造成配件缺货或积压。

2.1.2 配件采购的方式

(1)集中进货

企业设置专门机构或专门采购人员统一进货,然后分配给各销售部门(销售组、分公司)销售。集中进货可以避免人力、物力的分散,还可以加大进货量,受到供货方重视,并可根据批量差价降低进货价格,也可节省其他进货费用。

(2)分散进货

由企业内部的配件经营部门(销售组、分公司)自设进货人员,在核定的资金范围内自行进货。

(3)集中进货与分散进货相结合

一般是外埠采购以及非同定进货关系的采取一次性进货,办法是由各销售部门(销售组、分公司)提出采购计划,由业务部门汇总审核后集中采购;本地采购以及同定进货关系的则采取分散进货。

(4)联购合销

由几个配件零售企业联合派出人员,统一向生产企业或批发企业进货,然后由这些零售企业分销。此类型多适合小型零售企业之间，或中型零售企业与小型零售企业联合组织进货。这样能够相互协作，节省人力，化零为整，拆整分销，并有利于组织运输，降低进货费用。

任务实施

在本项目情境中，作为采购人员张某要制订采购计划，首先必须掌握以下环节的知识要点。

环　节	对应项目	具体程序
		选择汽车配件采购方式
1	集中进货	(1)企业设置专门机构或专门采购人员统一进货 (2)分配给各销售部门(销售组、分公司)销售 集中进货可以避免人力、物力的分散，还可以加大进货量，受到供货方重视，并可根据批量差价降低进货价格，也可节省其他进货费用
2	分散进货	(1)由企业内部的配件经营部门(销售组、分公司)自设进货人员，在核定的资金范围内自行进货 (2)按照区域和地理位置，选择路线合理、成本较低的公司进货
3	集中进货与分散进货相结合	一般是外埠采购以及非同定进货关系的采取一次性进货，办法是由各销售部门(销售组、分公司)提出采购计划，由业务部门汇总审核后集中采购；本地采购以及同定进货关系的则采取分散进货
4	联购合销	(1)配件零售企业联合派出人员，统一向生产企业或批发企业进货 (2)零售企业进行分销 此类型多适合小型零售企业之间，或中型零售企业与小型零售企业联合组织进货。这样能够相互协作，节省人力，化零为整，拆整分销，并有利于组织运输，降低进货费用
		合理制订汽车配件采购流程
1	采购申请	企业要根据生产或销售库存的需要，及时对所需采购的种类、数量、质量等进行控制，保证采购的合理性和准确性
2	确定供应商	通过货比三家，选择符合采购需求的供应商。尽可能多地列出同一货品的供应商清单，并且收集相应的报价，对收集的数据进行合理分析，进一步与备选的供应商开展价格谈判，最终选择合理的供应商
3	签订订单	采购订单具有法律效力，因此在签发采购订单时要认真核对条款，要注意采购单中涉及的质量保证、交货时间地点、运输方式、售后服务等问题
4	货物验收	验收货物时，接受部门要按照交货单上的货品严格核对，仔细检查，当货品存在损坏等问题时，第一要保留真实证据，并且及时联系供应商，查明原因

项目 2.2 采购计划与采购合同

情境导入

汽车配件公司的采购部经理王某根据销售部门提供的数据参考,通过分析市场调研结果与企业生产进度计划,开始制订本公司下个季度的货品采购计划,同时,安排采购员小张开始拟订采购合同。

理论引导

2.2.1 采购计划

汽车配件的采购直接影响配件整体流程的顺利进行。汽车配件采购工作主要由采购员负责完成,采购计划的制订需要一个长期的统计过程,并且要考虑到意外库存需求,在实现最小库存量和满足配件需求的基础上制订总体采购计划。采购人员应具有高度的责任感和敬业精神,并且熟悉汽车配件采购的各个流程,不断积累采购经验,能够顺利完成配件采购。

汽车配件采购是由需求产生的。这样就会产生采购目标,一般认为采购是对内部需求做出的反应,从而获取商品或服务。

在需求产生后就要对需求进行评估,评估订单需求是采购计划中非常重要的一个环节,只有准确地评估订单需求,才能为计算订单容量提供参考依据,以便制订出好的订单计划。它主要包括3个方面的内容:分析市场需求、分析生产需求和确定订单需求。

(1)分析市场需求

市场需求和生产需求是评估订单需求的两个重要方面。订单计划不仅仅来源于生产计划,一方面,订单计划首先要考虑的是企业的生产需求,生产需求的大小直接决定了订单需求的大小;另一方面,制定订单计划还得兼顾企业的市场战略及潜在的市场需求等。此外,制订订单计划还需要分析市场要货计划的可信度。必须仔细分析市场签订合同的数量与还没有签订合同的数量(包括没有及时交货的合同)的一系列数据,同时研究其变化趋势,全面考虑要货计划的规范性和严谨性,还要参照相关的历史要货数据,找出问题的所在。只有这样,才能对市场需求有一个全面的了解,才能制订出一个满足企业远期发展与近期实际需求相结合的订单计划。

(2)分析生产需求

分析生产需求是评估订单需求首先要做的工作。要分析生产需求,首先就需要研究生产需求的产生过程,然后再分析生产需求量和要货时间。

(3)确定订单需求

根据对市场需求和对生产需求的分析结果,就可以确定订单需求。通常来讲,订单需求的内容是通过订单操作手段,在未来指定的时间内,将指定数量的合格物料采购入库。

当需求被确认,需求计划就会产生,这时就要制订采购计划表。一般采购计划见表2.1和表2.2。

表 2.1　采购计划 1

编号：　　　　　工程名称：　　　　　　自购□，甲供□　　　　　序号：

序号	物资名称	规格型号	单位	数量	拟交付时间	技术质量要求

项目技术负责人：　　　　　　项目经理：　　　　　　年　　月　　日

表 2.2　采购计划 2

料号	品名规格	适用产品	上旬		中旬		下旬		库存量	订购量
			生产单位	用量	生产单位	用量	生产单位	用量		

2.2.2 采购合同

确认采购计划之后，就要和供货商签订采购合同。采购合同是采供双方在进行正式交易前为保证双方的利益，对采供双方均有法律效力的正式协议，有的企业也称之为采购协议。采购合同是采购关系的法律形式，对于确立规范有效的采购活动、明确采购方与出让方的权利义务关系、保护当事人的合法权益具有重大意义。

根据《合同法》中的有关规定，采购合同的签订应该按照平等原则、自愿原则、公平原则、诚实守信原则、遵守法律原则进行。订立采购合同的目的是让买卖双方都有一定的约束，以保护双方的利益不受损害，合同双方应本着公平公正、互惠互利的目的进行合作。采购合同生效后，双方当事人对货品质量、价款、履行期限地点没有约束或者不明确的内容，可以进行协议补充。

（1）采购合同的内容

①合同明确规定要购买什么，价格是多少，或者是怎样确定的。

②合同规定所购买的物品运输和送达的方式。

③合同包括要涉及物品如何安装（当物品需要安装时）。

④合同包括一个接受条款，具体阐述买方如何和何时接受产品。

⑤合同提出是适当的担保。

⑥合同说明补救措施。

⑦合同要体现通用性，包括标准术语和条件，可适用于所有的合同和购买协议。

（2）合同签订过程

①制作合同。一般情况下，企业都有供应商认可的固定标准的合同格式，供需双方只需在标准合同中填写物料名称代码、单位、数量、单价、总价、货期等参数及一些特殊说明即完成制作合同操作。

②审批合同。合同审批一般由专人负责，他主要审查合同与采购环境物料描述是否相符；合同与订单计划是否相符；确保订单人员依照订单计划在采购环境中操作；所选供应商均在采购环境之内的合格供应商；价格在允许价格之内，到货期符合订单计划的到货要求。

③签订并执行合同。将经过审批的合同转到供应商处进行盖章签字确认。在供应商确认后，即转入执行阶段。

采购合同范例如图 2.1 所示。

一汽奔腾汽车配件购销合同

合同编号:2013000××

卖方:××××汽车配件经销有限公司

买方:××××汽配销售公司

为保护买卖双方的合法权益,买卖双方根据《中华人民共和国合同法》的有关规定,经友好协商,一致同意签订本合同,共同遵守。

一、货物的名称、数量及价格

标的名称	商标	规格	单位	数量	单价/元	金额/元	交(提)货时间
刹车盘	奔腾	××	套	100	210	21 000	2013年11月18日
水温传感器	奔腾	××	个	10	80	800	2013年11月18日
合计人民币金额(大写):贰万壹仟捌百元整							

二、质量要求和技术标准:参照GM公司的相关产品技术标准

三、接货单位(人):××××汽配销售公司

地址:天津市经济开发区东兴路×号

四、联系人:张某

传真:022-23011×××

联系电话:022-21003×××

五、交货时间、地点、方式及相关费用的承担

1. 交货时间:2013年11月18日

2. 交货地点:天津市经济开发区东兴路×号

3. 运输费用:3 000元,由买方承担

六、合同总金额:RMB 21 800元

合同总金额为人民币:贰万壹仟捌百元整

七、付款方式和付款期限

交货当日内,买方向卖方支付全部合同金额即RMB:21 800元

八、货物的验收

自产品交货3日内,买方应依照双方在本合同中约定的质量要求和技术标准,对产品的质量进行验收。验收不合格的,应及时向卖方提出书面异议,并在提出书面异议后3日内向卖方提供有关技术部门的检测报告。卖方应在接到异议及检测报告后及时进行修理或更换,直至验收合格。在产品交付后3日内,卖方未收到异议或虽收到异议但未在指定期限内收到检测报告的,视为产品通过验收。

九、接受与异议

采用代办铁路托运方式交货,买方对产品、规格型号、数量有异议的,应自产品运到之日起7日内,以书面形式向卖方提出。买方因使用、保管、保养不善等造成产品质量下降的,不得提出异议。

上述拒收或异议属于卖方责任的,由卖方负责更换或补齐。

十、合同的生效和变更

本合同自双方签字盖章时生效,在合同执行期内,买卖双方不得随意变更或解除合同,如一方确需变更合同,需经另一方书面同意,并就变更事项达成一致意见,方可变更。如若双方就变更事项不能达成一致意见,提议变更方仍应按照本合同约定,继续履行,否则视为违约。

十一、争议的解决

在执行本合同过程中,双方如若发生争议,应先协商解决,协商不成时,任意一方均可向卖方所在地人民法院提起诉讼。

图2.1　采购合同范例

十二、其他

按本合同规定应该偿付的违约金、赔偿金及各种经济损失,应当在明确责任后 10 日内支付给对方,否则按逾期付款处理。

本合同壹式贰份,双方各执一份,具有同等法律效力。

卖方:××××汽车配件经销有限公司	买方:××汽配销售公司
授权代表:张某	授权代表:李某
开户银行:××建设银行××支行	开户银行:××建设银行××支行
账号:×××××××××××××	账号:×××××××××××××
地址:吉林省长春市建设路×号	地址:天津市经济开发区东兴路×号
2013 年 11 月 18 日	2013 年 11 月 18 日

图 2.1　采购合同范例(续)

任务实施

在本项目情境中,采购员小张要拟订一份合理的采购合同,可以按照以下步骤完成。

环　节	对应项目	具体程序
1	汽车配件采购计划	(1)掌握市场需求 (2)掌握分析生产需求 (3)确定订单需求
A	分析市场需求	(1)首先要考虑的是企业的生产需求,生产需求的大小直接决定了订单需求的大小 (2)制订订单计划还得兼顾企业的市场战略及潜在的市场需求等 (3)制订订单计划还需要分析市场要货计划的可信度。必须仔细分析市场签订合同的数量与还没有签订合同的数量(包括没有及时交货的合同)的一系列数据,同时研究其变化趋势,全面考虑要货计划的规范性和严谨性
B	分析生产需求	(1)分析生产需求是评估订单需求首先要做的工作 (2)首先就需要研究生产需求的产生过程,然后再分析生产需求量和要货时间
C	确定订单需求	(1)根据对市场需求和对生产需求的分析结果,就可以确定订单需求。通常来讲,订单需求的内容是通过订单操作手段,在未来指定的时间内,将指定数量的合格物料采购入库 (2)当需求被确认,需求计划就会产生,这时就要制订采购计划表
2	汽车配件采购合同	(1)掌握采购合同一般内容 (2)掌握合同签订过程

项目 2.3　进货点的选择和进货量的控制

情境导入

采购员小张按照采购计划要进行进货点的确定,面对市场上不同商家,如何进行选择?小张开始请教采购部经理。

理论引导

2.3.1 进货点的选择

目前汽车配件经营企业选择进货时间大多采用进货点法。确定进货点一般要考虑如下 3 个因素。

(1)进货期时间

进货期时间是指从配件采购到做好销售准备时的间隔时间。

(2)平均销售量

平均销售量是指每天平均销售数量。

(3)安全存量

安全存量是为了防止产、销情况变化而增加的额外储存天数。

按照以上因素,我们可以根据不同情况确定不同的进货计算方法。

在销售和进货期时间固定不变的情况下,进货点的计算公式为

进货点 = 日平均销售量 × 进货期时间

在销售和进货时间有变化的情况下,进货点的计算公式为

进货点 =(日平均销售量 × 进货期时间)+ 安全存量

进货点可以根据库存量来控制,当库存汽车配件下降到进货点时就组织进货。

2.3.2 进货量的控制

进货量的控制方法有定性分析法和定量分析法。

1. 定性分析法

(1)按照供求规律确定进货量

①对于供求平衡、供货正常的配件,应采取勤进快销,多销多进,少销少进,保持正常周转库存。计算进货量的方法是:根据本期的销售实际数,预测出下期销售数,加上一定的周转库存,再减去本期末库存预算数,从而计算出每一个品种的下期进货数。

②对于供大于求、销售量又不大的配件,要少进,采取随进随销、随销随进的办法。

③对暂时货源不足、供不应求的紧俏配件,要开辟新的货源渠道,挖掘货源潜力,适当多进,保持一定储备。

④对大宗配件,则应采取分批进货的办法,使进货与销售相适应。

⑤对高档配件,要根据当地销售情况,少量购进,随进随销。

⑥对销售面窄、销售量少的配件,可以多进样品,加强宣传促销,严格控制进货量。

(2)按照配件的产销特点确定进货量

①常年生产、季节销售的配件,应掌握销售季节,季前多进,季中少进,季末补进。

②季节生产、常年销售的配件,要掌握销售季节,按照企业常年销售情况,进全进足,并注意在销售过程中随时补进。

③新产品和新经营的配件,应根据市场需要,少进试销,宣传促销,以销促进,力求打开销路。

④对于将要淘汰的车型配件,应少量多样,随销随进。

(3)按照供货商的远近确定进货量

本地进货,可以分批次,每次少进、勤进;外地进货,适销配件多进,适当储备。要坚持“四为主,一适当”的原则,四为主,即本地区紧缺配件为主,具有知名度的传统配件为主,新产品为主,名优产品为主;一适当,即品种要丰富,数量要适当。

(4)按照进货周期确定进货量。每批次进货能够保证多长时间的销售,这就是一个进货周期,进货周期也是每批次进货的间隔时间。

进货周期的确定,要考虑以下因素:配件销售量的大小、配件种类的多少、距离供货商的远近、配件运输的难易程度、货源供应是否正常以及企业储存保管配件的条件等。确定合理的进货周期,要坚持以销定进、

勤进快销的原则,使每次进货数量适当;既要加速资金周转,又要保证销售正常进行;既要保证配件销售的正常需要,又不使配件库存过大。

2. 定量分析法

定量分析法有经济批量法和费用平衡法两种。

(1)经济批量法

采购汽车配件既要支付采购费用,又要支付保管费用。采购量越小,采购的次数就越多,那么采购费用支出也越多,而保管的费用就越低。由此可以看出,采购批量与采购费用成反比,与保管费用成正比,运用这一原理可以用经济进货批量来控制进货批量。所谓经济进货批量是指在一定时期内在进货总量不变的前提下,求得每批次进货多少才能使进货费用和保管费用之和(即总费用)减少到最小限度。

在实际运用中,经济批量法可细分为列表法、图示法和公式法,3 种方法各有其优点,在分析中可按实际需要选用或交替使用。

现举例说明:设某配件企业全年需购进某种配件 8 000 件,每次进货费用为 20 元,单位配件年平均储存费用为 0.5 元,则该汽车配件的经济进货量是多少?

现分别采用上述 3 种方法计算。

①列表法,见表 2.3。

表 2.3　经济进货量计算表

年进货次数/次	每次进货数量/件	平均库存数量/件	进货费用/元	储存费用/元	年总费用/元
A	B	$C=B\div 2$	$D=A\times 20$	$E=C\times 0.5$	$F=D+E$
1	8 000	4 000	20	2 000	2 020
2	4 000	2 000	40	1 000	1 040
4	2 000	1 000	80	500	580
5	1 600	800	100	400	500
8	1 000	500	160	250	410
10	800	400	200	200	400
16	500	250	320	125	425
20	400	200	400	100	500
25	320	160	500	80	580
40	200	100	800	50	850

注:设每次进货后均衡出售,故平均库存数量 = 每次进货数量 ÷2

从表 2.3 中可以看出,如果全年进货 10 次(批),每次进货 800 件,全年最低的总费用为 400 元。就是说等分为 10 批购进,全年需要的该种配件费用是最省的,这是最经济的进货批量。

列表法的优点是可以从数据上反映分析的过程,但列表和计算较为烦琐。

②图示法(曲线求解法)。

按表 2.3 所列数据,可画出几条线,一条是进货批量和储存费用成正比关系的直线 A,另一条是进货批量和进货费用成反比关系的直线 B,A 与 B 相交于 D 点,A、B 线上相应各点的纵坐标相加,连成曲线,即得出曲线 F,F 为总费用曲线,如图 2.2 所示。

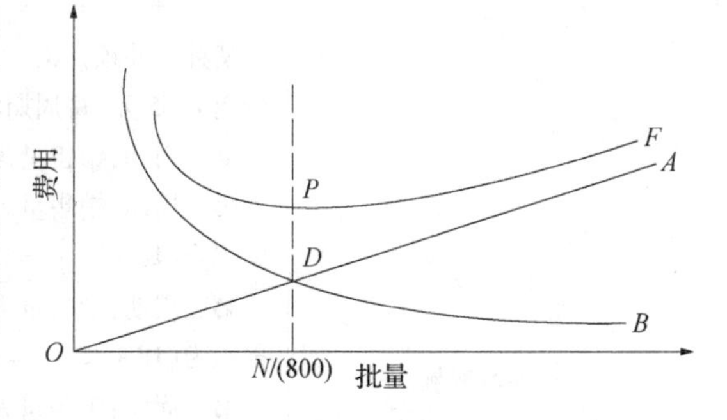

图 2.2　进货量控制的图示法

从图 2.2 中不难看出,P 点为最低费用点,这一点处于 A、B 交点 D 的正上方。由于 $NP=ND+DP$,同时 $NP=2ND$,说明总费用为最低时,进货费用与储存费用必然相等,P 点的横坐标就是经济进货批量点 800 件,与列表法所得结论相同。

图示法的优点是比较直观,但仍需要以列表计算的数据作为基础。

③公式法。

这种方法是通过建立数学模型来计算经济进货批量。

设:Q——每次进货量(经济批量);

R——某种配件年进货量;

K——每次进货的进货费用;

H——单位汽车配件年平均储存费用。

则:年进货次数为$\frac{R}{Q}$,每批进货后均衡出售,年平均库存为$\frac{Q}{2}$。

从表2.3中可以看出,在进货费用与储存费用接近或相等时的进货总费用最低,可用公式表示为

$$\frac{R}{Q}K = \frac{Q}{2}H$$

移项整理得:$Q^2 = \frac{2RK}{H}$ 即 $Q = \sqrt{2RK/H}$

以上就是最经济合理的进货批量计算公式。

最佳进货批量为800件,最佳进货次数为$\frac{R}{Q} = \left(\frac{8\ 000}{800}\right)$次 $=10$次

最低年总费用$= \frac{R}{Q}K + \frac{Q}{2}H = (10 \times 20 + 400 \times 0.5)$元$=400$元

由计算结果可知,全年进货10次(批),每次进货800件,全年最低的总费用为400元。这是最经济的进货批量,与列表法所得结论相同。

公式法计算简捷,可以直接得出分析的结果,但不能反映分析的过程。

(2)费用平衡法

费用平衡法是以进货费用为依据,将存储费用累积和进货费用比较,当存储费用累积接近但不大于进货费用时,便可确定其经济进货量。

存储费用=销售量×单价×存储费用率×(周期-1)

由于第一周期购进配件时,不发生存储费用,所以上式中的周期数应减1。

任务实施

在本项目情境中,采购员小张请教采购部经理,经理让他学习掌握以下环节的知识要点。

环节	对应项目	具体程序
1	进货点的选择	掌握确定进货点一般要考虑的3个因素
2	进货量的控制	定量分析法有经济批量法和费用平衡法两种
3	练习案例	某种配件预计第一到第五周的销售量各为50、60、70、80、70件,单价为12元,进货费用为65元,每周期的存储费用率为2.5%,求经济进货量Q 第一周期:销售量为50件,存储费用为0元,存储费用累积为0元 第二周期:销售量为60件,存储费用=(60×12×2.5%×1)元=18元,存储费用累积为(18+0)元=18元 第三周期:销售量为70件,存储费用=(70×12×2.5%×2)元=42元,存储费用累积为(18+42)元=60元 第四周期:销售量为80件,存储费用=(80×12×2.5%×3)元=72元,存储费用累积为(60+72)元=132元 第五周期:销售量为70件,存储费用=(70×12×2.5%×4)元=84元,存储费用累积为(132+84)元=216元 由此可见,第三周期存储费用累积60元,最接近并小于进货费用65元,所以,可将第一到第三周期销售量之和(50+60+70)件作为一次进货批量,那么,本期的经济批量就是180件

项目 2.4 进货渠道与货源鉴别

情境导入

采购员小张按照公司的采购制度确定了几家汽车配件销售公司，但是，这几家公司都有不同的优缺点。小张应该如何选择进货渠道呢？同时，由于小张做采购员的时间不长，对货品质量的鉴别还需要认真地学习和积累，不断掌握采购过程中对货品质量的鉴别。

理论引导

2.4.1 进货渠道

一般汽车配件经营类企业的进货，通常从汽车配件生产厂家进货，进货渠道的选择以质优价廉的名牌配件为主。但为了适应不同层次消费者的需求，也可进一些非名牌厂家的产品。进货时可按 A 类厂、B 类厂、C 类厂的顺序选择进货渠道。

A 类厂是主机配套厂，这些厂知名度高，产品质量优，大多是名牌产品。这类厂应是进货的重点渠道。合同签订形式可采取先订全年需要量的意向协议，以便于厂家安排生产，具体按每季度、每月签订供需合同。

B 类厂生产规模和知名度不如 A 类厂，但配件质量有保证，配件价格也比较适中。订货方法与 A 类厂不同，一般签订较短期的供需合同。

C 类厂是一般生产厂，配件质量尚可，价格较前两类厂家低。这类厂的配件可作为进货中的补充。订货方式也与 A、B 类厂有别，可以采取电话、电报订货的办法，如需签订供需合同，合同期应更短一些。

必须注意，绝对不能向那些没有进行工商注册，生产“三无”及假冒伪劣产品的厂家订货和采购。

2.4.2 货源鉴别

汽车配件质量的优劣，直接关系到消费者利益和销售企业的商业信誉，但配件产品涉及范围广，要对全部配件做出正确和科学的质量结论，所需的全部测试手段是中、小型汽配企业难以做到的。可以根据企业的实际情况，添置必备的技术资料，如所经营主要车型的图纸或汽车配件目录、各类汽车技术标准等，这些资料都是检验工作的依据。购置一些通用检测仪表和通用量具，如游标卡尺、千分尺、百分表、千分表、量块、平板、粗糙度比较块、硬度计以及汽车万用表等，以便具有一定的检测能力。

另外，为了提高工作效率和达到择优进货的目的，可以把产品分成以下几种检验类型。

①名牌和质量信得过产品基本免检。但名牌也不是终身制，有时还会遇到仿冒产品，所以应对这些厂家的产品十分了解，并定期进行抽检。

②对多年多批进货后，经使用发现存在某些质量问题的产品，可采用抽检几项关键项目的方法，以检查其质量稳定性。

③对以前未经营过的配件，采用按标准规定的抽检数，在技术项目上尽可能做到全检，以求对其质量得出一个全面的结论，作为今后进货的参考。

④以前用户批量退货或少量、个别换货的产品，应采取尽可能全检，并对不合格部位重点检验的办法。若再次发现问题，不但拒付货款，并注销合同，不再进货。

⑤对一些小厂的产品，往往由于其合格率低，而且一旦兑付货款后，很难索赔，因此应尽量不进这类产品，如确需进货，检验时一定要严格把关。

检验方法主要有目视法和技术鉴别法。

(1)目视法

对于零件表面的损伤,如毛刺、刮痕、裂纹、剥落、起皮等,以及零件的重大变形、弯曲、严重磨损、表面烧蚀、橡胶零件材料的变质等,都可以通过眼看,以确定其是否需要修理或报废。

①汽车配件电镀工艺。镀锌及电镀工艺在汽车配件的表面处理中占较大的比例,汽车配件的铸铁件和可锻铸件、铸钢件、冷热板材冲压件等大多数都要进行表面镀锌处理。配件的表面如果出现颜色交错,不一致,说明镀锌工艺较差。一般在电镀前要进行除锈酸洗,要求清酸彻底。目测时主要看是否有泛底现象。对于镀铝、镀铬和镀镍产品可看其镀层、镀量和镀膜是否均匀。

②汽车配件电焊工艺。汽车配件中的减震器、钢圈、车桥、大梁、车身等均有电焊焊接工序。目测零件时主要看产品是否焊缝整齐、厚度均匀、表面无波纹形、直线性好,即使是点焊,焊点和焊距都很规则。

③橡胶制品。汽车橡胶配件一般都有特殊要求,如耐高温、耐压、复原性较好等。目测橡胶零件主要看零件表面有无破损、老化、裂纹等。

④汽车配件涂装工艺。目前汽车零部件通常采用电熔浸漆、静电喷涂等。目测零件时主要观看零件表面是否光亮度好、漆面细腻,有无气泡、滴痕等现象。

(2)技术鉴别法

除了眼看、手摸等简单的鉴别方法外,还可以用工具等其他手段进行鉴别。

①判断汽车零部件中的壳体零件等是否存在裂纹,连接处有无松动,检测合金与钢坯结合情况是否良好,可以用小锤轻敲并听其响声,如果发出的声音清脆,说明零件连接状况良好;如果发出的声音沙哑,则说明零件有裂纹、松动或结合不良。

②对于标准件可以采用比较法,通过对比观察零部件与标准件是否存在外观尺寸差异、工艺处理不同等现象。

任务实施

在本项目情境中,小张应该掌握以下环节的知识要点并按照以下步骤工作。

环　节	对应项目	具体程序
1	进货渠道	掌握进货时可按A类厂、B类厂、C类厂顺序选择进货渠道
2	货源鉴别	掌握货源常见检验类型和目视法、技术鉴别法等鉴别方法
A	首先:目视法	对于零件表面的损伤,如毛刺、刮痕、裂纹、剥落、起皮等,以及零件的重大变形、弯曲、严重磨损、表面烧蚀、橡胶零件材料的变质等,都可以通过眼看,以确定其是否需要修理或报废 (1)汽车配件电镀工艺 镀锌及电镀工艺在汽车配件的表面处理中占较大的比例,汽车配件的铸铁件和可锻铸件、铸钢件、冷热板材冲压件等大多数都要进行表面镀锌处理。配件的表面如果出现颜色交错,不一致,说明镀锌工艺较差。一般在电镀前要进行除锈酸洗,要求清酸彻底。目测时主要看是否有泛底现象。对于镀铝、镀铬和镀镍产品可看其镀层、镀量和镀膜是否均匀 (2)汽车配件电焊工艺 汽车配件中的减震器、钢圈、车桥、大梁、车身等均有电焊焊接工序。目测零件时主要看产品是否焊缝整齐、厚度均匀、表面无波纹形、直线性好,即使是点焊,焊点和焊距都很规则 (3)橡胶制品 汽车橡胶配件一般都有特殊要求,如耐高温、耐压、复原性较好等。目测橡胶零件主要看零件表面有无破损、老化、裂纹等 (4)汽车配件涂装工艺 目前汽车零部件通常采用电熔浸漆、静电喷涂等。目测零件时主要观看零件表面是否光亮度好、漆面细腻,有无气泡、滴痕等现象

续表

环　节	对应项目	具体程序
B	进一步:技术鉴别法	(1)判断汽车零部件中的壳体零件等是否存在裂纹,连接处有无松动,检测合金与钢坯结合情况是否良好,可以用小锤轻敲并听其响声,如果发出的声音清脆,说明零件连接状况良好;如果发出的声音沙哑,则说明零件有裂纹、松动或结合不良 (2)对于标准件可以采用比较法,通过对比观察零部件与标准件是否存在外观尺寸差异、工艺处理不同等现象

项目 2.5　汽车配件的验收

情境导入

采购员小张按照采购计划完成了公司配件的采购,各家公司已经按照合同要求将配件送达,小张为了完成采购任务,需要认真地对各批货品进行验收。

理论引导

汽车配件的验收重点,主要看配件的文字资料,零件表面的加工精度、电镀工艺等。首先要查看汽车配件的产品说明书及零件目录,产品说明书是生产厂家向用户宣传产品,为用户做出提示帮助的资料。一般来说,每个配件都应配一份产品说明书或用户须知。

由于缺少对汽车配件的专业质量检测机构,因此,各职能部门对汽车配件质量的监管难以到位。市场上存在使用假冒伪劣的配件,或是以次充好等现象,导致汽车修理问题增加,严重的会导致交通事故。

任务实施

采购员小张遵循入库的程序包括以下 5 个方面。

环　节	对应项目	具体程序
1	点收货品	仓管员接到配件后,要根据入库单中包括的收货种类、规格、数量等各项内容进行逐一核对,并根据收到货物数量、外观形状,以及特有属性适当安排堆放
2	核对包装	在对货品进行点收时,要对外包装上的商品标识和运输标识进行核对,确保与入库单上显示的各项内容相一致。同时,检查包装物是否符合管理、运输、安全等要求,如果发现包装有破损或与入库单不符,应及时通知送货人员进行处理
3	开箱检验	一般开箱检验的数量为 5% ~10%。如果发现外包装含量不符或有损坏现象时,可以不受上述限制,通过增加验收比例来检验货品质量。对于价格较高或者进口配件要逐一检查货物的各项凭证,全部无误后方可入库
4	配件整理	针对各种配件安装不同种类和性质安排合适的货位。堆放时按照“五五堆码”(五五成行、五五成垛、五五成层、五五成捆)的原则进行操作。在堆放好的货品前要放置卡片,标明数量、品名

续表

环节	对应项目	具体程序
5	记账退单	财务人员根据进货单和仓管员签收的实际数量进行记账，并留下入库单据的仓库记账联，作为原始凭证保留归档。另两联分别给业务部门和财务部门

采购员小张对汽车配件的验收按照下面步骤来把好验收质量关。

环节	对应项目	具体程序
1	观察外包装	原厂正品配件的外包装通常比较规范，规格统一，字迹清晰正规，套印色彩鲜明，标有产品名称、规格型号、数量、注册商标、厂名、厂址及联系方式等，同时还要查看货品的合格证和检验员章，有些配件上标有厂家的标记。一些重要的部件和总成出厂时会带有说明书、合格证以及使用维修说明书
2	查看外表面	合格零件的表面印字或铸字清晰正规，有一定的精度和光泽度。观察零件表面是否有重新喷漆的情况，避免购买翻新件、拼装件。验收配件若发现零件表面有锈蚀斑点或橡胶龟裂，轴类零件表面有明显的车刀纹路应予退还。同时，还要注意零件几何尺寸有无变形。有些零件因制造、运输、存放不当而发生变形。验收时，可将轴类零件沿平板滚动一周，观察零件与平板贴合处有无漏光来判断是否弯曲；选购配合类零件时，应对配合零件进行试验性组装，观察配合情况是否符合要求
3	观察材料	正品零件应按设计要求采用优质材料，而伪劣产品多用廉价劣质材料。汽车配件在存放过程中，由于环境因素、存放时间、材料老化等原因，容易引起材料干裂、氧化、变色等物理现象。此时应观察零件表面是否锈蚀、裂纹，橡胶件是否出现龟裂、老化现象，零件结合处是否有脱落、脱胶现象
4	查看装配工艺	观察零件表面有无裂纹、砂孔、毛刺等，同时注意零件之间的挤压造成的变形，配合零件的间隙是否正常

项目 2.6　汽车配件采购人员的基本素质

情境导入

在采购过程中，采购员小张总是感觉自己存在或多或少的问题，与同是采购员的小李比起来，在工作中对采购知识了解不全面，缺乏对市场的数据分析能力等。小张在认识到问题后，开始认真学习有关采购人员的必备知识和能力。

理论引导

作为汽车配件采购人员应该具备以下基本素质。

1. 具备高尚的职业道德，熟悉国家法律法规

采购员首先要有职业道德，其次要熟知国家或地区的有关政策、法令和法规，而且要知道本企业、本部门的各项规章制度，使进货工作在国家政策允许的范围内进行。采购员要按规定进货，不进人情货，更不能在进货中为谋取回扣、礼物等私利，而购进质次价高的商品。

2. 具备专业知识和技能

采购员要熟知所经营配件的名称、规格、型号、性能、商标和包装等专业知识，还要懂得零件的结构、使用原理、安装部位、使用寿命及通用互换性等知识。采购员不仅需要精通进货业务方面的技能，还要知道商品进、销、存以及运输、检验、入库保管等各业务环节的过程以及相互间的关系。

3. 善于进行市场调查分析

采购员正确的预见性来源于对市场的调查。调查的内容主要包括：本地区车型和车数；道路情况；各种车辆零部件的消耗情况；主要用户进货渠道和对配件的需求情况；竞争对手的进货及销路情况。另外还要十分了解配件生产厂家的产品质量、价格和销售策略。要定期对上述资料进行分类、整理、分析，为正确进行市场预测、合理进货提供依据。

4. 有对市场进行正确预测的能力

汽车配件市场的发展受国民经济诸多因素的影响，如工农业生产发展速度、交通运输发展状况、固定资产投资规模、基本建设投资规模等。这个季度、上半年、今年畅销的商品，到下个季度、下半年、明年就有可能变成滞销商品。除了偶然因素外，这个变化一般是有规律可循的，是可以预测的。这就要求进货人员根据收集来的各种信息和资料，以及对配件市场调查得到的资料进行分析研究，按照科学的方法预测出一定时期内当地配件市场的发展形势，从而提高进货的准确性，减少盲目性。

5. 能编制好进货计划

采购员要根据自己掌握的资料，编制好进货计划，包括年度、季度和月度进货计划，以及补充进货计划和临时要货计划。在编制进货计划时，要注意考虑如下因素：

①对本地区汽车配件市场形势的预测。

②用户的购买意向。

③商品库存和用途，以及已签订过的合同的货源情况。

④本企业的销售计划。

⑤本地区、本企业上年同期的销售业绩。

6. 能根据市场情况，及时修订订货合同

尽管采购员根据已占有的信息资料对市场进行了预测，编制了比较合适的进货计划，但在商品流通中，常常会遇到难以预料的情况。这就要求采购员能根据变化了的情况，及时修订订货合同，争取减少长线商品，增加短线商品。当然，在修订合同时，必须按照合同法办事，取得对方的理解和支持。

7. 要有一定的社交能力和择优能力

采购员的工作要同许多企业、各种人打交道，这就要求具有一定的社会交际能力。在各种场合、各种不同情况下协调好各方面的关系，签订好自己所需的商品合同，注销暂不需要的商品合同或修改某些合同条款。要尽最大的努力争取供货方的优惠，如价格、付款方式、运费等方面的优惠。

另外，全国汽车配件生产企业众多，产品品种繁杂，假冒伪劣产品防不胜防。要选择好自己进货计划中所需要的产品，就必须依靠自己的择优能力进货，对进货厂家的产品质量和标识要十分了解，选择名牌、优质、价格合理的产品。

8. 要善于动脑筋，有吃苦耐劳的精神

采购员不仅要善于动脑筋，摸清生产和销售市场的商情，而且要随时根据市场销售情况组织货源，在竞争中以快取胜。为使企业获得最好的经济效益，常年处于紧张工作状态，因此还需要有吃苦耐劳的精神。

任务实施

采购员小张应该学习并具备以下素质和能力。

环 节	对应项目	具体程序
1	与供应商来往应公正与诚实	处理采购业务时应该对事不对人,在可能的范围内协助供应商及获得供应商的配合与信任,并设法取得供应商的敬重
2	不能为利所诱	采购人员所处理的采购单在价值上与钞票并无太大差异,因此难免被唯利是图的供应商包围。无论是威逼或是利诱,采购人员都必须维持平常心
3	具备敬业精神	虽然造成原料短缺的原因很多,但是采购人员如果不能保持积极主动的态度,未雨绸缪,那么将使公司损失惨重
4	虚心与耐心	采购人员虽然占上风,但对供应商的态度,必须公平互惠,不可趾高气扬。与供应商的谈判非常艰辛复杂,采购人员更需要有耐性,才能最后取得胜利
5	成本意识与价值分析能力	采购支出是构成销货成本的主要部分,因此采购人员必须具有成本意识,会精打细算,不可大而化之;其次,必须具有成本效益的观念,并能随时间投入与产出加以比较。此外,对报价单的内容,应有分析的技巧,不可以"总价"比较,必须在相同的基础上,对原料、人工、工具、税款、利润、交货期、付款条件等,逐项加以剖析评断
6	预测能力	在动态经济条件下,物品的采购价格与供应数量经常会调整变动,采购人员应能依据各种产销资料,判断货源是否充裕。总之,采购人员应该扩充见闻,具备察言观色的能力,才能对物品未来的供应趋势预谋对策
7	语言表达能力	采购人员无论是用语言还是用文字与供应商沟通,必须能正确、清晰表达所欲采购的各种条件,例如规格、数量、价格、交货期、付款方式等,避免语意含混、滋生误解,尤其是忙碌的采购工作,采购人员更应具备长话短说、言简意赅的表达能力,以免浪费时间,而晓之以理、动之以情来获取优惠的采购条件,更是采购人员必须锻炼的表达技巧
8	良好的沟通与协调能力	由于采购业务牵涉范围较广,相关部门比较多,欲使采购业务能顺利进行,获得良好的工作绩效,除了采购人员的努力之外,尚需要企业内部各部门之间有效的配合。因此,良好的人际沟通及协同能力非常重要,以备工作的顺利完成

项目 2.7　汽车配件采购应用示例分析

情境导入

本年度企业生产计划已经确定,配件订货员小张要为采购部制订一份准确的配件订货计划,在确定订货之前对汽车各零件现有的库存情况、销售情况做了足够的了解,做出了订货计划并由领导审批通过。在进行市场调研后,挑选了符合采购条件的供应商,并与其中几家优质供应商进行了面对面的洽谈交流,最后取得了丰硕的成果。这些都归功于小王此前对订货计划和采购等知识的掌握。那么,小王对配件的订货和采购都做了哪些工作呢?

理论引导

小王根据已有配件经销和库存情况,关键要做两方面的工作。

首先,小王应该确定进货渠道,根据汽车配件进货厂家的分类情况,选择A类厂家进货。其次,就是确定订货数量，小王根据以往订货周期、到货周期、安全库存周期及月平均需求量，分析之后，做出订货计划。

1. 订货流程图(图 2.3)

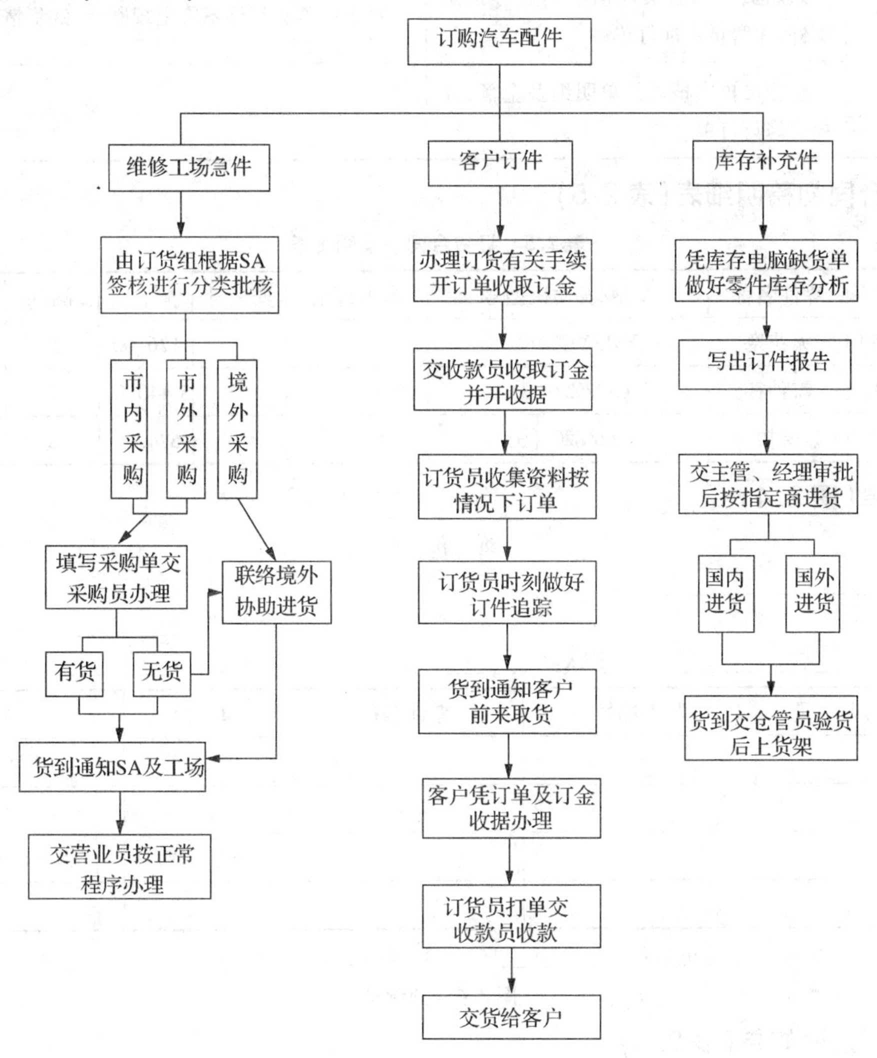

图 2.3　订货流程图

2. 订货操作规范(表 2.4)

表 2.4　订货操作规范

1	步骤一	核对零配件库存及在途保养用件，确定订购数量	上报次月配件指标计划，并根据用款指标进行月度订单分解计划
2	步骤二	仓库管理员对常用件及油料用品等制作订购单	每次订购必须根据保养用件做相应补充订单
3	步骤三	仓库管理员到财务部门核实账户余额，确定资金	跟踪订单受理、发运、验收入库，对缺损件、错发件、多发件等按厂家配件科反馈要求进行处理，并记录处理过程，汇报处理结果
4	步骤四	仓库管理员根据可用采购款，核对订单金额	特殊发运周期(法定假、年终等)应提前 15 天上报订单计划，并按照申请用款进行备件订购

续表 2.4

5	步骤五	索赔员向仓管员反馈本周业务预定配件,库管员添加订单	对于保养类配件不应出现断货、缺货情况
6	步骤六	仓管员再次核对订单明细及金额,并提交修订订单	

3. 订货合同初稿明细表(表 2.5)

表 2.5 订货合同初稿明细表

零件编号	零件名称	车型/发动机型号	参考订量	安全量	单价/元	现存量	平均月销量
22401 - 40V05	火花塞	Y31/VG30(S)			126.00	5	45
92130 - G5701	雪种杯	C22/Z20(S)			5 440.00	1	0.33
82342 - G5103	窗扣	C22/Z20 (S)			674.00	8	1.67

4. 询价单(图 2.4)

询 价 单

公司名称:____________　　编号:
　　日期:________
联系电话:____________　FAX:________　总页数:________

项 目	数 量	零件编号	零件名称	单 价	金 额

订货人:________　联系电话:________　FAX:________

图 2.4 询价单

5. 缺件报购通知单(表 2.6)

表 2.6 缺件报购通知单

单位:深圳市检察院			工　卡	46911
车牌号	B B2027 警	车型:RZH114	发动机型号	4Y
报购单号:981200534				1998 年 2 月 28 日
零件名称	规 格	零件编号	数 量	备 注
链条	双排	92600 - G5700	1	公务车
凸轮齿轮	Z = 36	11828 - V6501	1	公务车
曲轴齿轮	Z = 18	99810 - 14C26	1	公务车

6. 零配件请购单(表 2.7)

表 2.7　零配件请购单

<table>
<tr><td colspan="2">款接员</td><td></td><td>订件人</td><td></td><td colspan="3">日期　1998 年 12 月 29 日</td></tr>
<tr><td colspan="2">工作卡号</td><td>4F056</td><td>底盘号码</td><td colspan="4">VQ20</td></tr>
<tr><td colspan="2">车牌号码</td><td>B-F9945</td><td>车身编号</td><td colspan="4">JNICAUA32110064484</td></tr>
<tr><td>序号</td><td>零件编号</td><td>名称</td><td>数量</td><td>报价</td><td>期限</td><td colspan="2">订件</td></tr>
<tr><td>1</td><td>B0552-5F700</td><td>左前门锁马达</td><td>1</td><td>750</td><td>98－12－31</td><td colspan="2">√</td></tr>
<tr><td></td><td></td><td></td><td></td><td></td><td></td><td colspan="2"></td></tr>
<tr><td></td><td></td><td></td><td></td><td></td><td></td><td colspan="2"></td></tr>
<tr><td colspan="2">零件部签收</td><td>12 月 29 日 1 时　分</td><td>经办人</td><td></td><td colspan="3">12 月 29 日 2 时 10 分</td></tr>
<tr><td rowspan="4">备注</td><td rowspan="4" colspan="2"></td><td>第一次到货签收</td><td></td><td colspan="3">月　日　时　分</td></tr>
<tr><td>第二次到货签收</td><td></td><td colspan="3">月　日　时　分</td></tr>
<tr><td>第三次到货签收</td><td></td><td colspan="3">月　日　时　分</td></tr>
<tr><td>全部到货签收</td><td></td><td colspan="3">月　日　时　分</td></tr>
</table>

任务实施

在本项目情境中,小王对配件的订货和采购应该按照以下步骤工作。

环 节	对应项目	具体程序
1	确定进货渠道	确定进货渠道,根据汽车配件进货厂家的分类情况,选择 A 类厂家进货
2	确定订货数量	确定订货数量,根据以往订货周期、到货周期、安全库存周期及月平均需求量
3	订货计划	分析之后,制订订货计划

评价体会

<table>
<tr><td colspan="2">评价与考核项目</td><td>评价与考核标准</td><td>配　分</td><td>得　分</td></tr>
<tr><td rowspan="2">知识点</td><td>汽车配件采购的原则和方式</td><td>熟悉原则和方式</td><td>10</td><td></td></tr>
<tr><td>汽车配件采购人员的基本素质</td><td>掌握基本要求</td><td>10</td><td></td></tr>
<tr><td rowspan="4">技能点</td><td>采购计划与采购合同</td><td>了解合同内容</td><td>20</td><td></td></tr>
<tr><td>进货点的选择和进货量的控制</td><td>熟悉进货点和进货量的选择</td><td>15</td><td></td></tr>
<tr><td>进货渠道与货源鉴别</td><td>掌握货源的渠道和鉴别</td><td>20</td><td></td></tr>
<tr><td>汽车配件的验收</td><td>掌握配件验收要点</td><td>10</td><td></td></tr>
<tr><td rowspan="2">情感点</td><td>能够完成与客户的良好沟通</td><td>与客户保持良好互动</td><td>10</td><td></td></tr>
<tr><td>实现自我的职业追求</td><td>具有自我成就感</td><td>5</td><td></td></tr>
<tr><td colspan="3">合　计</td><td>100</td><td></td></tr>
</table>

任务工单

学习任务2：汽车配件采购 项目单元1：汽车配件采购原则与方式	班级			
	姓名		学号	
	日期		评分	

一、内容

某汽车配件销售公司需要采购一批乘用车零配件，试分析该类配件的采购原则和方式。

二、准备

说明：每位学生应在工作任务实施前独立完成准备工作。

1. 购进的配件必须有完整的内、外包装，外包装必须有________、厂址、________、________、________、________等标志。

2. 本地企业的采用原则一般采用________。

3. 购进的配件必须有________及商标。实行生产认证制的产品，购进时必须附有________、产品技术标准和________。

4. 采购合同的签订应该按照平等原则、________、公平原则、诚实守信原则、________进行。

5. 一般外埠采购以及非同定进货关系的采取的是________。

三、实施

汽车配件采购的流程：

(1)采购申请

____。

(2)确定供应商

____。

(3)签订订单

____。

(4)货物验收

____。

四、小结

1. 在选择供应商时采购人员要注意哪些方面？

2. 采购原则主要有哪些内容？

3. 采购方式一般分为哪几种？

任务工单

<table>
<tr><td rowspan="3">学习任务2：汽车配件采购
项目单元2：采购计划与采购合同</td><td>班级</td><td colspan="3"></td></tr>
<tr><td>姓名</td><td></td><td>学号</td><td></td></tr>
<tr><td>日期</td><td></td><td>评分</td><td></td></tr>
</table>

一、内容

采购计划制订时主要考虑哪些因素？

二、准备

说明：每位学生应在工作任务实施前独立完成准备工作。

1. 一般采购流程由5个流程依次是：选择供应商、________、签订采购订单、________、货物验收。

2. 订单评估主要包括：________、________、________。

3. 供需双方只需在标准合同中填写________、________、________、________、________、________等参数及一些特殊说明即完成制作合同操作。

4. 费用平衡法是以进货费用为依据，其中存储费用的计算方式为________。

三、实施

合同签订过程：

1. ________，一般情况下，企业都有供应商认可的固定标准的合同格式，供需双方只需在标准合同中填写物料名称代码、单位、数量、单价、总价、货期等参数及一些特殊说明即完成制作合同操作。

2. ________，合同审批一般由专人负责，他主要审查合同与采购环境物料描述是否相符；合同与订单计划是否相符；确保订单人员依照订单计划在采购环境中操作；所选供应商均在采购环境之内的合格供应商；价格在允许价格之内，到货期符合订单计划的到货要求。

3. ________，将经过审批的合同转到供应商处进行盖章签字确认。在供应商确认后，即转入执行阶段。

四、小结

1. 如何分析市场需求？

2. 采购合同一般包含哪些内容？

3. 采购计划表主要包含哪些内容？

拓展与提升

2012中国采购发展报告：采购渐成企业核心竞争力

搜狐财经讯　2012年9月20日，中国物流与采购联合会在北京举办了2012中国采购研究专题报告会暨《中国采购发展报告》发布会。报告指出，2012我国采购领域出现新的特点与趋势：采购在企业组织中的影响力在扩大，逐步成为企业的核心竞争力；成本、交付和质量是企业采购的三大关注点。

中国物流与采购联合会蔡进副会长出席了新闻发布会，向媒体介绍了《中国采购发展报告》(2012)出版发行的意义并发布了2012年中国采购系列调查数据。蔡进介绍，《中国采购发展报告》(2012)与往年相比，有三个特点：一是报告中数据、图表所占比例增大，尽可能呈现采购管理发展现状、发展趋势和未来前景；二是根据调查发布了10个报告，分为5个专题报告，包括供应商管理、采购绩效、采购成本控制、采购组织与模式、采购人员薪酬及5个行业报告(机械设备、能源、通信、IT、汽车)；三是推出三项专题研究成果，即采购人员胜任力模型报告、采购成熟度模型报告、绿色采购模型报告。

2012采购调查数据揭示了我国采购领域的特点与趋势：采购在组织中的影响力在扩大，逐步成为企业的核心竞争力；成本、交付和质量是企业采购的三大关注点，采购交付期超过产品质量指标成为企业采购的第二关注点；集中采购与分散采购混合的模式是企业比较热衷的模式；信息化日益受到企业重视，招标采购模式受到企业青睐，采购方式的多样性在提高；供应商寻源已进入企业战略层面，其组织模式已明显转向跨职能团队的协同参与；库存管理成为企业成本控制的核心对象。总之，我国企业采购领域正在发生令人瞩目的变化，先进的理念、技术与方法逐步引进，伴随着企业的变革推动了采购领域的创新与发展。

蔡进指出，三大测评体系是首次在国内采购领域创立的测评体系，是中国物流与采购联合会集中专家力量，在企业调查和论证的基础上建立的，包括前瞻性的绿色采购理念及标准，采购组织的卓越度评估，以及采购职业人员的能力测评，围绕着提升企业采购核心竞争力的主线，构成了完整的采购管理测评体系。“中国采购职业人员能力测评体系”力求为企业提供适应发展的采购从业人员能力需求模型，旨在为企业采购人员的招聘、培训以及人才培养等方面提供指导和帮助，推动中国采购职业人员能力水平尽快与国际接轨。“中国绿色采购测评体系”旨在对企业绿色采购的战略、组织、流程、活动以及活动效果实施客观、准确的评估，提升企业绿色形象，推动企业与社会、环境的可持续发展。“中国采购卓越度测评体系”旨在对组织或者企业的采购组织做出全面、客观、科学的考察评估，推动企业采购管理水平的进步，树立绩效标杆，打造一流的企业采购组织。

学习任务 3

汽车配件物流管理

【任务目标】

1. 知识目标：掌握物流的概念、配件物流方式的选择、运输规章、配件的发运、运输差错的处理、供应链管理的方法以及物流配送中心等相关知识。

2. 能力目标：能进行配件物流方式的选择，能制作物流的运输单证，能进行配件的发运、运输差错的处理，能对供应链进行初步管理。

3. 态度目标：用物流知识武装自己，对汽车配件物流管理产生兴趣，自觉训练初步物流管理能力，把握物流与配件的有机结合。

【任务描述】

为了满足汽车配件客户的需求，以最低的成本，通过运输、保管、配送等方式，实现原材料、半成品、成品或相关信息进行由商品的产地到商品的消费地的计划、实施和管理的全过程，我们需要科学地进行汽车配件物流管理，学习相关知识，具备相应能力。

【课时计划】

项目	项目内容	参考课时
3.1	物流管理概述	1
3.2	配件的运输方式及其选择	1
3.3	运输单证与运输规章	1
3.4	配件接运与配件发运	1
3.5	运输差错的处理	1
3.6	物流与供应链管理	1
3.7	物流配送中心和物流网络系统	1

项目 3.1 物流管理概述

情境导入

海尔集团剥离物流资产成立海尔物流，从 1999 年开始创新了一套现代物流管理模式，兴建了现代化的立体自动化仓库，构筑了将物流、商流、资金流和信息流融为一体的供应链管理体系，使呆滞物资降低 73.8%，仓库面积减少 50%，库存资金减少 67%。怎样理解海尔集团成立海尔物流？

理论引导

汽车配件营销与管理过程中，必不可少的重要环节是汽车配件物流这个过程，物流在保证企业正常运营管理中也是不可或缺的重要内容，所以首先要了解物流基本知识及其发展历程。

3.1.1 物流的基本概念及类型

1. 物流的概念

物流是指为了满足客户的需求，以最低的成本，通过运输、保管、配送等方式，实现原材料、半成品、成品或相关信息进行由商品的产地到商品的消费地的计划、实施和管理的全过程。物流是一个控制原材料、制成品、产成品和信息的系统，从供应开始经各种中间环节的转让及拥有而到达最终消费者手中的实物运动，以此实现组织的明确目标。现代物流是经济全球化的产物，也是推动经济全球化的重要服务业。世界现代物流业呈稳步增长态势，欧洲、美国、日本成为当前全球范围内的重要物流基地。

中国物流行业起步较晚，随着国民经济的飞速发展，物流业的市场需求持续扩大。进入 21 世纪以来，在国家继续加强和改善宏观调控政策的影响下，中国物流行业保持较快增长速度，物流体系不断完善，行业运行日益成熟和规范。

2. 物流的分类

(1) 宏观物流与微观物流

宏观物流是指社会再生产总体的物流活动，是从社会再生产总体的角度来认识和研究物流活动。宏观物流主要研究社会再生产过程中物流活动的运行规律以及物流活动的总体行为。

微观物流是指消费者、生产者企业所从事的实际的、具体的物流活动。在整个物流活动过程中，微观物流仅涉及系统中的一个局部、一个环节或一个地区。

(2) 社会物流和企业物流

社会物流是指超越一家一户的，以整个社会为范畴、以面向社会为目的的物流。这种物流的社会性很强，经常是由专业的物流承担者来完成。

企业物流是从企业角度上研究与之有关的物流活动，是具体的、微观的物流活动的典型领域，它由企业生产物流、企业供应物流、企业销售物流、企业回收物流、企业废弃物物流几部分组成。

(3) 国际物流和区域物流

国际物流是指当生产和消费在两个或两个以上的国家(或地区)独立进行的情况下，为了克服生产和消费之间的空间距离和时间距离，而对物资(货物)所进行的物理性移动的一项国际经济贸易活动。因此，国际物流是不同国家之间的物流，这种物流是国际贸易的一个必然组成部分，各国之间的相互贸易最终通过国际物流来实现。国际物流是现代物流系统中重要的物流领域，近十几年有很大发展，也是一种新的物流形态。

区域物流是相对于国际物流而言的概念，指一个国家范围之内的物流，如一个城市的物流，一个经济区域的物流均属于区域物流。

(4)一般物流和特殊物流

一般物流是指物流活动的共同点和一般性，物流活动的一个重要特点是涉及全社会的广泛性，因此物流系统的建立及物流活动的开展必须有普遍的适用性。

特殊物流是指在遵循一般物流规律基础上，带有制约因素的特殊应用领域、特殊管理方式、特殊劳动对象、特殊机械装备特点的物流。

3.1.2 物流管理的原则及主要内容

由于物流能够大幅度降低企业的总成本，加快企业资金周转，减少库存积压，促进利润率上升，从而给企业带来可观的经济效益，国际上普遍把物流称为"降低成本的最后边界"，排在降低原材料消耗、提高劳动生产率之后的"第三利润源泉"，是企业整体利润的最大源泉。所以，各国的企业才越来越重视物流，逐渐把企业的物流管理当作一个战略新视角，变为现代企业管理战略中的一个新的着眼点，通过制定各种物流战略，从物流这一巨大的利润空间去寻找出路，以增强企业的竞争力。

1. 物流管理原则及合理化思想

(1)物流管理的总原则——物流合理化

物流管理的具体原则很多，但最根本的指导原则是保证物流合理化的实现。所谓物流合理化，就是对物流设备配置和物流活动组织进行调整改进，实现物流系统整体优化的过程。它具体表现在兼顾成本与服务上，即以尽可能低的物流成本，获得可以接受的物流服务，或以可以接受的物流成本达到尽可能高的服务水平。

(2)物流合理化的基本思想

物流活动各种成本之间经常存在着此消彼长的关系，物流合理化的一个基本的思想就是"均衡"的思想，从物流总成本的角度权衡得失。不求极限，但求均衡，均衡造就合理。

2. 物流管理主要内容

(1)物流作业管理

物流作业管理是指对物流活动或功能要素的管理，主要包括运输与配送管理、仓储与物料管理、包装管理、装卸搬运管理、流通加工管理、物流信息管理等。

(2)物流战略管理

物流战略管理是对企业的物流活动实行的总体性管理，是企业制定、实施、控制和评价物流战略的一系列管理决策与行动，其核心问题是使企业的物流活动与环境相适应，以实现物流的长期、可持续发展。

(3)物流成本管理

物流成本管理是指有关物流成本方面的一切管理工作的总称，即对物流成本所进行的计划、组织、指挥、监督和调控。物流成本管理的主要内容包括物流成本核算、物流成本预测、物流成本计划、物流成本决策、物流成本分析、物流成本控制等。

(4)物流服务管理

所谓物流服务，是指物流企业或企业的物流部门从处理客户订货开始，直至商品送交客户过程中，为满足客户的要求，有效地完成商品供应、减轻客户的物流作业负荷，所进行的全部活动。

(5)物流组织与人力资源管理

物流组织是指专门从事物流经营和管理活动的组织机构，既包括企业内部的物流管理和运作部门、企业间的物流联盟组织，也包括从事物流及其中介服务的部门、企业以及政府物流管理机构。

(6)供应链管理

供应链管理，是用系统的观点通过对供应链中的物流、信息流和资金流进行设计、规划、控制与优化，以寻求建立供、产、销企业以及客户间的战略合作伙伴关系，最大限度地减少内耗与浪费，实现供应链整体效率的最优化，并保证供应链成员取得相应的绩效和利益，来满足顾客需求的整个管理过程。

任务实施

在本项目情境中，作为学习者可学习以下知识来理解海尔集团成立海尔物流。

环 节	对应项目	具体程序
1	物流的概念	从物流概念来理解海尔集团成立海尔物流
2	物流的分类	(1)宏观物流与微观物流 (2)社会物流和企业物流 (3)国际物流和区域物流 (4)一般物流和特殊物流
3	物流管理的原则及主要内容	(1)掌握对物流活动诸要素的管理 (2)掌握对物流系统诸要素的管理 (3)掌握对物流活动中具体职能的管理

项目3.2 配件的运输方式及其选择

情境导入

小李给省外的客户发一批汽车配件，为选择合适的运输方式而纠结。请你给点建议。

理论引导

运输方式是从事运输活动所采用的某种手段或方法，这些手段或方法主要表现在运输基础设施及运输工具上，也正是运输基础设施和运输工具上的差别，使不同运输方式相区别。汽车配件的运输方式主要有铁路运输、公路运输、水路运输、航空运输等。这些方式各有其特点和适用条件。选择运输方式的主要依据是各种运输方式的可运量、发送速度、费用支出、服务质量等项指标。

3.2.1 汽车配件的运输方式

1. 铁路运输

铁路运输的特点是载运量大，行驶速度快、费用较为低廉，运行一般不受气候条件限制，所以适用于大宗配件的长距离运输。铁路运输是我国现阶段可完成配件输送任务的主要力量，通过铁路沟通全国各地区、各城市、各工业部门和各企业间的联系，承担了近3/4的配件周转量。但铁路运输的服务范围要受现有铁路线的限制，而且一般需要汽车等短途运输工具与之配合。铁路运输有一套细致复杂的组织工作，配件的运输要受到列车运行图和列车编组计划的影响，因此可能增加配件的在途时间。铁路运输的经济里程一般在200 km以上。

2. 公路运输

公路运输的特点是机动灵活，运输面广，只要公路所及，都能到达，运行迅速。在运量不大、运距不长时，运费比铁路低，是短途运输的主要形式。配件部门在当地提货发货时，一般采用公路运输的方式。汽车运输的经济半径一般在 200 km 以内。

3. 水路运输

水路运输包括内河运输、沿海运输、近海运输和远洋运输。水路运输具有运量大、运价低的优点。我国海岸线长，有许多天然良港，有适合于运输的许多内河水系。充分利用水运，不仅可以减少运输费用，而且能减轻铁路运输的负担，促进陆运和水运的合理分工，因此，它是发挥运输潜力的重要途径。但水路运输受航道限制，速度慢，易受季节和气候变化的影响，运输的连续性差，需要配备相应的陆上运输设备和储存设备，这些缺点在一定程度上影响了水路运输的开发和利用。

4. 航空运输

航空运输是速度最快、运费最高的一种运输方式，航空运输还具有不受地形限制的特点。由于空运费用高，所以一般只用于运距长、时间要求紧迫的急需配件的运输。航空运输目前只是作为一种辅助运输手段，一般在建有机场的少数地区和城市应急使用。

3.2.2 汽车配件的运输方式选择

各种运输方式都有其长处与短处，在充分发挥它们各自优势的同时，需注意相互补充与共同协作，以满足国民经济发展对运输业的要求。由于各种运输方式都有其自身特点和可供服务的内容及范围，因此，应根据每次运输的具体情况进行多方面的考虑，以选择最适宜的方式，达到配件运输迅速、安全、经济、合理的目的。在选择运输方式时，一般应考虑下列因素。

(1)供需双方的相关条件

如地理位置、交通条件和当时的气候季节条件等。

(2)运送配件的特征

如包装、外形尺寸及其物理化学特性(如易碎性等)。

(3)配件的价值

如贵重、量小、件轻的配件一般可空运；价低、笨重或运送数量大时，则适于铁路运输或水运。

(4)配件需求上的特点

对急需的配件，应采用运输速度快的运输方式；对批量大、批次多、要求供货连续性强的配件，则应选择不易受气候季节影响，运送时间准确、及时的运输方式。配件运输方式的选择是一件较为复杂的工作，没有固定的模式。在实际工作中，一般是在考虑安全的前提下，从运输速度和运价两方面衡量，在运输时间能够满足要求的情况下，往往采用费用支出较低的运输方式。

(5)运输批量

运输批量的影响，因为大批量运输成本低，应尽可能使商品集中到最终消费者附近，选择合适的运输工具进行运输是降低成本的良策。一般来说，15 t 以下的商品用汽车运输；20 t 以上的商品用铁路运输；数百吨的原材料之类的商品，应选择船舶运输。

(6)运输期限

运输期限必须与交货日期相联系，应保证运输时限。必须调查各种运输工具所需要的运输时间，根据运输时间来选择运输工具。运输时间的快慢顺序一般情况下依次为航空运输、汽车运输、铁路运输、船舶运输。各运输工具可以按照它的速度编组来安排日程，加上它的两端及中转的作业时间，就可以算出所需的运输时间。在商品流通中，要研究这些运输方式的现状，进行有计划的运输，希望有一个准确的交货日期是基本的要求。在当前，我国各地区、各城市之间的配件运输，大多采用铁路运输的方式，而在同一城市各企业之间则大多采用汽车运输的方式。

任务实施

在本项目情境中，建议小李可以按照以下方面对汽车配件运输方式进行选择。

环节	对应项目	具体程序
1	汽车配件的运输方式	①铁路运输:铁路运输的特点是载运量大,行驶速度快、费用较为低廉,运行一般不受气候条件限制,所以适用于大宗配件的长距离运输 ②公路运输:公路运输的特点是机动灵活,运输面广,只要公路所及,都能到达,运行迅速 ③水路运输:包括内河运输、沿海运输、近海运输和远洋运输。水路运输具有运量大、运价低的优点 ④航空运输:航空运输是速度最快、运费最高的一种运输方式,航空运输还具有不受地形限制的特点
2	汽车配件的运输方式选择	①供需双方的地理位置、交通条件和当时的气候季节条件 ②运送配件的特征,如包装、外形尺寸及其物理化学特性(如易碎性等) ③配件的价值,如贵重、量小、件轻的配件一般可空运;价低、笨重或运送数量大时,则适于铁路运输或水运 ④配件需求上的特点。对急需的配件,应采用运输速度快的运输方式;对批量大、批次多、要求供货连续性强的配件,则应选择不易受气候季节影响,运送时间准确、及时的运输方式 ⑤运输批量。运输批量的影响,因为大批量运输成本低,应尽可能使商品集中到最终消费者附近,选择合适的运输工具进行运输是降低成本的良策 ⑥运输期限。运输期限必须与交货日期相联系,应保证运输时限。必须调查各种运输工具所需要的运输时间,根据运输时间来选择运输工具

项目 3.3 运输单证与运输规章

情境导入

小陈刚到一家配件公司工作,不小心丢失一张提单,经理严厉地批评了他,并扣当月30%奖金。小陈应该吸取什么教训?

理论引导

物流的运输单证流转中,常会遇到提单丢失的情况,这不仅给买卖双方带来很大的不便,同时也给从事国际物流运输的承运人带来巨大的潜在风险。提单一旦丢失,甚至可能导致款项和货物皆失的局面。

3.3.1 运输单证种类

运输单证,不论哪种运输方式都有规定的运输单证。但是,不同的运输方式所使用的运输单证也不同。

1. 运输单证类型

(1)铁路运输

铁路运输中,主要使用货运单、铁路收据和国际铁路联运单。

①货运单。货运单是计算运费的依据,也是发货人与铁路承运人之间的合同。

②铁路收据。铁路收据是在铁路接收货物、称重、添加标志、装载货物后,交给发货人的凭证。

③国际铁路联运单。在国际铁路联运中,使用该联运单作为发货人与承运人之间的运输合同。

(2)公路运输

公路运输主要使用发货单和货物委托书。

①发货单。与铁路运输类似,发货单是据以计算运费的依据,同时也是承运人与发货人之间的合同。

②货物委托书。货物委托书是发货人与承运人之间的运输合同,是承运货物的依据,表明承运人按统一规定的条款和条件运送发货人提供的货物。

(3)海运运输

①海运单证。海运中使用的单证主要包括:提单、海运单、舱单、装货单、提货单、大副收据等。

a. 提单(Bill of Lading)是普遍用于海上货物运输的基本单证,它是装运货物的收据和货物运输合同的证明,是承运人据以交付货物的单证,也是货物发生丢失、损坏或延误时的索赔证明。提单通常包含货物、运输当事人、航次等方面的信息。提单背面的条款还规定了承、托双方的权利义务。提单按照不同的分类方法可分为许多种,例如,按是否装船可分为已装船提单和备运提单;按提单抬头不同可分为记名提单、指示提单和不记名提单。

b. 海运单(海运委托书)是海运界新兴的一种单证,它是发货人和承运人之间的货物运输合同的凭证,是替代传统提单的一种不可转让的运输单证。指定的收货人只需提供表明身份的证据即可提取货物。

c. 舱单包括货物舱单和运费舱单。货物舱单汇总所有已装船货物,运费舱单提供关于货物运费的情况。

d. 装货单是承运人或代理在接受托运人提出的托运申请后,签发给托运人或代理的证明,又是海关监管进出口货物的单证,还是通知码头仓库或船长将货物装船的命令。

e. 提货单是由承运人或其代理签发给收货人或代理人使其能够提取货物的单证。

f. 大副收据是由承运船舶的大副签发给托运人的货物收据,是划分承托双方责任权利的重要依据,也是据以换取已装船提单的单证,也称作"收货单"。

(4)航空运输单证

空运中使用的单证主要有空运单、危险品申报单、活动物证明书、军用物资证明书等。

其中最重要的是空运单。一般航空公司都采用IATA的标准格式,格式主要分两种,一种供国内航线使用,一种供国际航线使用。由托运人填写,一式多份,托运人保留一份,一份交航空公司,另一份随货同行。空运单是发货人与承运人双方的运输合同,又是承运人收到货物在良好条件下装运的收据,还可用作账单或发票,作为保险和清关使用的单证。

3.3.2 运输规章

各种运输方式都有相应的规则制度,以保护运输当事人的合法权益。本节主要以汽车货运为例来学习。

我国的货运运输规则对保护汽车货物运输当事人的合法权益,明确承运人、托运人、收货人以及其他有关各方的权利、义务和责任,维护正常的道路货物运输秩序,依据国家有关法律、法规,制定本规则。在中华人民共和国境内从事营业性汽车货物运输及相关的货物搬运装卸、汽车货物运输服务等活动,应遵守本规则。除法律、法规另有规定外,汽车运输与其他运输方式实行货物联运的适用本规则。拖拉机及其他机动车、非机动车辆从事货物运输的,可参照本规则执行。

(一)本规则相关用语的含义

1. 承运人

承运人是指使用汽车从事货物运输并与托运人订立货物运输合同的经营者。

2. 托运人

托运人是指与承运人订立货物运输合同的单位和个人。

3. 收货人

收货人是指货物运输合同中托运人指定提取货物的单位和个人。

4. 货物运输代办人(以下简称货运代办人)

货运代办人是指以自己的名义承揽货物并分别与托运人、承运人订立货物运输合同的经营者。

5. 站场经营人

站场经营人是指在站、场范围内从事货物仓储、堆存、包装、搬运装卸等业务的经营者。

6. 运输期限

运输期限是由承托双方共同约定的货物起运、到达目的地的具体时间。未约定运输期限的,从起运日起,按 200 km 为 1 日运距,用运输里程除每日运距,计算运输期限。

7. 承运责任期间

承运责任期间是指承运人自接受货物起至将货物交付收货人(包括按照国家有关规定移交给有关部门)止,货物处于承运人掌管之下的全部时间。本条规定不影响承运人与托运人就货物在装车前和卸车后对承担的责任达成的协议。

8. 搬运装卸

搬运装卸是指货物运输起讫两端利用人力或机械将货物装上、卸下车辆,并搬运到一定位置的作业。人力搬运距离不超过 200 m,机械搬运不超过 400 m(站、场作业区内货物搬运除外)。

(二)运输基本条件

①承运人、托运人、货运代办人在签订和履行汽车货物运输合同时,应遵守国家法律和有关的运输法规、行政规章。

② 承运人应根据承运货物的需要,按货物的不同特性,提供技术状况良好、经济适用的车辆,并能满足所运货物重量的要求。使用的车辆、容器应做到外观整洁,车体、容器内干净无污染物、残留物。

③承运特种货物的车辆和集装箱运输车辆,需配备符合运输要求的特殊装置或专用设备。

(三)运输类别

①托运人一次托运货物计费重量 3 t 级及以下的,为零担货物运输。

②托运人一次托运货物计费重量 3 t 以上,或不足 3 t 但其性质、体积、形状需要一辆汽车运输的,为整批货物运输。

③因货物的体积、重量的要求,需要大型或专用汽车运输的,为大型特型笨重物件运输。

④采用集装箱为容器,使用汽车运输的,为集装箱汽车运输。

⑤在规定的距离和时间内将货物运达目的地的,为快件货物运输;应托运人要求,采取即托即运的,为特快件货物运输。

⑥承运“危险货物品名表”列名的易燃、易爆、有毒、有腐蚀性、有放射性等危险货物和虽未列入“危险货物品名表”但具有危险货物性质的新产品,为危险货物汽车运输。

⑦采用装有出租营业标志的小型货运汽车,供货主临时雇用,并按时间、里程和规定费率收取运输费用的,为出租汽车货运。

⑧为个人或单位搬迁提供运输和搬运装卸服务,并按规定收取费用的,为搬家货物运输。

⑨货物在运输、装卸、保管中无特殊要求的,为普通货物。

⑩货物在运输、装卸、保管中需采取特殊措施的,为特种货物。特种货物分为 4 类。

⑪货物每立方米体积重量不足 333 kg 的,为轻泡货物。其体积按货物(有包装的按货物包装)外廓最高、最长、最宽部位尺寸计算。

任务实施

在本项目情境中,作为学习者可以按照以下方面对物流单证类型和要求进行任务实施。

环　节	对应项目	具体程序
1	运输单证类型	1. 铁路运输 ①货运单。货运单是计算运费的依据,也是发货人与铁路承运人之间的合同 ②铁路收据。铁路收据是在铁路接收货物、称重、添加标志、装载货物后,交给发货人的凭证 ③国际铁路联运运单。在国际铁路联运中,使用该联运运单作为发货人与承运人之间的运输合同 2. 公路运输 ①发货单。与铁路运输类似,发货单是据以计算运费的依据,同时也是承运人与发货人之间的合同 ②货物委托书。货物委托书是发货人与承运人之间的运输合同,是承运货物的依据,表明承运人按统一规定的条款和条件运送发货人提供的货物 3. 海运运输 海运单证。海运中使用的单证主要包括:提单、海运单、舱单、装货单、提货单、大副收据 4. 航空空运输单证 空运中使用的单证主要有空运单(Airway Bill)、危险品申报单、活动物证明书、军用物资证明书等
2	运输类别	1. 托运人一次托运货物计费重量 3 t 级及以下的,为零担货物运输 2. 托运人一次托运货物计费重量 3 t 以上,或不足 3 t 但其性质、体积、形状需要一辆汽车运输的,为整批货物运输 3. 因货物的体积、重量的要求,需要大型或专用汽车运输的,为大型特型笨重物件运输 4. 采用集装箱为容器,使用汽车运输的,为集装箱汽车运输 5. 在规定的距离和时间内将货物运达目的地的,为快件货物运输;应托运人要求,采取即托即运的,为特快件货物运输 6. 承运“危险货物品名表”列名的易燃、易爆、有毒、有腐蚀性、有放射性等危险货物和虽未列入“危险货物品名表”但具有危险货物性质的新产品,为危险货物汽车运输 7. 采用装有出租营业标志的小型货运汽车,供货主临时雇用,并按时间、里程和规定费率收取运输费用的,为出租汽车货运 8. 为个人或单位搬迁提供运输和搬运装卸服务,并按规定收取费用的,为搬家货物运输 9. 货物在运输、装卸、保管中无特殊要求的,为普通货物。普通货物分为三等(见附表一“普通货物分等表”) 10. 货物在运输、装卸、保管中需采取特殊措施的,为特种货物。特种货物分为 4 类 11. 货物每立方米体积质量不足 333 kg 的,为轻泡货物。其体积按货物(有包装的按货物包装)外廓最高、最长、最宽部位尺寸计算

项目 3.4　配件接运与配件发运

情境导入

小毛是一名刚来不久的配件库房管理员,在一次盘库房盘存中发现一批配件缺少 2 件,追查原因,主管告诉他很可能是接运时出了差错,要他今后认真学习配件接运的知识。

理论引导

3.4.1 配件接运

商品入库业务也叫收货业务，它是仓储业务的开始。商品入库管理，是根据商品入库凭证，在接受入库商品时所进行的卸货、查点、验收、办理入库。由于货物到达仓库的形式不同，除了一小部分由供货单位直接运到仓库交货外，大部分要经过铁路、公路、航运、空运和短途运输等运输工具转运。凡经过交通运输部门转运的商品，都必须经过仓库接运后，才能进行入库验收。因此，货物的接运是入库业务流程的第一道作业环节，也是仓库直接与外部发生的经济联系。它的主要任务是及时而准确地向交通运输部门提取入库货物，要求手续清楚，责任分明，为仓库验收工作创造有利条件。因为接运工作是仓库业务活动的开始，如果接收了损坏的或错误的商品，那将直接导致商品出库装运时出现差错。

商品接运是商品入库和保管的前提，接运工作完成的质量直接影响商品的验收和入库后的保管保养。因此，在接运由交通运输部门（包括铁路）转运的商品时，必须认真检查，分清责任，取得必要的证件，避免将一些在运输过程中或运输前就已经损坏的商品带入仓库，造成验收中责任难分和在保管工作中的困难或损失。做好商品接运业务管理的主要意义在于，防止把在运输过程中或运输之前已经发生的商品损害和各种差错带入仓库，减少或避免经济损失，为验收和保管保养创造良好的条件。

配件（商品）接运根据不同情况，可分为车站（码头）提货、托运单位送货到库接货、仓库自行接货、专用线整车接运、到供货单位提货及仓库收货等几种形式。

1. 车站（码头）提货

到车站（码头）提货是配件仓库进货的主要方式。接到车站（码头）的到货通知书，仓库提货人应了解所到配件的件数、重量和特性，并做好运输装卸器具和人力的准备。到库后一般卸在库房装卸平台上，以便就近入库，或者直接入库卸货。

到车站提货，应向车站出示"领货凭证"（铁路运单副票），如"领货凭证"提货时尚未收到，亦可凭单位证明或单位提货专用章在货票存查联上加盖，将货提回。到码头的提货单上签名并加盖公章或附单位提货证明，到码头货运室取回货物运单，即可到指定库房提货。

提货时，应认真核对配件运号、名称、收货单位和件数是否与运单相符，仔细检查包装等外观质量，如发现包装破损、短件、受潮、油污、锈蚀、损坏等情况，应会同承运部门一起查清，并开具文字记录，方能将货提回。

货到库后，运输人员应及时将运单连同提回的配件向保管员点交清楚，然后由保管员在仓库到货登记簿上签字。

2. 托运单位送货到库接货

这种接货方式通常是托运单位与仓库在同一城市或附近地区，不需要长途运输时被采用。其作业内容和程序是，当托运方送货到货栈后，根据托运单（需要现场办理托运手续先办理托运手续）当场办理接货验收手续，检查外包装，清点数量，做好验收记录。如有质量和数量问题，托运方应在验收记录上记录。

3. 仓库自行接货

（1）接受货主委托直接到供货单位提货时，应将这种接货与出验工作结合起来同时进行。

（2）应根据提货通知，了解所提取货物的性能、规格、数量，准备好提货所需要的机械、工具、人员，配备保管人员在供方当场检验质量、清点数量，并做好验收记录，接货与验收合并一次完成。

4. 专用线整车接运

专用线整车接运是指在建有铁路专用线的仓库内，当整车到货后，在专用线上进行卸车。

(1)卸车前的检查

卸车前的检查工作十分重要,通过检查可以防止误卸和划清配件运输事故的责任。检查结果应及时与车站(或铁路派驻人员)取得联系,并进行文字记录。

检查的主要内容有:

①核对车号。

②检查车门、车窗有无异状,施封是否脱落、破损或印纹不清、不符。

③配件名称、箱件数与配件运单的填写是否相符。

④对盖有篷布的敞车,应检查覆盖状况是否严密完好,尤其是应查看有无雨水渗漏的痕迹和破包、散捆等情况。

(2)卸车中的注意事项

①应按车号、品名、规格分别堆码,做到层次分明,便于清点,并标明车号及卸车日期。

②注意外包装批示标志,正确钩挂、铲兜、轻起、轻放,防止包装损坏和配件损坏。

③妥善苫盖,防止受潮和污损。

④对品名不符、包装破损、受潮或损坏的配件,应另行堆放,写明标志,并会同承运部门进行检查,编制记录。

⑤力求与保管人员共同监卸,争取做到卸车和配件件数一次点清。

⑥卸后货垛之间留有通道,并与电杆、消火栓等保持一定距离;与专用铁轨外部距离 1.5 m 以上。

⑦正确使用装卸工具和安全防护用具,确保人身和配件安全。

(3)卸车后的清理

卸车后应检查车内是否卸净,然后关好车门、车窗,通知车主取车。做好卸车记录,连同有关证件和资料尽快向保管人员办理内部交接手续,并及时取回捆绑器材和苫布。

5. 到供货单位提货

仓库与供货单位同在一地时大多采用自提方式进货,订货合同规定自提的配件,应由仓库自备运输工具直接到供货单位提取。自提时付款手续一般与提货同时办理,所以应严格检查外观质量,点清数量。若情况允许,保管员最好随同前往,以便将提货与入库验收(数量和外观质量部分)结合进行。

6. 仓库收货

配件(货物)到库后,仓库收货人员首先要检查货物入库凭证,然后根据入库凭证开列的收货单位和货物名称与送交的货物内容和标记进行核对。然后就可以与送货人员办理交接手续。如果在以上工序中无异常情况出现,收货人员在送货回单上盖章表示货物收讫。如果发现有异常情况,必须在送货单上详细注明并由送货人员签字,或由送货人员出具差错、异常情况记录等书面材料,作为事后处理的依据。

3.4.2 配件发运

1. 整车发运

整车发运应根据批准的铁路运输计划进行,并填写好货物运单送交车站。货物运单是发货人和铁路部门共同完成配件运输任务而填制的,具有运输契约性质的凭证。必须按规定逐项填写,字迹清晰,尤其是到站和收货人必须准确无误。车皮经由车站到达仓库后,应检查车种和载质量是否符合,车况是否完好,然后组织装车。

发运时应注意:

①将重件大件装底层,轻件、易碎品装上层;大箱大件装车边,小箱小件装中间。轻拿轻放,箭头标记向上,码垛稳固。装入车内的配件应当均匀地放置于车辆底板上,不能偏于一端或一侧。对于整装分卸的配件,应根据分卸到站的先后,分批装载,并做好明显标记,防止误卸、漏卸。使用棚车,车门应不致因装货而影

响开闭，为此，所装配件应与车门保持30 cm以上的距离。

②使用敞车时，不得利用侧板作渡板来装卸笨重配件。使用起重机作业要做到稳、准、轻，不要砸坏车皮侧板和车底板。箱装配件之间应装载紧密，层层压缝，特别是两端应捆绑牢固，防止车辆行驶中配件跌落。敞车中不要附装小包装的配件，以防丢失。装车完毕后盖以篷布，以防途中淋雨、雪而受潮。

③用平车装运，应根据配件的性质、重量、形状、大小和重心位置，采用适当的加固材料和加固方法，防止配件发生纵、横向的位移。

④遵守车皮载质量、容积的规定，不得超载。因配件的包装或防护物的重量关系，以及使用机械装载不易计算件数的配件，装车后减吨确有困难，允许适当增载，但必须服从铁路部门的规定：30 t车皮，可增载2%，为30.6 t；40 t车皮，可增载2 t，再加2%，为42.8 t；50 t车皮，可增载3 t，再加2%，为54 t；55 t车皮，可增载1 t，为56 t；60 t车皮，可增载2%，为61.2 t。如平车装运特殊货物，允许增载10%，为66 t。如违犯以上规定，发生行车事故，责任在装车单位。因此，装车时切忌超过载质量规定，以防发生事故。但也要注意尽量装足吨位，以提高车辆利用率，减少运费开支。因为整车配件运输以使用车辆标记载质量即最大容许载质量为计费质量（代用车皮除外），所以装足吨位是很重要的。

⑤装车完毕后，棚车应关好门窗，做好铅封，并通知车站挂车。

⑥为使收货单位做好接车准备，应及时用函、电告知对方，必要时应派人押运。

⑦运输人员应于整车装运的当日或次日向车站索取货票并办理财务结算手续。以上是仓库有铁路专用线、整车装运由仓库负责的工作程序。

配件仓库无铁路专用线时，整车发运工作，由仓库按照铁路整车运输规定，向车站办理整车托运手续，在车站指定进货日期和装车地点后，及时把配件送到车站货场，并确定配件的件数和重量，向车站点交，然后由车站组织装车和发运。

2. 零担发运

一批配件的重量或体积不够整车的，按零担发运，零担发运是配件仓库主要的发货方式。零担发运的配件量小、批多、流向分散、包装不一，工作较为复杂。仓库零担发运工作的程序是：接到业务主管部门的配件支拨单后，及时按发货工作的要求，备货到指定地点，并拴挂或粘贴铁路运输货签（一般在两端各拴挂或粘贴一张），必要时在包装上还要写明到站和收货单位。按规定填写配件运单，报送车站，待批发货。接到车站发货通知后，对送站配件进行认真的核对：收货人、到站、件数、重量与配件运单填写是否一致。包装是否符合铁路运输要求。配件送到车站指定的地点后，向铁路货运员交货（交货中再次进行核对），然后取回运费收据，回库后交财务部门结算。按规定格式填写"零担配件发运登记簿"，以备查验。

3. 包裹发运

配件铁路发运，除整车和零担方式外，还有包裹发运。包裹是指按铁路客运业务办理的某些需要急运的配件，这些配件随客车发运。包裹发运速度快，但运费比整车、零担都高，因此除少量紧急用货外，一般较少采用。通过邮电部门办理的邮件发运与铁路包裹相似。

任务实施

在本项目情境中，小毛可以按照以下方面对配件接运、发运知识进行学习。

环 节	对应项目	具体程序
1	配件接运	（1）理解配件接运的重要性 （2）配件接运的主要方式及注意事项 ①提货：车站（码头）提货、托运单位送货到库接货、仓库自行接货、专用线整车接运、到供货单位提货 ②仓库收货

续表

环　节	对应项目	具体程序
2	配件发运的注意事项	(1)将重件大件装底层,轻件、易碎品装上层;大箱大件装车边,小箱小件装中间。轻拿轻放,箭头标记向上,码垛稳固 (2)使用敞车时,不得利用侧板作渡板来装卸笨重配件。使用起重机作业要做到稳、准、轻,不要砸坏车皮侧板和车底板 (3)用平车装运,应根据配件的性质、重量、形状、大小和重心位置,采用适当的加固材料和加固方法,防止配件发生纵、横向的位移 (4)遵守车皮载质量、容积的规定,不得超载。因配件的包装或防护物的重量关系,以及使用机械装载不易计算件数的配件,装车后减吨确有困难,允许适当增载,但必须服从铁路部门的规定 (5)装车完毕后,棚车应关好门窗,做好铅封,并通知车站挂车 (6)为使收货单位做好接车准备,应及时用函、电告知对方,必要时应派人押运 (7)运输人员应于整车装运的当日或次日向车站索取货票并办理财务结算手续

项目 3.5　运输差错的处理

情境导入

法制网北京10月23日讯　记者梁士斌　中国民航局运输司、各地区管理局、民航局消费者事务中心和中国航空运输协会近日公布了8月份消费者投诉情况。在受理消费者对国内航空公司的228件投诉中,有效投诉27件。有效投诉中,行李运输差错9件,占33.33%。公布情况显示,8月份共受理消费者投诉261件,其中有效投诉36件,无效投诉225件。36件有效投诉中,国内航空公司投诉27件,国外航空公司投诉1件,机场投诉3件,航空运输销售代理企业投诉5件。有效投诉比去年同期增加8件,比上个月减少2件。在受理消费者对国内航空公司的有效投诉中,行李运输差错主要是行李丢失、延误、破损。除了行李运输差错9件外,还有航班问题6件,占22.22%;预定、票务与登机5件,占18.52%;旅客服务3件,占11.11%;退款2件,占7.41%;超售及综合(常旅客)各1件,各占3.70%。据悉,国内25家航空公司中有10家航空公司发生了有效投诉,航空公司平均投诉率为万分之零点零一。在对外国航空公司的投诉中,共受理外航投诉1件,有效投诉1件。此外,对机场的投诉共16件,有效投诉3件,主要是航班信息不准确、安检排队时间长、行李延误。对航空运输销售代理企业的投诉16件,有效投诉5件。

理论引导

配件在运输过程中,有时会发生错发、混装、漏装、丢失、损坏、受潮、污损等差错事故。差错事故的发生,一般是发货单位或承运单位工作责任心不强所致。除了不可抗拒的自然灾害或配件本身性质引起的损失外,所有差错均应向责任单位提出索赔。

3.5.1　运输差错的处理

1. 运输差错处理由来

运输部门为了正确、及时地处理配件运输差错事故,便于查明原因,分清责任,而建立了差错事故记录和赔偿制度。

2. 差错事故记录分类

(1)货运记录

货运记录是表明承运单位负有责任,收货单位据以索赔的基本文件。配件在运输过程中发生以下情况,均填写货运记录。

①配件名称、件数与运单记载不符。

②配件被盗、丢失或损坏。

③配件污损、受潮、生锈、霉变或其他货损货差等。

记录必须在收货人卸车或提货前通过认真检查发现问题,经承运单位复查确认后,由承运单位填写交收货单位。

(2)普通记录

普通记录是承运单位开具的一般性证明文件,不具备索赔效力,仅作为收货单位向有关部门交涉处理的依据,遇有下列情况并发生货损货差时,填写普通记录。

①铁路专用线自装自卸的配件。

②棚车铅封印纹不清、不符或没按规定施封。

③施封的车门窗关闭不严或损坏。

④篷布苫盖不严,漏雨或其他异状。

⑤责任判明为供货单位的其他差错事故等。上述情况发生,责任一般在发货单位,收货单位可持普通记录向发货单位交涉处理,必要时向发货单位提出索赔。

3. 索赔办法

收货单位持铁路部门开具的货运记录向车站安全室索取“赔偿要求书”,填好后连同货运记录、运单、货物发票副本(无副本可依样复制加盖财务公章)、货物验收记录或清单一并交车站安全室,并取得“赔偿要求书收据”。受理车站对索赔单位提出的赔偿要求,应在60天内处理完毕。赔偿金额一般按配件实际损失情况计算。收货单位向铁路部门提出赔偿要求的时限,是从货运记录编制之次日起,不超过180天。超过此时限,即视为放弃索赔权利,铁路部门不再受理。

3.5.2 货运事故和违约处理

货运事故是指货物过程中发生货物毁损或灭失。货运事故和违约行为发生后,承托双方及有关方应编制货运事故记录。货物运输途中,发生交通肇事造成货物损坏或灭失,承运人应先行向托运人赔偿,再由其向肇事的责任方追偿。货运事故处理过程中,收货人不得扣留车辆,承运人不得扣留货物。由于扣留车、货而造成的损失,由扣留方负责赔偿。

货运事故赔偿数额按以下规定办理:

①货运事故赔偿分限额赔偿和实际损失赔偿两种。法律、行政法规对赔偿责任限额有规定的,依照其规定;尚未规定赔偿责任限额的,按货物的实际损失赔偿。

②在保价运输中,货物全部灭失,按货物保价声明价格赔偿;货物部分毁损或灭失,按实际损失赔偿;货物实际损失高于声明价格的,按声明价格赔偿;货物能修复的,按修理费加维修取送费赔偿。保险运输按投保与保险公司商定的协议办理。

③未办理保价或保险运输的,且在货物运输合同中未约定赔偿责任的,按本条第一项的规定赔偿。

④货物损失赔偿费包括货物价格、运费和其他杂费。货物价格中未包括运杂费、包装费以及已付的税费时,应按承运货物的全部或短少部分的比例加算各项费用。

⑤货物毁损或灭失的赔偿额,当事人有约定的,按照其约定,没有约定或约定不明确的,可以补充协议,不能达成补充协议的,按照交付或应当交付时货物到达地的市场价格计算。

⑥由于承运人责任造成货物灭失或损失,以实物赔偿的,运费和杂费照收;按价赔偿的,退还已收的运费

和杂费;被损货物尚能使用的,运费照收。

⑦丢失货物赔偿后,又被查回,应送还原主,收回赔偿金或实物;原主不愿接受失物或无法找到原主的,由承运人自行处理。

⑧承托双方对货物逾期到达,车辆延滞,装货落空都负有责任时,按各自责任所造成的损失相互赔偿。

同时货运事故发生后,承运人应及时通知收货人或托运人。收货人、托运人知道发生货运事故后,应在约定的时间内,与承运人签注货运事故记录。收货人、托运人在约定的时间内不与承运人签注货运事故记录的,或者无法找到收货人、托运人的,承运人可邀请两名以上无利害关系的人签注货运事故记录。货物赔偿时效从收货人、托运人得知货运事故信息或签注货运事故记录的次日起计算。在约定运达时间的30日后未收到货物,视为灭失,自31日起计算货物赔偿时效。

未按约定的或规定的运输期限内运达交付的货物,为迟延交付。当事人要求另一方当事人赔偿时,须提出赔偿要求书(表略),并附运单、货运事故记录和货物价格证明等文件。要求退还运费的,还应附运杂费收据。另一方当事人应在收到赔偿要求书的次日起,60日内做出答复。承运人或托运人发生违约行为,应向对方支付违约金。违约金的数额由承托双方约定。对承运人非故意行为造成货物迟延交付的赔偿金额,不得超过所迟延交付的货物全程运费数额。

货物赔偿费一律以人民币支付。由托运人直接委托站场经营人装卸货物造成货损坏的,由站场经营人负责赔偿;由承运人委托站场经营人组织装卸的,承运人应先向托运人赔偿,再向站场经营人追偿。承运人、托运人、收货人及有关方在履行运输合同或处理货运事故时,发生纠纷、争议,应及时协商解决或向县级以上人民政府交通主管部门申请调解;当事人不愿和解、调解或者和解、调解不成的,可依仲裁协议向仲裁机构申请仲裁;当事人没有订立仲裁协议或仲裁协议无效的,可以向人民法院起诉。

任务实施

在本项目情境中,作为学习者可以按照以下方面对配件差错进行处理。

环　节	对应项目	具体程序
1	运输差错的处理	(1)货运事故赔偿分限额赔偿和实际损失赔偿两种。法律、行政法规对赔偿责任限额有规定的,依照其规定;尚未规定赔偿责任限额的,按货物的实际损失赔偿 (2)在保价运输中,货物全部灭失,按货物保价声明价格赔偿;货物部分毁损或灭失,按实际损失赔偿;货物实际损失高于声明价格的,按声明价格赔偿;货物能修复的,按修理费加维修取送费赔偿。保险运输按投保与保险公司商定的协议办理 (3)未办理保价或保险运输的,且在货物运输合同中未约定赔偿责任的,按本条第一项的规定赔偿 (4)货物损失赔偿费包括货物价格、运费和其他杂费。货物价格中未包括运杂费、包装费以及已付的税费时,应按承运货物的全部或短少部分的比例加算各项费用 (5)货物毁损或灭失的赔偿额,当事人有约定的,按照其约定,没有约定或约定不明确的,可以补充协议,不能达成补充协议的,按照交付或应当交付时货物到达地的市场价格计算 (6)由于承运人责任造成货物灭失或损失,以实物赔偿的,运费和杂费照收;按价赔偿的,退还已收的运费和杂费;被损货物尚能使用的,运费照收 (7)丢失货物赔偿后,又被查回,应送还原主,收回赔偿金或实物;原主不愿接受失物或无法找到原主的,由承运人自行处理 (8)承托双方对货物逾期到达,车辆延滞,装货落空都负有责任时,按各自责任所造成的损失相互赔偿

项目 3.6 物流与供应链管理

情境导入

我国制造企业应该在经营管理的思路上进行转变,对供应链管理加以更多的重视。首先,是要将供应链管理纳入企业的总体经营战略中。也就是说,在制订经营战略时,就要针对顾客的需要和企业内部的经营绩效,对产品全生命周期中的整个供应链系统进行通盘考虑、设计和规划。第二,要在平日的生产经营活动中,不断对企业的供应链系统进行时间和空间上的重新调整、流程重构和优化管理,使之能更好地满足日益变化的顾客需要,这是一个不断改进、优化和总结经验的过程。第三,企业要进行相应的组织结构调整。我国制造企业是在计划经济年代按前苏联模式建立起来的,其组织结构的特点是"大而全、小而全",以生产为导向,组织结构普遍存在"两头(开发和销售)小、中间(生产)大"的"橄榄形"特点。这种组织结构庞大臃肿,不利于对外界市场灵活反应。企业应尽量将主要精力放在核心业务上,剔除形不成竞争优势的一般业务。一些有条件的企业完全可以向"两头(开发和销售)大、中间(生产)小"的"哑铃型"组织结构发展,为自己建立良好的供应商体系。此时,企业要探索对其众多的供应厂商及其构成的整个供应链系统进行统一控制和协调的技术。

理论引导

3.6.1 供应链和供应链管理的基本概念

企业从原材料和零部件采购、运输、加工制造、分销直至最终送到顾客手中的这一过程被看成是一个环环相扣的链条,这就是供应链。供应链的概念是从扩大的生产(Extended Production)概念发展来的,它将企业的生产活动进行了前伸和后延。譬如,日本丰田公司的精益协作方式中就将供应商的活动视为生产活动的有机组成部分而加以控制和协调。这就是向前延伸。后延是指将生产活动延伸至产品的销售和服务阶段。因此,供应链就是通过计划(Plan)、获得(Obtain)、存储(Store)、分销(Distribute)、服务(Serve)等这样一些活动而在顾客和供应商之间形成的一种衔接(Interface),从而使企业能满足内外部顾客的需求。供应链与市场学中销售渠道的概念有联系也有区别。供应链包括产品到达顾客手中之前所有参与供应、生产、分配和销售的公司和企业,因此其定义涵盖了销售渠道的概念。供应链对上游的供应者(供应活动)、中间的生产者(制造活动)和运输商(储存运输活动),以及下游的消费者(分销活动)同样重视。

因此,供应链管理就是指对整个供应链系统进行计划、协调、操作、控制和优化的各种活动和过程,其目标是要将顾客所需的正确的产品(Right Product)能够在正确的时间(Right Time)、按照正确的数量(Right Quantity)、正确的质量(Right Qulity)和正确的状态(Right Status)送到正确的地点(Right Place)——即"6R",并使总成本最小。

3.6.2 供应链管理的方法

1. 基于时间的管理

在时间上重新规划企业的供应流程,以充分满足客户的需要。推迟制造(Postponed Manu - facturing)就是供应链管理中实现客户化的重要形式,其核心的理念就是改变传统的制造流程,将最体现顾客个性化的部分推迟进行。

譬如,美国 Benetton 制衣公司就是应用该方法的典型例子。公司将某些生产环节推迟到最接近顾客需求的时间才进行生产。如对毛衣而言,顾客需求变化最快的主要是衣服的花色,而尺寸变化则相对较小。所以 Benetton 制衣公司在生产毛绒衫时,先以一定规模生产的方式将其制成白毛衣(不染色),然后等到快要投放市场之前再染色(而不是像传统上那样先染色再针织),这样来保证使衣服的花色符合当时的最新潮流,以满足顾客需要。再以生产圆领衫为例。在大量生产模式下,圆领衫的生产是采用同一花色,大量生产不同型号的衣服。其结果是,在街上人们所穿的圆领衫千篇一律,没有新鲜感。而实际上,人们对圆领衫型号的要求只有大、中、小几种,而上面所印的图案和文字才真正反映了人们不同的兴趣和爱好。新的廉价的速热印花技术,使人们对不同图案的爱好得到了满足。新的生产方式为,在服装厂生产出来的只是不同型号的没有印花的圆领衫。而在销售过程中,可以根据顾客的不同要求,现场将顾客喜爱的图案和文字印在圆领衫上,甚至可以印上本人的照片。这样顾客拿到的就是一件非常满意的圆领衫。

总之,在整个供应系统的设计中,应该对整个生产制造和供应流程进行重构,使产品的差异点尽量在靠近最终顾客的时间点完成,因而充分满足顾客的需要。这种对传统的制造流程进行重构的做法实际上与当前流行的企业经营过程重构是一致的。

2. 基于空间的管理

在地理上重新规划企业的供销厂家分布,以充分满足客户需要,并降低经营成本。这里要考虑的是供应和销售厂家的合理布局,因为它对生产体系快速准确地满足顾客的需求、加强企业与供应和销售厂家的沟通与协作、降低运输及储存费用等起着重要的作用。

譬如,传统的美国公司生产打印机时,是在美国本土生产主机部分,考虑到各国电源和插头形式的不同而将插头部分放在别国生产,然后将插头运回美国,在美国本土装配储存,最后运往其他国家。显然,这种运作方式在储存和运输上都有一些浪费。而美国惠普(HP)公司的作法则不同。譬如,它给中国生产打印机时,是将打印机插头的生产放在深圳,当中国某地需要货时,打印机和插头分别从美国本土和深圳运往目的地,在那里的零售店组装,使打印机与插头的装配放在最接近客户的地点进行。这时,产品的储存和运输就与传统上单纯的储存和运输不同,这里的储运是增值的。我国某机床厂也是通过供应系统的合理设计来满足客户需要并降低成本。如该厂有很多用户在江苏,为了降低成本和缩短交货期,它就在江苏设了一些供应配套厂,主要为其生产各种卡具和夹具。当该厂的机床主体部分生产完后,首先发往江苏的配套厂,并在此与卡具和夹具组装并试车。由于与江苏的用户近,因此可以很方便地进行修改调整,最后将组装好的机床和工装运往江苏的用户。供应系统合理布局中需要考虑的包括:总装厂与目标市场的距离以及总装厂与其零部件厂之间的距离。总装厂距离目标市场较近,可以迅速了解市场的变化以及顾客的需求,并且能够大大降低运输及储存费用。总装厂与零部件供应厂家距离较近,可以使零部件供应家迅速了解总装厂在生产环节的改变及其在需求上的变化,并且便于它们之间的信息沟通和合作关系的发展,同时也减少了储运成本。所以,当企业打算在其他地点开发新市场时,通常在新市场附近建设新的总装厂,并要求长期合作的零部件供应厂家在附近投资协作配套厂,或在当地与适当的厂家合作。例如,德国大众汽车公司为了开发中国市场,在上海投资,合资建立了上海大众汽车有限公司。上海大众轿车所需国产零部件约 70% 由上海的企业(含上海大众)供货,30% 由外地企业供货。而东风汽车公司神龙轿车已定点的零部件企业有 44% 在湖北,38% 在以上海为中心的华东地区。我们还可以作以下对比。日本丰田汽车公司总装厂与零部件厂家之间的平均距离为 95.3 km,日产汽车公司总装厂与零部件厂的平均距离为 183.3 km,克莱斯勒公司为875.3 km,福特公司为 818.8 km,通用公司为 687.2 km。从各大汽车公司总装厂到各零部件厂的平均距离可以看到,合理的布局起着十分重要的作用。丰田汽车公司这种平均距离近的优势,充分地转化为管理上的优势。该公司的零部件厂家平均每天向总装厂发运零部件 8 次以上,每周平均 42 次。日产汽车公司周平均发运零部件次数为 21 次,只是丰田公司的一半。美国通用汽车公司零部件厂的发运频率仅为每天 1.5 次,每周平均为 7.5 次。显然,日本汽车公司的平均存货成本要低于美国汽车公司。由于丰田、日产公司的零部件协作企业离公司总装厂相距较近,这给各企业管理人员、工程技术人员之间的相互沟通带来便利。丰田公司总装厂与零部件厂人员年平均面对面的沟通次数为 7 236 人次 · 天,日产公司为 3 344 人次 · 天,通用公司为 1 107 人次 · 天,克莱斯勒公司为757人次·天。每年在丰田汽车公司总部技术中心进行交流的零部件厂家的工程师约有350人次,平均每个零部件厂占6.8人次,日产公司平均每个零部件厂占1.9人次,而通用公司则仅为0.17人次。丰田公司这种频繁的人员交流为总装厂和零部件厂的充分的沟通和协作创造了条件,便于双方解决在新车型开发、技术改造和生产中遇到的问题,从而加快新产品开发、提高产品质量、并降低经营成本。

3. 基于资源的管理

在生产上对所有供应厂家的制造资源进行统一集成和协调,使它们能作为一个整体来运作。企业往往有很多的供应厂家,为了满足某一个具体的用户目标,就必须对所有这些供应厂家的生产资源进行统一集成和协调,使它们能作为一个整体来运作。这是供应链管理中的重要方法。

中国香港的立丰公司就是这方面的典范。立丰公司是全球供应链管理中著名的创新者。它地处香港,为全世界约26个国家(以美国和欧洲为主)的350个经销商生产制造各种服装。但说起"生产制造",它却没有一个车间和生产工人。但它在很多国家和地区(主要是韩国、马来西亚和中国等)拥有7 500个生产服装所需要的各种类型的生产厂家(如原材料生产运输、生产毛线、织染、缝纫等等),并与它们保持非常密切的联系。该公司最重要的核心能力之一,就是它在长期的经营过程中所掌握的、对其所有供应厂家的制造资源进行统一集成和协调的技术,它对各生产厂家的管理控制就像管理自家内部的各部门一样熟练自如。下面以公司接受欧洲零售商10 000件服装的订单为例来说明它处理订单的管理过程。为了这个客户,公司可能向韩国制造商购买纱,而在台湾纺织和染色。由于日本有最好的拉链和纽扣,但大部分在中国制造,那么公司就找到YKK(日本最大的拉链制造商),向中国的工厂定购适当数量的拉链。考虑到生产定额和劳动力资源,立丰选择泰国为最好的加工地点,同时为了满足交货期的要求,公司在泰国的5个工厂加工所有的服装。5周以后,10 000件服装全部达到欧洲,如同出自一家工厂。在这个过程中,立丰公司甚至还帮助该欧洲客户正确地分析市场消费者的需要,对服装的设计提出建议,从而最好地满足订货者的需要。现在,人们在服装上越来越爱赶时髦,一年好像有六七个季节似的,衣服的式样或颜色变化很快。因此,订货者从自身的利益出发,常常是先提前10周订货,但很多方面如颜色或式样还事先定不下来。常常是,只能在交货期前5周订货者才告诉公司衣服的颜色,而衣服的式样甚至在前3周才能知道。面对这些高要求,立丰公司能靠着它与其供应商网络之间的相互信任以及高超的集成协调技术,可以向纱生产商预定未染的纱,向有关生产厂家预订织布和染色的生产能力。在交货前5周,立丰从订货者那里得知所需颜色并迅速告知有关织布和染色厂,然后通知最后的整衣缝制厂:"我还不知道服装的特定式样,但我已为你组织了染色、织布和裁剪等前面工序,你有最后3周的时间制作这么多服装。"最后的结果当然是令人满意的。按照一般的情况,如果让最后的缝纫厂自己去组织前面这些工序的话,交货期可能就是3个月,而不是5周。显然,交货期的缩短,以及衣服能跟上最新的流行趋势,全靠立丰公司对其所有生产厂家的统一协调控制,使之能像一个公司那样行动。总之,它所拥有的市场和生产信息、供应厂家网络以及对整个供应厂家的协调管理技术是其最重要的核心能力。这种能力使它能像大公司一样思考和赢利,而像小公司一样灵活自如。

综上所述,可以看出,在当今全球经济一体化、企业之间日益相互依赖、用户需求越来越个性化的环境下,供应链管理正日益成为企业一种新的竞争战略。在有些西方国家中,供应链管理甚至被列为大学工商管理硕士(MBA)教育中的一门专业课程。然而,从供应链的角度来考虑企业的经营管理在我国则还处于刚起步的阶段,目前在研究和应用上都还很缺乏。我国企业和学术界都应高度重视,应根据我国国情和企业厂情,开展有中国特色的供应链管理的研究和实践。

任务实施

在本项目情境中,作为学习者可以按照以下方面完成供应链和供应链管理的基本概念任务。

环　节	对应项目	具体程序
1	供应链和供应链管理	掌握供应链和供应链管理的基本概念:对整个供应链系统进行计划、协调、操作、控制和优化的各种活动和过程
2	供应链和供应链管理的方法	(1)基于时间:在时间上重新规划企业的供应流程,以充分满足客户的需要 (2)基于空间:在地理上重新规划企业的供销厂家分布,以充分满足客户需要,并降低经营成本 (3)基于资源:在生产上对所有供应厂家的制造资源进行统一集成和协调,使它们能作为一个整体来运作

项目3.7　物流配送中心和物流网络系统

情境导入

从物流配送的发展过程来看,在企业经历了以自我服务为目的的企业内部配送中心的发展阶段后,政府、社会、零售业、批发业以及生产厂商都积极投身于物流配送中心的建设。专业化、社会化、国际化的物流配送中心显示了巨大优势,有着强大的生命力,代表了现代科技物流配送的发展方向,新型物流配送中心将是未来物流配送中心发展的必然趋势。

理论引导

3.7.1　物流配送中心

1.物流配送中心的特征

(1)配送反应速度快及配送功能集成化

新型物流配送中心对上、下游物流配送需求的反应速度越来越快,前置时间越来越短。在物流信息化时代,速度就是金钱,速度就是效益,速度就是竞争力。主要是将物流与供应链的其他环节进行集成,如物流渠道与商流渠道集成、物流功能集成、物流环节与制造环节集成、物流渠道之间的集成。

(2)配送作业规范化及配送服务系列化

强调物流配送作业流程和运作的标准化、程式化和规范化,使复杂的作业简单化,从而大规模地提高物流作业的效率和效益。强调物流配送服务的正确定位与完善化、系列化,除传统的配送服务外,在外延上扩展物流的市场调查与预测、物流订单处理、物流配送咨询、物流配送方案、物流库存控制策略建议、物流货款回收、物流教育培训等一系列的服务。

(3)配送目标系统化及配送手段现代化

从系统的角度统筹规划的一个整体物流配送活动,不求单个物流最佳化,而求整体物流活动最优化,使整个物流配送达到最优化。使用先进的物流技术、物流设备与管理为物流配送提供支撑,生产、流通和配送规模越大,物流配送技术、物流设备与管理就越需要现代化。

(4)配送组织网络化及配送经营市场化

有完善、健全的物流配送网络体系,物流配送中心、物流结点等网络设施星罗棋布,并运转正常。物流配送经营采用市场机制,无论是企业自己组织物流配送还是社会物流配送,都实行市场化。只有利用市场化这只看不见的手指挥调节物流配送，才能取得好的经济效益和社会效益。

(5)物流配送流程自动化及物流配送管理法制化

物流配送流程自动化是指运送规格标准、仓储货、货箱排列装卸、搬运等按照自动化标准作业、商品按照最佳配送路线等。宏观上，要有健全的法规、制度和规则；微观上，新型物流配送企业要依法办事，按章行事。

2. 建设条件

(1)装备配置

新型物流配送中心面对的是成千上万的供应厂商和消费者以及瞬息万变、竞争激烈的市场，必须配备现代化的物流装备。如电脑网络系统、自动分拣输送系统、自动化仓库、自动旋转货架、自动装卸系统、自动导向系统、自动起重机、商品条码分类系统、输送机等新型高效现代化、自动化的物流配送机械化系统。缺乏高水平的物流装备，建设新型物流配送中心就失去了起码的基本条件。

(2)人员配置

必须配备数量合理、质量较高、具有一定物流专业知识的管理人员、技术人员、操作人员，以确保物流作业活动的高效运转。没有一支高素质的物流人才队伍，建设新型物流配送中心就不可能实现。

(3)物流管理

作为一种全新的物流运作模式，其管理水平必须达到科学化和现代化，通过科学合理的管理制度，现代的管理方法和手段，才能确保新型物流配送中心的功能和作用的发挥。没有高水平的物流管理，建设新型物流配送中心就成了一句空话。

(4)发展前景

长期以来，由于受计划经济的影响，我国物流社会化程度低，物流管理体制混乱，机构多元化，导致社会化大生产、专业化流通的集约化经营优势难以发挥，规模经营、规模效益难以实现，设施利用率低，布局不合理，重复建设，资金浪费严重。由于利益冲突及信息不通畅等原因，造成余缺物资不能及时调配，大量物资滞留在流通领域，造成资金沉淀，发生大量库存费用。另外，我国物流企业与物流组织的总体水平低，设备陈旧，损失率大、效率低，运输能力严重不足，形成了“瓶颈”，制约了物流的发展，物流配送明显滞后。商流与物流分割，严重影响了商品经营和规模效益。成都亿博物流咨询公司总经理谢勤说：“新型的物流配送业务流程都由网络系统连接，当系统的任何一个神经末端收到一个需求信息的时候，该系统都可以在极短的时间内做出反应，并可以拟定详细的配送计划，通知各环节开始工作。”也就是说，新型的物流配送业务可以实现整个过程的实时监控和实时决策，并且这一切工作都是由计算机根据人们事先设计好的程序自动完成的。实践证明，市场经济需要更高程度的组织化、规模化和系统化，迫切需要尽快加强建设具有信息功能的物流配送中心。发展信息化、现代化、社会化的新型物流配送中心是建立和健全社会主义市场经济条件下新型流通体系的重要内容。我国是发展中国家，要借鉴发达国家的经验和利用现代化的设施，但还不可能达到发达国家物流配送中心的现代化程度，只能从国情、地区情况、企业情况出发，发展有中国特色的新型物流配送中心。随着电子商务的日益普及，中国的物流配送业一定会按照新型物流配送中心的方向发展。

(5)现代化自动分拣系统

配送中心的作业流程包括“入库－保管－捡货－分拣－暂存－出库”等作业，其中分拣作业是一项非常繁重的工作。尤其是面对零售业多品种、少批量的订货，配送中心的劳动量大大增加，若无新技术的支撑将会导致作业效率下降。与此同时，对物流服务和质量的要求也越来越高，致使一些大型连锁商业公司把拣货和分拣视为两大难题。

随着科学技术日新月异的进步，特别是感测技术（激光扫描）、条码及计算机控制技术等的导入使用，自动分拣机已被广泛用于配送中心。我国的邮政等系统也已多年使用自动分拣设备。由于我国商品包装箱（指运输包装）上基本没有印刷条码，故商业系统至今尚没有认真研究过运用自动分拣机。

应该看到，自动分拣机的分拣效率极高，通常每小时可分拣商品6 000～12 000箱；在日本和欧洲自动分拣机的使用很普遍。特别是在日本的连锁商业（如西友、日生协、高岛屋等）和宅急便中（大和、西浓、佐川等）自动分拣机的应用更是普遍。可以肯定，随着物流大环境的逐步改善，自动分拣机在我国流通领域大有

用武之地。自动分拣机种类很多,而其主要组成部分相似。自动分拣机基本上由下列各部分组成:

①输入装置:被拣商品由输送机送入分拣系统。

②货架信号设定装置:被拣商品在进入分拣机前,先由信号设定装置(键盘输入、激光扫描条码等)把分拣信息(如配送目的地、客户户名等)输入计算机中央控制器。

③进货装置:或称喂料器,它把被拣商品依次均衡地进入分拣传送带,与此同时,还使商品逐步加速到分拣传送带的速度。

④分拣装置:它是自动分拣机的主体,包括传送装置和分拣装置两部分。前者的作用是把被拣商品送到设定的分拣道口位置上;后者的作用是把被拣商品送入分拣道口。

⑤分拣道口:是从分拣传送带上接纳被拣商品的设施。可暂时存放未被取走的商品,当分拣道口满载时,由光电管控制阻止分拣商品不再进入分拣道口。

⑥计算机控制器:是传递处理和控制整个分拣系统的指挥中心。自动分拣的实施主要靠它把分拣信号传送到相应的分拣道口,并指示启动分拣装置,把被拣商品送入道口。分拣机控制方式主要是脉冲信号跟踪法。

3.7.2 物流网络系统

很多先进的信息技术的出现,极大地推动了物流行业的巨变。我们不能再以传统的观念来认识信息时代的物流,物流也不再是物流功能的简单组合运作,它已是一个网络的概念。加强连通物流结点的效率,加强系统的管理效率已成为整个物流产业面临的关键问题。

1. 物流网络系统与物流的关系

物流网络系统是一场商业领域的根本性革命,核心内容是商品交易,而商品交易会涉及4个方面:商品所有权的转移、货币的支付、有关信息的获取与应用、商品本身的转交,即商流、资金流、信息流、物流。在电子商务环境下,这4个部分都与传统情况有所不同。商流、资金流与信息流的处理都可以通过计算机和网络通信设备实现。物流,作为最为特殊的一种,是指物质实体的流动过程,具体指运输、储存、配送、装卸、保管、物流信息管理等各种活动。对于大多数商品和服务来说,物流仍要经由物理方式传输,因此物流对电子商务的实现很重要。电子商务对物流的影响也极为巨大,物流未来的发展与电子商务的影响是密不可分的。

2. 物流网络系统对物流的影响综述

由于电子商务与物流间密切的关系,电子商务这场革命必然对物流产生极大的影响。这个影响是全方位的,从物流业的地位到物流组织模式、再到物流各作业、功能环节,都将在电子商务的影响下发生巨大的变化。

(1)物流业的地位大大提高

物流企业会越来越强化,是因为在电子商务环境里必须承担更重要的任务:既要把虚拟商店的货物送到用户手中,而且还要从生产企业及时进货入库。物流公司既是生产企业的仓库,又是用户的实物供应者。物流业成为社会生产链条的领导者和协调者,为社会提供全方位的物流服务。电子商务把物流业提升到了前所未有的高度,为其提供了空前发展的机遇。

(2)供应链管理的变化

在电子商务环境下,供应链实现了一体化,供应商与零售商、消费者三方通过Internet连在了一起,通过POS、EOS等供应商可以及时且准确地掌握产品销售信息和顾客信息。此时,存货管理采用反应方法,按所获信息组织产品生产和对零售商供货,存货的流动变成“拉动式”,实现销售方面的“零库存”。

(3)第三方物流成为物流业的主要组织形式

第三方物流是指由物流劳务的供方、需方之外的第三方去完成物流服务的物流运作方式。它将在电子商务环境下得到极大的发展,主要原因有:①跨区域物流。电子商务的跨时域性与跨区域性,要求其物流活动也具有跨区域或国际化特征;②物流网络系统时代的物流重组需要第三方物流的发展。

3. 物流网络系统对物流各作业环节的影响

(1)采购

传统的采购极其复杂。采购员要完成寻找合适的供应商、检验产品、下订单、接取发货通知单和货物发票等一系列复杂烦琐的工作。而在电子商务环境下,企业的采购过程会变得简单、顺畅。

因特网可降低采购成本。通过因特网采购,可以接触到更大范围的供应厂商,因而也就产生了更为激烈的竞争,又从另一方面降低了采购成本。

(2)配送

配送业地位强化。配送在其发展初期,发展并不快。而在电子商务时代,B2C 的物流支持都要靠配送来提供,B2B 的物流业务会逐渐外包给第三方物流,其供货方式也是配送制。没有配送,电子商务物流就无法实现。

配送中心成为商流、信息流和物流的汇集中心。信息化、社会化和现代化的物流配送中心把三者有机地结合在一起。商流和物流都是在信息流的指令下运作的。

任务实施

在本项目情境中,作为学习者可以按照以下方面对物流基本概念进行把握。

环　节	对应项目	具体程序
1	物流配送中心的特征	(1)配送反应速度快及配送功能集成化 (2)配送作业规范化及配送服务系列化 (3)配送目标系统化及配送手段现代化 (4)配送组织网络化及配送经营市场化 (5)物流配送流程自动化及物流配送管理法制化
2	物流网络系统	(1)物流业的地位大大提高。物流企业会越来越强化,是因为在电子商务环境里必须承担更重要的任务:既要把虚拟商店的货物送到用户手中,而且还要从生产企业及时进货入库 (2)供应链管理的变化。在电子商务环境下,供应链实现了一体化,供应商与零售商、消费者三方通过 Internet 连在了一起,通过 POS、EOS 等供应商可以及时且准确地掌握产品销售信息和顾客信息 (3)第三方物流成为物流业的主要组织形式。第三方物流是指由物流劳务的供方、需方之外的第三方去完成物流服务的物流运作方式
3	物流网络系统对物流各作业环节的影响	(1)采购。传统的采购极其复杂。采购员要完成寻找合适的供应商、检验产品、下订单、接取发货通知单和货物发票等一系列复杂烦琐的工作。而在电子商务环境下,企业的采购过程会变得简单、顺畅 (2)配送 ①配送业地位强化。配送在其发展初期,发展并不快。而在电子商务时代,B2C 的物流支持都要靠配送来提供,B2B 的物流业务会逐渐外包给第三方物流,其供货方式也是配送制。没有配送,电子商务物流就无法实现 ②配送中心成为商流、信息流和物流的汇集中心。信息化、社会化和现代化的物流配送中心把三者有机地结合在一起。商流和物流都是在信息流的指令下运作的

评价体会

评价与考核项目		评价与考核标准	配　分	得　分
知识点	配件物流的运输方式	依据学习者对配件物流运输方式掌握的熟练程度	20	
	配件运输的单据合理的填写	配件运输单据合理填写的准确率和合理性	20	
技能点	主要考核同学对于汽车配件运输如何合理选择其方式	合理化和提出有建设性的想法和意见	20	
	在填写运输单据时与实际的办公自动化合理的结合	对填写的准确度为前提并能够熟练办公自动化工作	20	
情感点	对案例进行有效的分析	在分析过程中的合理性和建设性以及结合实际的敏感性	20	
合　计			100	

任务工单

学习任务3:汽车配件物流管理 项目单元1:配件运输方式与选择	班级			
	姓名		学号	
	日期		评分	

一、内容

对配件运输以及方式的选择处理。

二、准备

说明:每位学生应在工作任务实施前独立完成准备工作。

1. 对配件运输方式理论准确地把握。
2. 选出有针对性的配件。
3. 针对具体配件要准确地把握其类型及其规格和重量和性质。

三、实施

1. 准备发运的资料和单据。
2. 对具体配件性质的划分。
3. 在图片发运方式中填写具体配件。
4. 填写配件运输收集表。

运输方式	具体配件

四、小结

1. 针对总成配件采用的主要运输方式。
2. 针对玻璃制品和易碎的配件采用的运输方式。
3. 针对客户或4S店急需的配件。
4. 针对整车运输采用的方式。

任务工单

学习任务3：汽车配件物流管理 任务单元2：运输差错处理	班级			
	姓名		学号	
	日期		评分	

一、内容

对在运输中出现的问题和差错处理。

二、准备

说明：每位学生应在工作任务实施前独立完成准备工作。

1. 外包装箱(袋)有明显破损，明显被戳穿、破裂，或因受挤压、撞击而明显变形的情况即视为包装破损可能发生什么问题，该如何处理？

要点有：①________ ②________ ③________。

2. 该图片是哪些原因造成的？应如何处理：①________ ②________ ③________

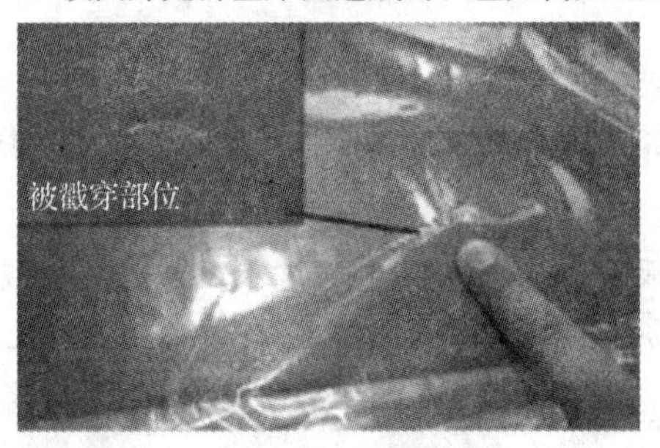

3. 针对下图分析运输差错原因。

包装明显变形

①________ ②________ ③________

三、小结

配件问题反馈、处理流程。

为了快速响应各服务中心反馈的配件问题，进一步规范配件问题的处理流程，提高配件问题处理的效率，具体流程如下：

填写“配件收货回执单(新)”

①服务中心在收货、仓储管理等过程中发现配件少发、错发、多发、损坏等配件问题时，按规定要求 填写“配件收货回执单(新)”并及时反馈至配件物流科索赔邮箱；

②服务中心提供的材料必须真实、齐全、及时；

③“配件收货回执单(新)”须提交的材料如下：

a. 整箱少发——提供SAP代码、服务中心名称、发货号、箱号、承运商签字的相关凭证；

b. 外包装损坏引起的少发/损坏——提供SAP代码、服务中心名称、发货号、箱号、少发/损坏配件图号、数量、承运商签字的相关凭证；

c. 外包装完好引起的少发/损坏——提供SAP代码、服务中心名称、发货号、箱号、少发/损坏配件图号、数量、照片材料；

d. 错发——提供SAP代码、服务中心名称、发货号、箱号、错发配件图号、数量、应发配件图号、照片材料。

拓展与提升

快递总量超90亿　智能物流显优势

摘要：在过去的2013年中，中国电子商务产业得到极大发展，快递行业也因此受益，全年快递总量达到90亿个，远远超过中国总人口数。目前，在庞大的产业机遇面前，快递行业也应该积极引入新技术，帮助产业良好发展。(2014年1月)在过去的2013年中，中国电子商务产业得到极大地发展，快递行业也因此受益，全年快递总量达到90亿个，远远超过中国总人口数。目前，在庞大的产业机遇面前，快递行业也应该积极引入新技术，帮助产业良好发展。

以快递为代表的物流业是现代经济活动中最不可缺少的一环。中国经济活动的加快，各地区物资交换也在加快发展步伐。这时，就需要营业网点遍布全国快递企业进行物资流通支持，在刚刚过去的2013年中，全国快递企业快递输送总量达到90亿个。

目前，我国知名快递企业主要是“四通一达”以及顺丰，网络侧重点各有不同，但在行业规模快递增长时期，都无一例外的积极提高各自企业运输效率及服务体验，在新技术的引入上，也不落人后。

例如，业界报道亚马逊公司正在进行无人机送货试验，而在此前顺丰公司也已展开此类试验，只不过顺丰公司的试验主要用于企业内部交流，暂不考虑推向市场，但也说明国内企业对快递行业新技术应用一直保持着高度关注。

事实上，国内外快递企业在面对日益增长包裹总量之时，都在通过各类技术手段提升配送效率。其中，提高运输中间环节自动化覆盖率打造智能物流运营模式，就是各大企业终极目标。

智能物流是利用集成智能化技术，使物流系统能模仿人的智能，具有思维、感知、学习、推理判断和自行解决物流中某些问题的能力。物流企业一方面可以通过对物流资源进行信息化优化调度和有效配置，来降低物流成本；另一方面，物流过程中加强管理和提高物流效率，以改进物流服务质量。然而，随着物流的快速发展，物流过程越来越复杂，物流资源优化配置和管理的难度也随之提高，物资在流通过程各个环节的联合调度和管理更重要，也更复杂。我国传统物流企业的信息化管理程度还比较低，无法实现物流组织效率和管理方法的提升，阻碍了物流的发展。

因此，要实现物流行业长远发展，就要实现从物流企业到整个物流网络的信息化、智能化，发展智能物流也就成为必然。

与此同时，随着中国《推进物流信息化工作指导意见》的出台，预计到2015年，中国智能物流核心技术将形成的产业规模达2 000亿元。据悉，智能物流"十二五"规划即将出台，智能物流是根据自身的实际水平和客户需求对智能物流信息化进行定位，是国际未来物流信息化发展的方向。

学习任务4

汽车配件仓库管理

【任务目标】

1. 知识目标：掌握汽车配件仓库的选择、规划的步骤；掌握汽车配件的入库、出库程序；掌握汽车配件盘存的内容；熟悉特殊汽车配件的分类存管的方法。
2. 能力目标：具备汽车配件在仓库内合理安置的能力；具备汽车配件出入库的操作能力。
3. 态度目标：养成良好的职业素养和行为习惯，培养"顾客就是上帝"的服务理念。

【任务描述】

某汽车品牌的客户王先生的车坏了来4S店维修，急需更换左前大灯。新员工查看系统，检索到了大灯配件。可是到库房，找了很久都没有找到。最后王先生不满地到另一家店去了。因为不能及时满足客户的配件需求，从而失去了维修业务。这种问题在仓库管理时经常会出现。面对市场竞争，如何利用企业自身的资源优势，最大限度地满足客户的需求，以便稳定市场？此外，怎样管理汽车配件才可以保证维修服务过程中能够避免漏开单、开错单的情况？

汽车配件仓储管理是汽车配件管理的核心部分。完整的工作内容包括：选择规划仓库—配件位置编码—入库验收—配件保管—配件盘存—出库—安全管理。因此，作为一名库管人员，必须掌握汽车配件仓库的选择规划，汽车配件在仓库内合理安置及入、出库检验等基本技能。本项目主要讨论在4S店汽车配件仓储管理中各环节的工作内容和方法。

【课时计划】

项目	项目内容	参考课时
4.1	仓库管理的作用与任务	1
4.2	仓库管理决策	0.5
4.3	配件仓库的规划	0.5
4.4	配件的位置码系统	0.5
4.5	汽车配件的入库验收	1
4.6	汽车配件的保管	1
4.7	汽车配件的盘存	1
4.8	汽车配件库存盘点示例分析	2
4.9	汽车配件的出库程序	0.5
4.10	汽车配件出入库操作示例分析	2
4.11	配件仓库的安全管理	1

项目 4.1 仓库管理的作用与任务

情境导入

小李作为一名新任配件管理员,负责库房订购、仓储管理及出货等业务,他开始为怎样开展工作而担心了,对此你有什么好的建议?

【任务分析】

作为仓库管理员,要想很好地开展工作,我们首先要认识仓库管理的作用与任务,这样才能够做好仓库管理工作。

理论引导

4.1.1 汽车配件仓库管理的作用

配件仓库是汽车配件经营服务的物质基地,仓库管理也是企业管理的重要组成部分。仓库管理就是对储存物质的合理保管和科学管理。

(1)仓库管理是汽车配件质量的有力保障

汽车维修企业能不能及时提供维修服务时所需要的配件是优质服务的基础,而仓库管理的水平高低,是汽车配件能否保持使用价值的决定性因素。所以加强配件仓库的科学管理,提高库管质量,是保证所储备的汽车配件质量的重要手段。

(2)仓库管理是汽车配件经营企业提高利润的重要还节

维修站产值中备件销售是最大份额,利润又稳定,配件的利润对维修站有着巨大的贡献。备件流动资金是企业流动资金的重要组成部分。此外,流动资金是企业经营的重要资源,备件流动资金是企业流动资金的重要组成部分。强化库存管理,降低备件资金占用,对企业资金运作有着重要影响。

(3)仓库管理是汽车配件经营企业为用户服务的一项工作

提高仓储管理水平,有利于提升服务站的形象和信誉度。

经过大量的工作,最后一道工序就是通过仓库管理员,将用户所需的配件交给用户,满足用户的需求,实现企业服务用户的宗旨。保持既满足维修需求而又不过高的库存量是提高企业运作效率的关键之一。

4.1.2 汽车配件仓库管理的任务

1.汽车配件仓库管理的内容

汽车配件的仓库管理,就是要做好汽车配件的入库、保管以及出库管理工作。其具体工作中包括以下几个方面:

①根据实际的工作需要,科学合理地确定汽车配件的储备种类、储备形式和储备量,做好汽车配件的保管供应工作。

②准确地向维修人员提供合格的汽车配件,确保维修作业的正常运行,减少停机损失。

③收集汽车配件使用情况和市场信息,随时了解汽车配件市场货源供应情况、市场价格变动情况,以保证采购的汽车配件能够达到性能更优越、质量更可靠、价格更合理。

④保证汽车配件供应的同时,减少汽车配件的资金占用量,提高汽车配件资金的周转率。

2. 汽车配件仓库管理的要求

汽车配件仓库管理的工作内容多而复杂，要做好这项工作很不容易。所以，汽车维修服务企业对于汽车配件仓库管理一般会提出以下要求：

(1)保证质量

保质就是要求保持库存里所有配件的原有使用价值。为此，必须做到严格管理，在配件入库和出库的过程中，对于质量或者包装不符合相关规定的，一律不准入、出库；另外，对于库存汽车配件，要求定期或不定期检查和抽检，凡是要进行保养的配件，及时进行保养，以保证配件的质量。

(2)保证数量

汽车配件的库存数量要通过科学计算。配件仓库管理应该对所有备件设置最高和最低的库存量，并且随季节、需求量的变化及时对最高、最低库存量进行必要的修改；通过汽车配件管理软件来实行安全库存管理，随时掌握库存的变化情况，以便及时、准确、有计划地向公司组织配件订货。

(3)及时供应

汽车配件仓库管理可以依靠配件管理软件，建立相应的汽车配件安全库存管理系统。通过计算机实现库存账务与订货管理，以保证汽车配件的准确供应；同时要求配备专职库管员与计划员，专门负责落实仓库的出入库管理工作，以保证汽车配件能够快速及时供应。

(4)安全管理

汽车配件仓库的工作区域应有明显的标识牌；货架摆放要整齐，所有配件都应入库上架管理，货架上应有货位码，配件不能放在地面上；各种配件应独立分区存放，易燃危险品应分区隔离存放；做好防火、防腐蚀、防霉变残损等工作；各服务站要结合自身的情况建立严格的配件仓储管理制度。确保汽车配件的管理工作安全可靠。

(5)低耗

低耗是指将汽车配件在仓库管理的损耗降到最低。配件入库前，由于生产或运输过程的原因，可能会造成损耗和短缺。所以要严格进行入库把关，对于存在的问题及时提出，以便明确责任。配件入库后，要求规范安全装卸搬运程序，减少损失。

(6)节约

汽车配件是汽车维修服务企业的主要利润增长点，配件管理的成本也受到企业的重视。为了降低配件管理的成本，需要充分发挥管理人员的聪明智慧，科学管理，全面统筹，提高仓库的利用率和配件服务的工作效率。时时、处处去探寻可以改善节约的情境，把仓库的管理成本降到最低。

任务实施

在本项目情境中，建议小李作为配件管理员可以按照以下步骤来进行仓库管理工作。

环　节	对应项目	具体程序
1	配件仓库管理的作用	(1)汽车配件营销企业建立相应的配件仓库可以保证配件的及时供应 (2)汽车配件的销售可以为维修企业带来很大的利润增长 (3)有了配件仓库管理，可以有效提高服务水平和客户满意度
2	了解配件仓库管理的任务	(1)仓库管理员工作职责包括汽车配件的出入库账目管理、配件的保管和盘存 (2)仓库管理要做好配件的防损和安全工作 (3)仓库管理要做好配件的规划摆放、便利管理作业 (4)联系实践工作内容，做好仓库管理的成本优化控制

项目 4.2 仓库管理决策

情境导入

汽车4S店的主要领导正在商讨关于配件仓库的建设问题，如果你也在其中，那你会给出什么样的建议呢？

【任务分析】

作为仓库管理的决策者，要能够结合汽车维修企业的实际做好仓库的选择和建设工作。在保证备件供应的前提下，尽可能减少备件的资金占用量，提高备件资金的周转率。

理论引导

4.2.1 仓储选择决策

1. 仓储类型及特点

汽车配件经营企业可以选择自建仓库或者公共仓库。一般来说，企业的自建仓库有充分的使用权，也可以满足企业的正常需求，所以公共仓库则被用作应付旺季所需。

(1)公共仓储

公共仓储是指仓库行业为一些不固定的货主企业储存货物，在租赁的基础上为企业产品的保管、集中和分散提供存储空间和服务。

使用公共仓库，企业可以节省资金投入；减少投资风险；缓解库存高峰时的库存压力；最大限度的存货配置灵活性；降低仓储成本。另一方面，使用公共仓储也存在许多不利的方面，如存储和服务的局限性；增加了包装成本；企业对公共仓库中的存货难以控制等。

(2)自有仓储

自有仓储是指企业为了满足自身的需要，而自己建造并管理的仓库。

相对于公共仓储来说，企业使用自有仓储可以按照自己的管理需求在仓库内存储配件产品，能够对仓储实施更大程度的控制；可以按照企业的管理要求和配件的特点对仓库进行有效的设计与布局，统筹规划；可以充分利用企业的自身人力资源；为企业树立良好形象。

当然，使用自有仓库也会存在不足的地方，例如自有仓库的容量一般是固定的，当企业对仓容的需求减少时，仍须承担自有仓库中未被利用部分的成本。

综上所述，汽车配件经营企业应该根据自身企业的特点，对成本和需求进行权衡之后，做出合理的选择决策。

2. 仓库的数量决策

仓库的数量决策取决于汽车配件经营企业的规模大小。对于单一品牌的中小规模的汽车配件经营企业只需要一个仓库。如果是配件产品遍及全国的大型汽车配件经营企业，则需要经过分析和权衡各项参数之后慎重考虑。

仓库的数量决策要与运输方式决策相协调。对于大型的汽车配件经营企业，要在运输成本和失销成本之间寻找平衡。影响仓库数量的主要因素如下。

(1)客户服务

企业的服务反应速度会对产品的销售量有很大影响。当客户对服务标准要求很高时,就需要有更多的仓库来及时满足客户需求。

(2)运输服务

如果需要快速的客户服务,就必须选择快速的运输服务。在找不到合适的运输方式来提供快速运输服务的情况下,只能通过增加仓库来满足客户对交货期的要求。

计算机已经用于仓储管理和决策,包括配件销售和成本分析、订单处理、存货控制、运输管理以及仓库布局等,大大地提高了仓库资源的利用率和管理效率。可见计算机的应用将会使企业对仓库的控制不再受仓库数量与位置的限制。

4.2.2 仓库的规模与选址

仓库选址需要对成本进行权衡分析,对于市场遍及全国甚至全球的大型企业来说,仓库的规模与选址显得尤为重要。仓库选址必须综合考虑各种因素,例如运输条件、市场状况和地区特点等等。一般来说,服务性强的产品仓库可以设在市场附近,而保管功能强的仓库应该靠近货场。此外,在确定仓库的选址之前,还需要考虑其他的要求,其中包括该地点是否提供足以扩充的空间;地面能否支撑仓库结构以及排水系统等。因此,适当考虑所有因素是非常重要的。

1. 影响仓库选址的因素

在进行仓库选址决策时,通过考虑各种影响因素和要求,在此基础上列出几个可供选择的可行方案,再利用特定的评价方法,最终从这几个可行方案中确定最理想的仓库地址。

影响仓库选址的因素,可以将它们划分为成本因素和非成本因素。成本因素是与成本有关的、可以用货币单位直接度量的因素;非成本因素则是指与成本无直接的关系,但是会影响成本和企业未来发展的因素。常见的成本因素和非成本因素,见表4.1。

表4.1 影响仓库选址的因素

成本因素	非成本因素
运输成本	社区环境
原材料供应	气候和地理条件
动力和能源供应成本	政治稳定性
劳工成本	当地文化习俗
建筑和土地成本	当地政策法规
利率和税率、保险	扩展机会
各类服务和保养成本	当地竞争者

2. 仓库选址决策

仓库选址的决策方法很多,我们主要从宏观上来进行评价,主要考虑仓库的选址是否与企业的战略利益相符合,是不是能够满足企业对原材料和市场营销的要求,从而提高对顾客的服务水平和降低总体的成本。

在仓库选址过程中,美国选址理论专家 Edgar M. Hoover 提出了的被认为是最好的分类方法。它将仓库的选址划分为3种,即以市场营销定位的选址,以生产制造定位的选址和以迅速配送定位的选址。

(1)以市场营销定位的仓库选址

这种选址方法以充分满足市场营销为前提,要求在最靠近顾客的地方选择仓库地址,以便获得顾客服务水平的最大化,缩短产品配送的时间。采用这种方法,需要考虑产品配的影响因素(即运输成本、订货时间、生产进度、产品的订货批量、本地化运输的可行性以及顾客服务水平等)。

(2)以生产制造定位的仓库选址

该方法是指选择最靠近配件生产地的位置建造仓库,专门为方便原材料的运输以及产品加工设定的,因为它能够给公司带来生产制造方面的便利。

(3)以快速配送定位的仓库选址

它强调快速的配送,权衡最终顾客和生产厂商之间的距离,来进行仓库选址。它可以综合以上两种方法的优点,快速的配送运输能够得大大提高最终顾客的服务水平,增强原材料的及时供给能力和配件的及时配送分销。而它应该考虑的主要因素则是运输能力、运输成本、运输路线的选择还有运输配送数量的合理分配等。

任务实施

在本项目情境中,对大家的讨论提出如下建议。

环　节	对应项目	具体程序
1	仓储类型及特点	(1)企业的仓储类型一般分为公共仓储和自有仓库两种,大多数汽车配件营销企业选择自有仓库 (2)公共仓储的特点是管理专业、减少资金投入和风险,但是会增加包装运输成本 (3)自建仓库的特点是管理方便、包装运输成本低,但是会有一定的仓容浪费 (4)公共仓储和自有仓库分别能给配件营销企业带来什么样的利益
2	仓库的数量决策	(1)仓库的数量取决于客户服务与运输服务之间的权衡 (2)汽车配件营销企业考虑成本和运输前提下做出仓库的数量决策
3	仓库选址的因素	(1)仓库的选址取决于成本因素和非成本因素的权衡 (2)企业应重点考虑运输成本、劳工成本、保养及服务成本等的成本因素 (3)企业应重点考虑环境、扩张、当地竞争等非成本因素
4	仓库选址决策	(1)仓库选址有以市场营销定位的选址、以生产制造定位的选址和以迅速配送定位的选址3种分类方式 (2)4S店一般应该按照以市场营销定位的仓库选址

项目4.3　配件仓库的规划

情境导入

在商讨汽车配件仓库时,就仓库如何分区规划的问题大家展开了讨论。如何使仓库的空间得到充分利用,成为焦点。那么具体的规划步骤又应该是怎样的呢?

【任务分析】

在规划汽车配件仓库时,首先要考虑仓库空间的基本要求;接着研究规划详细要求,例如配件存放、消防安全等;最后按照一定的步骤进行规划。

理论引导

4.3.1 仓库空间基本要求

仓库空间分区的确定,要以"安全、方便、节约"为原则。一般要统筹兼顾汽车配件性质、保管养护、消防等事项进行统一规划。

1. 分区规划前要进行调查分析

在仓库进行分区规划之前,应该对需要入库储存的汽车配件情况进行调查研究。主要包括:

①企业所经营的汽车配件品种和出入库的批量及数量。

②汽车配件的保管要求,例如包装、配件特性等。

③汽车配件的收发、搬运的工作量及其周转期。

④需要特殊保管的配件数量、种类等。

2. 仓库分区的常用方法

汽车配件仓库分区分类方法,一般采用以下两种:

①按照汽车配件品种系列分类,相同的配件集中放置。例如,发动机仓库(区),汽车电器仓库(区)等。

②按照车型系列不同分类,同一车型的配件存放在一起。例如,马自达6汽车配件仓库(区),马自达8汽车配件仓库(区)。

现在的4S店里因为通常只经营一个汽车品牌,所以一般他们的配件都是按照配件品种系列分类的。

汽车配件仓库的分区规划应该注意消防灭火方法不同的汽车配件不得一起储存。一般来说,汽车配件经营企业大概按照表4.2来分配配件仓库的基本功能区。

表4.2 汽车配件仓库基本功能区

项次	项目	内容功能	面积比例
1	理货区	空地、位于库房出入口处为佳	5%
2	临时存放区	存货损备件、待发备件	5%
3	发料办公区	办公设备	5%
4	仓储区	存放配件满足一物一储位摆放原则	85%

4.3.2 汽车配件库的规划要求

仓库规划需要满足一些特定的要求。仓库规划应该充分利用有限的空间;仓库规划应该保证汽车配件在出入库时少发生错误;仓库规划还应该考虑阳光等因素以保证配件的质量。

仓库设计由企业仓库规模、形状而定。采封闭式为主的仓库必须有防火、防盗、防尘等方面功能,并且要求符合相关规定。仓储区域根据汽车配件种类、外观来划分,并依据其尺寸、库存数量不同分别归类。根据汽车配件的大小不同,可以按以表来规划面积。汽车配件所占面积统计,见表4.3。

表4.3 汽车配件所占面积统计

项目	仓库比例
小型备件	20% ~25%
中型备件	30% ~35%
大型备件	40% ~50%

汽车配件仓库的规划需要满足以下基本要求:

①仓库内各个工作区域都应有明显的标牌,如配件销售窗口,车间领料区,发料室,拣货区,危险品仓库、旧件库等,应留有足够的进货,发货通道和配件周转区域,如图4.1所示。

图4.1 仓库的规划

②货架的摆放要整齐统一,仓库的每条过道都要有明显的标示,货架应标有配件位置码,货位要贴配件自编码。

③配件编码使用五位定位法,仓库中每一配件对应一个位置。

④一般不宜将配件堆放在地上,为了避免汽车配件锈蚀及磕碰,必须保持完好的原包装。

⑤易燃易爆物品应与其他配件严格分开存储管理,(自喷漆)存放时要考虑防火、通风等问题,仓库内设有明显的防火标志。

⑥非仓库人员工作不得随便进入仓库内,仓库内也不得摆放私人物品。

⑦索赔件及旧件需要单独存放区域。

⑧照明用的电灯应设置在通道的正中位置,并且与货架保持平行,以保证有良好的光线。

⑨仓库内要通风良好、具备防潮功能。

4.3.3 汽车配件库规划步骤

为了汽车配件仓库的建设能够符合企业的需求,一般的配件仓库规划步骤如下:

步骤1:将汽车配件按照表4.4中的方式分类。

表4.4 汽车配件分类

序 号	种 类	存放货架	举 例
1	中小件	小	油封、螺栓、火花塞等
2	中件	中	发电机、前大灯等
3	大件	大	保险杠、座椅等
4	不规则件	不规则	油管、消声器等
5	危险品、化学品	油	油品、油漆、安全气囊
6	轮胎	轮胎	轮胎、钢圈等
7	玻璃	玻璃	前后挡玻璃等

步骤2:对汽车配件进行大中小分类后,统计类型品种数和所需仓位数量。注意事项:应该预留有一定的增长空间约30%、确定仓位大小、制定货架的规格。

步骤3:按照销售量的多少(3个月内)对零件进行ABC分类,见表4.5及表4.6。

表4.5 汽车配件销售量分类表

订单类别管理方法	A	B	C
备件库存控制	粗放型,大量备货	一般监控	严格控制
监督	抽查	定期盘查	经常盘查
储备量	灵活	精确计算	

表4.6 汽车配件分类比例表

类 别	A	B	C
占总项数的百分比	10% ~15%	20% ~25%	55% ~60%
占销售额的百分比	70%	20%	10%

步骤4:对汽车配件库进行总体规划,不同类型货架分区布局;小件货架集中并靠近门口;大件货架次之,专用货架靠近里边。

步骤5:摆放货架,为提高仓库美观性及便于管理,同一规格的货架尽可能集中区域同排、同列摆放。

步骤6:货架主通道、货架间拣配通道的大小根据仓库实际大小制定,货架主通道在1 500 mm以上为宜,拣配通道(小件货架拣配通道在750 ~800 mm为宜,中件货架拣配通道在800 ~900 mm为宜、大件货架拣配通道在1 000 ~1 300 mm为宜)。

步骤7:仓位编码,编码要有原则、有顺序。

步骤8:汽车配件摆放根据大中小、ABC分类、轻重等原则进行摆放,小件集中、中件集中、大件集中、专用件集中。中小件及中件备件应放在零件盒中,A类靠近主通道,在发货、取货台附近,以减少步行时间,以此类推;货物的摆放不应超出货架长度、宽度。

步骤9:设计货架标牌、仓位标签、货位卡等。

步骤10:统计、定做所需标牌、仓位标签、零件盒等的数量。

步骤11:按要求悬挂、粘贴各种标签、标识;做好现场定置及现场6S,如图4.2所示。

图4.2 区位标识

任务实施

在本项目情境中,作为配件管理员可以按照以下步骤来进行仓库建设规划。

环 节	对应项目	具体程序
1	仓库分区规划准备	(1)对企业所经营的汽车配件品种、和出入库的批量及数量进行调查研究 (2)对汽车配件的包装、配件特性进行调查研究 (3)对汽车配件的收发、搬运的工作量及其周转期进行研究 (4)列出需要特殊保管的配件数量、种类等
2	仓库分区	(1)可以按照配件种类或者车型进行分区 (2)考虑消防、配件搬运、出入库管理等工作细节确定各区所占比例
3	仓库规划	(1)将需要入库的配件按需要分类 (2)统计所需仓位数、确定仓位大小、制定货架的规格 (3)摆放货架,同时考虑收放配件方便和仓库的规范美观 (4)设计货架标牌、仓位标签、货位卡等 (5)统计、定做所需标牌、仓位标签、零件盒等的数量 (6)按要求悬挂、粘贴各种标签、标识;做好现场定置及现场6S

项目4.4 配件的位置码系统

情境导入

小李是新来的仓库管理员,在学习过程中他发现师傅每次拣货的速度非常快。拿到单据一会儿就能准确找到所需的配件,而自己总是费很大劲才能找到,他想应该要向师傅请教请教。

【任务分析】

要想准确快速地在配件仓库中找到相应的配件,其实并不难。只要掌握配件在仓库中的位置编码规律,加之平常的经验积累,小李也是可以很快找到所需配件的。

理论引导

合理规范统一的配件位置编码系统可以提高查找配件的速度，还可以提高汽车配件仓库的管理工作效率。

4.4.1 汽车配件位置码编制原理

1.汽车配件位置码的概念

汽车配件位置码是指按照一定规律编定的配件存放位置的代码。位置码是空间的三维坐标，任何一组数字均可以确定唯一的空间位置与之对应，一点一个位置，只能存放一种配件。

2.汽车配件位置码的编制

(1)位置码编制的依据

汽车配件位置码编制依据由配件仓库、车间柜台和用户服务台构成的三点系统，它能够保证工作人员走相对较短的距离，方便各种控制，从而提高各种工作效率。

(2)位置码的编制要求

①位置码的编制应该使配件的存放位置与使用都比较便利。

②流动频繁的配件应存放在前排，方便工作人员拣货。

③流动量小的靠后排。

(3)汽车配件编码原则

汽车配件的编码应遵循以下5个原则：

①唯一性：每个位置只能有唯一种配件。

②简明性：编码要简单明了，容易看容易记。

③层次性：编码要有一定的规律可循，方便查找。

④可延性：因为配件会不断地增加，所以编码要能够往后追加。

⑤稳定性：编码确定后，应该要相对稳定，不能轻易更改。

4.4.2 汽车配件位置码编制方法

1.汽车配件位置码编制规则

汽车配件的位置通常用五号定位法(位置编号法)，即把每一个零配件的具体位置用五位号码固定下来。最前面用汉字来确定仓库名称，后面的位置码一般是4位，也有单独使用的。

(1)“五号定位法”的特点

①零配件的位置同配件编号无关，只和配件的大小、使用频率有关。

②根据汽车配件的大小，将其分为超小、中、大、长、不规则5类，归入相应的货架区。

③根据汽车配件的使用频率，将使用频率高的配件放在货架的靠外侧，即仓库管理员取放最方便的地方。

④不需单独预留空余位置用于存放新配件，可以方便仓库的规划和提高仓库的利用率。(可以根据实际情况确定)

⑤可以建立配件位置详细清单，非常较适用于计算机管理。

(2)4位位置码根据“区、列、架、层”的原则来确定(图4.3)

①首先按区分类：配件位置码的第一位是在仓库中的分区，用字母A、B、C…表示。分区的实例，见表4.7。

②按列编排：配件位置码第二位表示配件所处第几列货架，用数字1,2,3…表示。

③按货架号编排：配件位置码的第三位表示配件所处第几个货架，用字母A、B、C…表示。

④按层编排：配件位置码的第四位表示配件所处第几层，用数字1,2,3…表示。

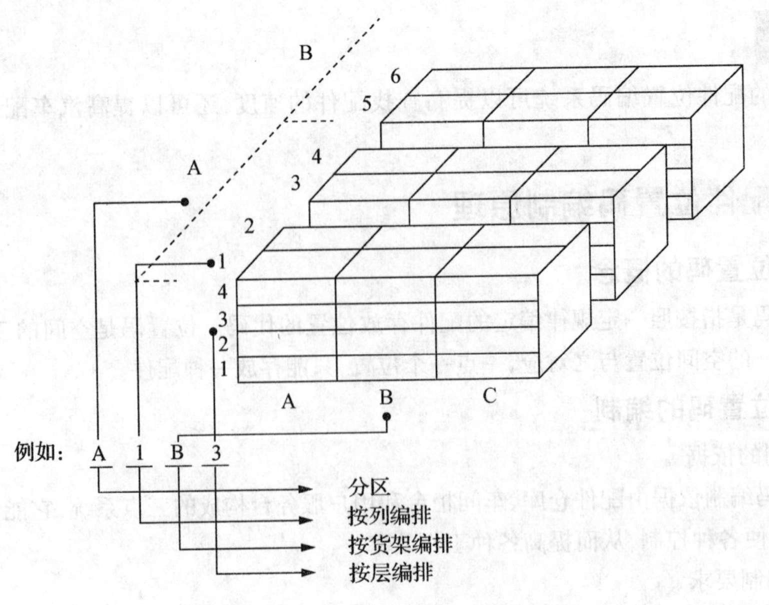

图 4.3　4 位位置码图

表 4.7　分区实例表

区	说　明	区	说　明	区	说　明	区	说　明
A	小件	D	车身部件	G	车毂	J—W	预备料位
B	中型件	E	镶条、电缆	H	玻璃	X—Z	清理件料位
C	大型件	F	导管	I	存放箱		

⑤最后把所有配件的位置码在指定位置标注粘贴，如图 4.4 所示。

图 4.4　标注粘贴

2. 位置码编制的说明

汽车配件位置码中的数字应该和英文字母分开书写，以免出现 12 列与 1 列 2 层的误会。当 26 个英文字母不够用时，可以将英文字母排列组合使用，以增加编码的范围，如 AA，AB，AC 等；同一配件区域，不要同时使用这些字母（如 Cc，Ii，Jj，Kk，Oo，Pp，Ss，Uu，Vv，Ww，Xx，Zz)，否则容易发生混淆。避免 D 与 0 不分、B 与 8 不分、9 与 7 不分、7 与 1 不分。

3. 配件自编码

零配件工作者根据个人习惯自行编制的一种的易于辨别、使用方便快捷的零配件名称。如常用的汉语拼音法：喷油嘴的自编名称为 PYZ。例如，自编码 PYZ - A1B36 - 350 - CD5 的意义是：本田 CD5 的喷油嘴存放位置在 A1B36，其销售价格为 350 元。

任务实施

在本项目情境中,小李可以按照下面的方法来练习按码拣货。

环　节	对应项目	具体程序
1	配件位置码	(1)汽车配件在仓库中的位置码是空间的三维坐标,一点一个位置,每一种配件的位置都是确定的 (2)配件位置码的变质有章可循,而且使用频率高的一般都在靠外侧 (3)配件编码有5个基本的原则
2	配件位置码编制	(1)可以总体考查企业共有几个配件仓库,看看都经营哪些车型的配件 (2)然后进一步研究仓库分区规律,记下表4.14中的内容 (3)记住配件的编码规律,是按照库－区－列－货架－层来编的 (4)当有新进库配件时,动手按要求编写相应的位置码
3	按码拣货	(1)除了前面所述的基本编码外,还需要掌握企业自行编码规律 (2)练习几次配件按码拣货,例如找找宝马库C6B3/D5A2的位置上是什么配件

项目 4.5　汽车配件的入库验收

情境导入

小李是在奇瑞4S店实习的大学生,这段时间被分配到仓库管理部门学习。今天要跟着师傅学习汽车配件的入库验收。看到大大小小、不同包装的配件,他发现仓库管理也不是想象中那么简单的。于是他很认真地跟着师傅,看他怎样工作。

【任务分析】

汽车配件的入库验收工作是很关键的一步。入库验收要做好以下几项工作:准确查收配件的质量和数量;安排相应的配件仓位;及时准确地做好入库登记工作;出现特殊问题时要及时沟通,分清责任。

理论引导

4.5.1 汽车配件入库验收的重要性

入库验收是汽车配件进入仓库管理的第一个阶段。汽车配件种类繁多、材料各异、运输保管难度较大,在出厂前或者运输过程中都可能会出现问题,使得配件失去部分甚至全部的使用价值。汽车配件一经入库,就划清了入库前和仓库之间的责任界限。仓库管理工作也就此正式开始。因此,认真细致地做好入库验收工作,是提高仓库管理质量的重要基础。

4.5.2 汽车配件入库验收的内容

1.汽车配件入库验收的依据

①根据配件入库凭证(包括产品入库单、收料单、调拨单、退货通知单)中所规定的型号、配件名称、规格、产地、数量等各项内容进行验收。

②参照相关技术检验开箱的比例,结合企业自身的实际情况,确定开箱验收的数量。

③根据国家对汽车配件产品质量要求的标准,进行验收。

2. 汽车配件入库验收的要求

采购回来的汽车配件首先要办理入库手续,由采购人员向仓库管理员按件交接。配件入库交接时注意两个主要的验收要求。

(1)及时

入库验收要及时,以便尽快建卡、立账、销售,从而减少汽车配件在库停留时间,缩短流转周期,提高资金周转效率,提高企业经济效益。

(2)准确

配件入库必须根据入库单所列内容与实物逐项核对,并确认配件外观和包装,做到规格、品种、数量、价格准确无误,配套齐全。如发现有质变、缺损或包装潮湿等异状的汽车配件,需要查清原因,做好记录,及时处理,避免扩大损失,严格执行一货一单制,按单收货、单货同行,防止无单串货进仓。

3. 汽车配件入库验收的内容

(1)入库运输

汽车配件种类繁多,特征各异,另外有些配件要轻拿轻放,所以多数时是要靠人力搬运完成的。在搬运的过程中要注意以下事项:

①尽量使用小型推车、平板车等工具,合理安排搬运次数,以期减少搬运时间,提高效率。

②统筹规划,缩短搬运距离,保持通道畅通,以节省人力。

③按配件设置相应的路程标志,避免因搬运引起的生产混乱。

④注意搬运过程中的人身及配件安全。

(2)安排货位

货位是指配件在仓库中的存放具体位置。要根据汽车配件的性能特点,安排合理的货位。方便仓库对配件的保管,以及出入库时对货物的清点管理。汽车配件的存放位置要遵循以下原则:

①合理安排配件的位置,做到充分利用库存空间,提高仓库的利用率。

②方便查找,且能够以最快的速度拿到配件,降低搬运配件的劳动量。

③将形状相似的配件分开来放,避免错拿配件。

(3)入库验收

入库验收包含数量和质量两个主要方面。汽车配件的种类多,同一零配件的厂家也多。所以要求入库验收工作要认真仔细,这也是搞好仓库管理工作的前提。一般来说,验收入库的按以下几个步骤实施:

①点收大件。仓库保管员接到配件后,必须根据入库单所列内容清点核对。

②核对包装。对包装物上的商标与入库单据核对,保证实物、标志和入库凭证一致,方能入库。

③开箱点验。出厂原包装的产品,按照双方的约定,开箱点验的数量一般为5%～10%。对于包装不符或外观质量有缺陷的,可以增加开箱检验的比例。经全部查验无误后入库。

④过磅称重。需要称重的产品,必须要过磅称重,核对无误才能入库。

(4)入库登记

汽车配件验收无误后应立即办理入库登记手续,进行上账退单手续,并妥善保管配件的各个相关证件、说明书、账单资料。建立卡片和档案,一般料卡可以直接挂在货位上,它能反映库存配件的名称、规格型号及实存数量。产品档案要一物一档,做到账、卡、物三者完全相符。

4.5.3 汽车配件验收入库中发现问题的处理

①在验收大件时,如发现数量不符,应及时与相关部门负责人联系,协商处理。在得到他们同意后,也可按实收数签收入库。

②如果质量有问题,或者配件名称、规格不符,证件不全,包装不符合运输、保管、要求的,一律不能入库,应将其退回有关部门处理。

③对于零星小件,如果数量误差在2%以内,或者易损件的损耗在3%以内的,可以按规定自行处理,若超过上述比例,则必须报请有关部门处理。

④因开箱点验打开的包装,必须要恢复原状,不得随意损坏或者丢弃。

任务实施

在本项目情境中,小李可以按下面的方法来学习汽车配件的入库验收工作。

环节	对应项目	具体程序
1	验收准备	(1)汽车配件一经入库就划清了入库前和仓库之间的责任界限,保管工作开始,所以要认识到入库验收的重要性 (2)确认配件入库凭证的真实有效性 (3)准备好配件验收的工具
2	入库运输	(1)总体考查下配件,看看哪些需要特别运输 (2)然后将配件分类,主要考虑搬运距离和作业安全 (3)放置在合适的位置
3	安排货位	(1)按照配件位置码的编制要求,确定需要入库配件的仓库位置 (2)确定配件位置时考虑配件的使用频率
4	入库验收	(1)清点大、中件数量 (2)核对包装有无损坏,按要求开箱检验、过磅称重 (3)遇到问题及时与相关部门负责人沟通,避免坏账 (4)汽车配件清点无误后,做好相应的入库登记

项目4.6 汽车配件的保管

情境导入

仓库出货时,对方会表现出对配件质量的怀疑。因为有时配件会有锈迹,估计是配件在仓库保管期间出现的问题。如何保证配件在库的质量呢?

【任务分析】

汽车配件的保管工作主要是防止配件在仓库期间受潮生锈、阳光照射老化等问题,同时注意防火、防盗、防损等。应按照不同配件的材料及其特性,合理安排位置和存储方法。

理论引导

4.6.1 汽车配件的保管要求

汽车配件的保管关系到配件的质量以及维修服务的水平,同时配件保管的是否妥当也会影响企业的利润。一般来说,企业会对汽车配件的保管提出以下要求:

①汽车配件的储存保管应保证汽车配件的质量和安全,便于清点、搬运、铲运、吊装和发货。

②汽车配件的储存要合理利用仓容。充分提高单位面积储存效率,并保持库容库貌整洁。

③不同车型的配件要区分开,按照车型、品牌分仓库管理。做到过目知数,易于清点。

④仓库内主、副通道应正直、畅通。码、垛之间,码垛(或货架)与墙、柱、顶灯之间必须留有间距。装有电梯的仓库,在电梯口应留有足够的空间,以便于大型汽车配件的装卸及临时堆放。

⑤易燃可燃物配件的货垛与建筑物的防火距离必须符合建筑设计防火规范的要求。

4.6.2 汽车配件的保管内容

1. 汽车配件的安全合理堆码

汽车配件堆码是指仓库中汽车配件的堆存形式和方法,也称堆垛。汽车配件的堆码应该根据汽车配件的性能、包装、数量以及仓库的自身条件,采用适当的方式,将汽车配件堆放整齐、稳固、美观。合理的堆码应该满足安全、方便、节约管理成本,具体要求主要包括:

(1)安全

保证工作人员、汽车配件质量和仓库的安全。堆码应该符合相应的要求,严禁超载或超出货架的设计负重。货垛之间、货垛与墙之间都要保证一定的间隔,以满足汽车配件检查和消防工作的需要。

(2)便利

汽车配件的堆垛要方便配件的出入库操作。汽车配件要考虑先进先出、快进快出的要求。堆垛的位置需要统筹规划,既要保证所有通道畅通,还要保证检查养护作业的方便。

堆码的方法很多,常用的一般有重叠法、压缝法、牵制法、通风法和行列法。针对不同的汽车配件,采用的堆码方式也会有所差别。通常也会用几种堆码方式配合使用,确保汽车配件的安全。

2. 经济合理利用仓容

统筹安排、合理规划仓库使用分区,能够充分发挥人员、仓库、设备的效力,做到最大的投入产出比。

一方面,我们要合理使用库房。汽车配件种类繁多、大小各异,重量也不尽相同。像车桥、发动机等大件一般可以放在有起吊设备、空间高的库房。另外,根据配件的差别,配备一定数量的专用货架。

另一方面,利用多层货架来提高单位面积的利用率。将比较轻的配件放在货架的上层,例如汽车灯泡或其他的小件塑料制品。

3. 汽车配件的“四防”措施

汽车配件品种多,材料的使用差别很大。这些配件有的怕潮、有的怕热、有的怕压还有的怕阳光照射等,因此在汽车配件的存储过程中要注意防尘、防潮、防热及防照射等“四防”工作。针对不同的需要,采用相应的措施,以保证汽车配件的质量。常用的防范措施有:

(1)严格制定执行配件保养制度

汽车配件严格执行先进先出原则,尽量缩短汽车配件的库存时间。同时认真落实汽车配件的保养任务,定期对库存配件进行必要的清理和保养。

(2)重视汽车配件的储存期限

橡胶制品、蓄电池等配件的保管期限相对较短,要尽量在保质期内销售,以免造成不必要的损失。

(3)注重仓库内的温、湿度控制

通过自然、机械通风和吸潮剂等相应的措施,来控制库房内的温度、湿度。尤其注意季节的变化。

(4)保证汽车配件的包装完好

因为汽车配件的包装是可以起到防潮、防磕碰作用的。而且,对于有包装的配件来说,包装是其重要组成部分,损坏包装也就等于破坏了配件,所以保护有包装配件的包装也很重要。

4. 特殊汽车配件的存放保管

汽车配件的材料种类多,有的配件保管时要特别注意,如图4.5所示。

①轮胎、V带等橡胶制品怕沾油,如果这些配件与油类接触,就会使上述橡胶配件膨胀老化,加速损坏;发电机、启动机的电刷沾上油,会造成电路短路,造成配件损坏;风扇、发电机的传动带沾上油会引起打滑故障,影响冷却和发电。

②蓄电池存储时要注意防止重叠过多和碰撞,极板的储存应保持仓库干燥。

③爆燃传感器如果从高处跌落或是受到重击会损坏,所以这类配件应该放在货架的底层。

④减振器在汽车上是承受垂直载荷的,如果长时间水平放置,会使其失效。所以减振器应该垂直放置。而且装上汽车之前还要在垂直方向上进行手动抽吸。

图 4.5　特殊配件示例

任务实施

在本项目情境中,为了保证配件在库的质量,管理员应按照下列步骤保管配件。

环　节	对应项目	具体程序
1	保管准备	(1)熟悉各种汽车配件的材料特点 (2)掌握各种汽车配件的使用性能和存放要求
2	配件堆码	(1)汽车配件堆码要考虑工作人员的作业安全 (2)堆垛时还要考虑收、发货时工作的便利 (3)配件存放保管时采用五五堆垛法,方便清点数目 (4)统筹规划,充分利用仓容
3	配件“四防”	(1)按照配件的保管需求,合理安排仓位 (2)保证配件存放时通风干燥 (3)按要求定期给库存配件进行保养
4	特殊配件保管	(1)轮胎、V 带等橡胶制品怕油,要注意防范 (2)蓄电池、汽车电器等塑料制品怕压,要尽量安排靠上面 (3)传感器等易摔损件应放到底层 (4)减振器应竖直放置

项目 4.7　汽车配件的盘存

情境导入

今天仓库管理员小李在盘点时发现机油滤清器少了一个,经过询问维修部的师傅才知道前天在领料登记时漏了。幸好发现及时,不然就得自己赔。作为一个仓库管理员要怎样做才能避免这样的问题再次发生呢?

【任务分析】

要避免汽车配件的数量差错,就要认真严格执行库存盘点工作。进行日常盘点可以及时统计每日流动部分的配件,使得库存数与系统中的数量保持一致。

理论引导

4.7.1 汽车配件盘点的重要性

1. 汽车配件盘点的重要性

库存盘点是每个仓库管理员的日常工作，是指仓库定期对库存汽车配件的数量进行校对，清点仓库实际库存量，查对账面。库存盘点不仅要核实库存与系统中的数量一致，还要核查在库汽车配件有无变质、残损和销售呆滞等信息。通过盘点，可以彻底查清潜在的差错损失，发现在库汽车配件的异状，避免损失或损失扩大。

汽车维修服务企业产值中配件销售是最大的份额，利润高又稳定，配件的利润对维修站有着巨大的贡献。所以汽车配件管理须通过专业又科学的方法做到高效管理、不断改善库房绩效，以最低库存发挥最大效益、提高服务站利润。

2. 汽车配件盘点的目的

汽车维修服务企业产值中配件销售是最大的份额，利润高又稳定，配件的利润对维修站有着巨大的贡献。所以汽车配件管理须通过专业又科学的方法做到高效管理、不断改善库房绩效，以最低库存发挥最大效益、提高服务站利润。

汽车配件盘存可以及时掌握库存配件的变化情况，从而避免配件的短缺丢失或超储，保证配件库存量的合理性；及时了解库存的数量、质量，可以为采购计划的制订、评价仓管水平等提供依据。

4.7.2 盘点的内容

1. 汽车配件盘存的分类

(1)日常盘存

配件盘存一般分为日常/每日盘存和定期盘存(一月/季度或一年)。日常盘存也称为动态盘点或永续盘点，是指针对每天的出入库配件进行盘存，核实账物是否相符，其优点是能够及时发现管理中的问题，便于进行相应的更正。

(2)定期盘存

定期盘存也称实地盘存，进行定期盘存的时间间隔根据企业的要求视情况而定。它的作用是进行所有配件的数量盘点，同时进行配件质量的检查，及时处理滞销或不合格配件。核对账与物、账与账。其目的在于及时掌握库存配件的变化和配件销售情况，避免配件的短缺丢失或超储积压，保证配件供应的效率。

2. 汽车配件盘存的内容

汽车配件的盘存内容一般包括以下 4 个方面。

(1)盘存数量

针对计件汽车配件全部清点，对位置不符或是不整齐的配件要进行必要的整理，逐批盘存。

(2)盘存质量

针对计重汽车配件，应会同相关业务部门据实逐批过秤。

(3)核对账与货

根据盘存汽车配件的库存实数来核对汽车配件管理系统中的数据，逐笔核对。查明实际库存量与相应的账、卡数字是否相符；核实收发有无差错；确认有无超储积压、损坏、变质等问题。

(4)账与账核对

配件仓库管理的账要定期，或者在必要的时候与业务部门的汽车配件账目进行核对。

4.7.3 盘点工作流程

1. 日常盘存的工作流程

日常盘存因为每天都要进行，所以盘点的对象一般是每日有过出入库记录的汽车配件。日常盘存的工作流程图，如图 4.6 所示。

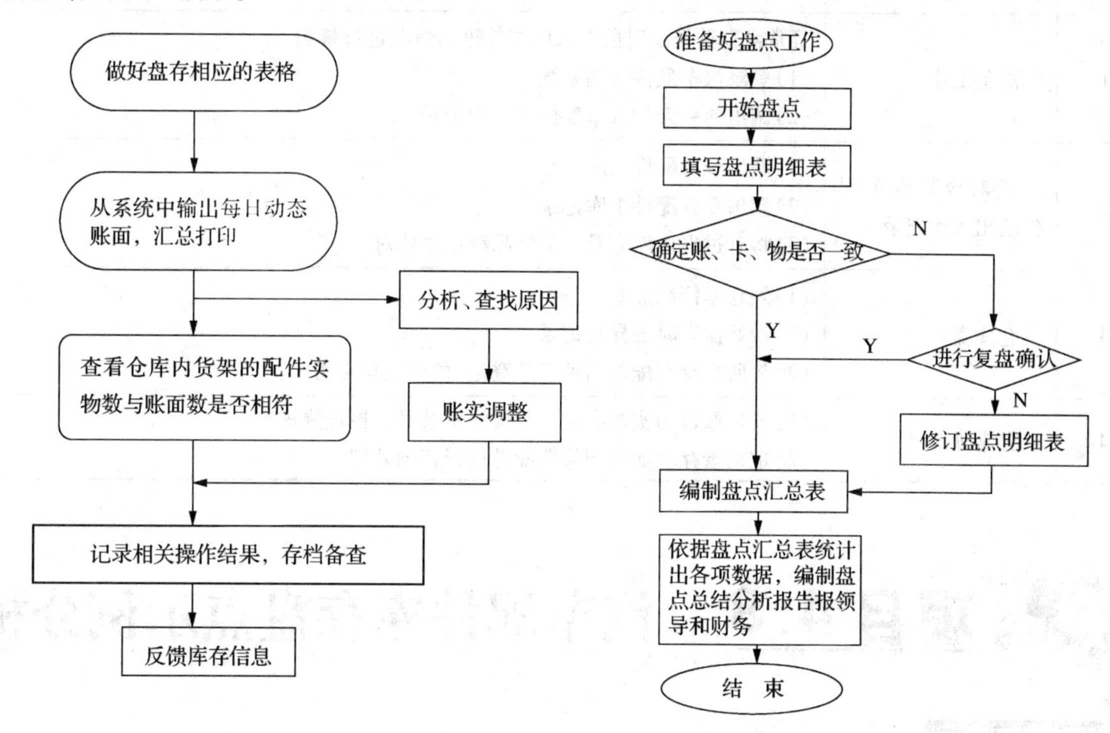

图 4.6　工作流程图

2. 定期盘存的工作流程

由于汽车配件的出入库每天都会盘存，所以定期盘存的重点是在一定时期内对汽车配件进行质量和数量两方面的盘存，认真核对汽车配件的数量、货位、核对账与实物、核对部门之间的账。同时对存放时间过长的汽车配件进行整修，对呆滞的配件进行相应的处理。具体的定期盘存流程如下。

3. 盘存工作的注意事项

汽车配件的盘存工作很复杂，需要参加和配合的人员较多。而认真、准确的盘存不仅可以保证仓库管理的效率。还可以及时把仓库库存信息反映出来，以便合理控制库存量。具体点来说，盘存工作要注意以下事项：

①工作注意安全。由于货架高低不一，上下攀爬时要注意人员的安全。另一方面，也要注意化学品、玻璃和塑料类的零件的搬运安全。

②发现变质、损坏、不适用的配件，应及时反映给相应的责任人，现场确认登记清楚。

③工作应放在周末进行，以免影响企业的正常业务。盘存的信息要及时反映在看板，以便合理控制库存。

任务实施

在本项目情境中，小李作为配件管理员可以按照以下步骤来进行日常盘存工作。

环节	对应项目	具体程序
1	准备工作	日常盘存首先要对前一天的配件进出情况进行核实 (1)登录汽车配件管理系统 (2)调出前一天的汽车配件出入库记录
2	核对今日汽车配件的出入库记录	(1)调出今日配件入库记录 (2)调出今日配件出库记录 (3)将有过出入库记录的配件品种汇总核对
3	仓库盘存	(1)到仓库仔细盘查 (2)做好盘查时的异常记录 (3)将所有盘存配件品种汇总登记，核对账与实物
4	异常处理	(1)发现账目与实物有出入时要注意及时上报查清核实 (2)定期盘存时如发现呆滞配件进行正确处理

项目4.8 汽车配件库存盘点示例分析

情境导入

公司要求王军对宝马仓库的火花塞和汽油泵进行库存盘点工作，盘点日期是2013年10月19日，火花塞的账面数量是444个，单价调整为25元；汽油泵的账面数量是44个，单价调整为600元。

【任务分析】

接到任务后，王军应该从两个方面去开始工作，一是仓库场地的实际配件数量和质量查对，另一方面要把实存数与系统账目进行核对。

理论引导

4.8.1 盘点工作重点

汽车配件的盘存内容一般包括以下4个方面。

1. 盘存数量

针对计件汽车配件全部清点，对位置不符或是不整齐的配件要进行必要的整理，逐批盘存。

2. 盘存质量

针对计重汽车配件，应会同相关业务部门据实逐批过秤。

3. 核对账与货

根据盘存汽车配件的库存实数来核对汽车配件管理系统中的数据，逐笔核对。查明实际库存量与相应的账、卡数字是否相符；核实收发有无差错；确认有无超储积压、损坏、变质等问题。

4. 账与账核对

配件仓库管理的账要定期,或者在必要的时候与业务部门的汽车配件账目进行核对。

4.8.2 具体盘点步骤

具体的配件盘点可以按照以下步骤进行:

①进入 DMS 系统后,点击进入“备件管理→备件其他→库存盘点”界面,单击“检索”按钮,可查看所有盘点单信息。如图 4.7 所示。

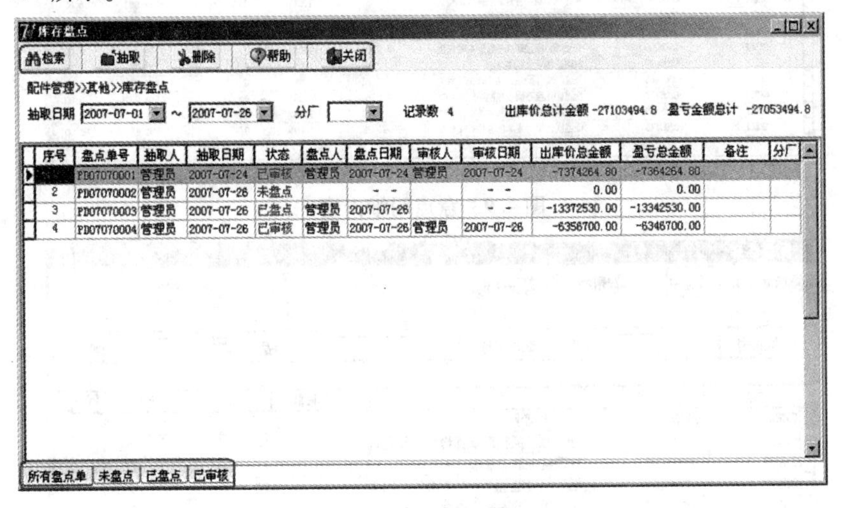

图 4.7 配件盘点界面

②在“库存盘点”界面中,单击“抽取”按钮,打开“盘点方式选择”窗口,共有 6 种方式可供选择:“随机抽取配件百分比”,“随机抽取配件数量”,“指定配件盘点”,“全部配件”,“指定货位”,“动态盘点”,如图 4.8 ~ 4.13 所示。

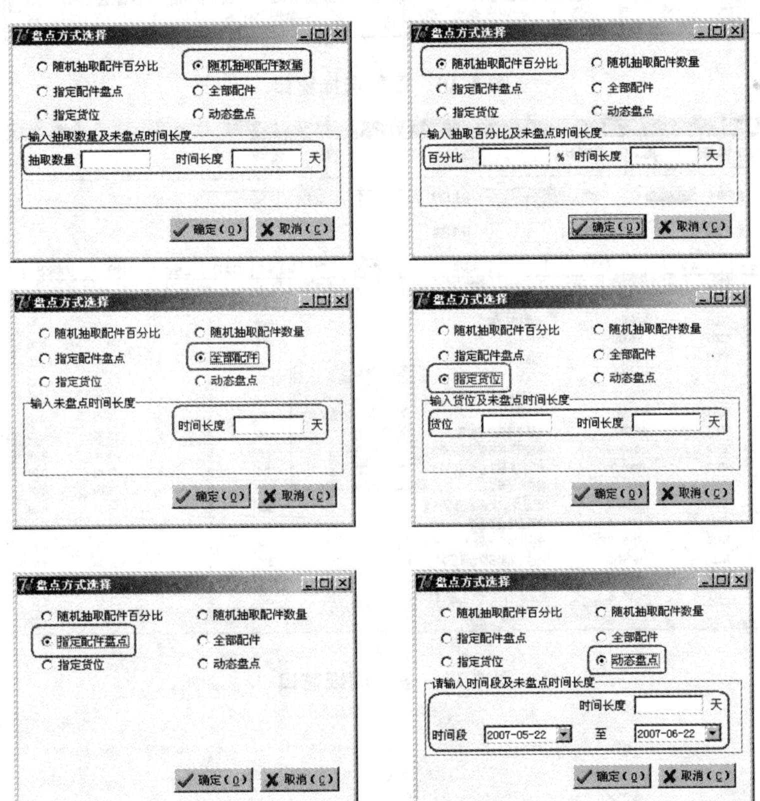

图 4.8 盘点方式选择窗口

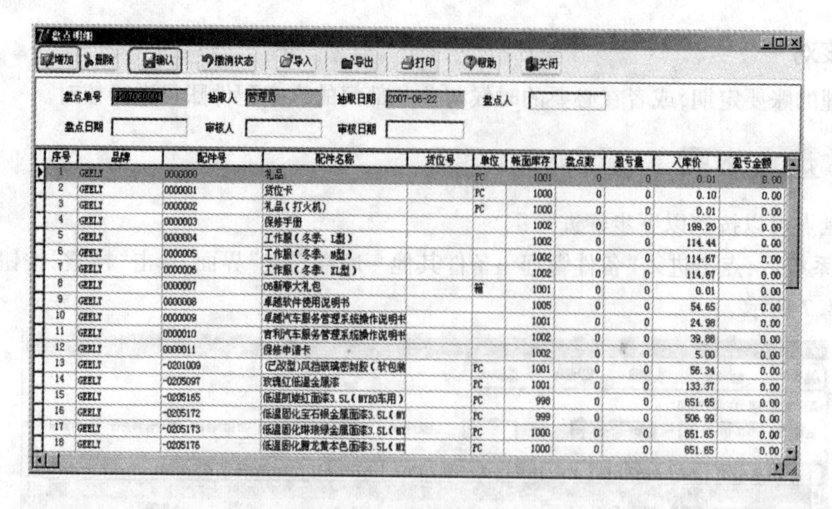

序号	品牌	配件号	配件名称	货位号	单位	帐面库存	盘点数	盈亏量	入库价	盈亏金额
1	GEELY	0000000	礼品		PC	1001	0	0	0.01	0.00
2	GEELY	0000001	货位卡		PC	1000	0	0	0.10	0.00
3	GEELY	0000002	礼品（打火机）		PC	1000	0	0	0.01	0.00
4	GEELY	0000003	保修手册			1002	0	0	199.20	0.00
5	GEELY	0000004	工作服（冬季、L型）			1002	0	0	114.44	0.00
6	GEELY	0000005	工作服（冬季、M型）			1002	0	0	114.67	0.00
7	GEELY	0000006	工作服（冬季、XL型）			1002	0	0	114.67	0.00
8	GEELY	0000007	06新春大礼包		箱	1001	0	0	0.01	0.00
9	GEELY	0000008	卓越软件使用说明书			1005	0	0	54.65	0.00
10	GEELY	0000009	卓越汽车服务管理系统操作说明书			1001	0	0	24.98	0.00
11	GEELY	0000010	吉利汽车服务管理系统操作说明书			1002	0	0	39.88	0.00
12	GEELY	0000011	保修申请卡			1002	0	0	5.00	0.00
13	GEELY	-0201009	(已改型)风挡玻璃密封胶（软包装		PC	1001	0	0	56.34	0.00
14	GEELY	-0205097	玫瑰红低温金属漆		PC	1001	0	0	133.37	0.00
15	GEELY	-0205165	低温凯旋红面漆3.5L（MYBO车用）		PC	998	0	0	651.65	0.00
16	GEELY	-0205172	低温固化宝石银金属面漆3.5L（MY		PC	999	0	0	506.99	0.00
17	GEELY	-0205173	低温固化琳琅绿金属面漆3.5L（MY		PC	1000	0	0	651.65	0.00
18	GEELY	-0205176	低温固化腾龙黄本色面漆3.5L（MY		PC	1000	0	0	651.65	0.00

图 4.9　盘点明细内容

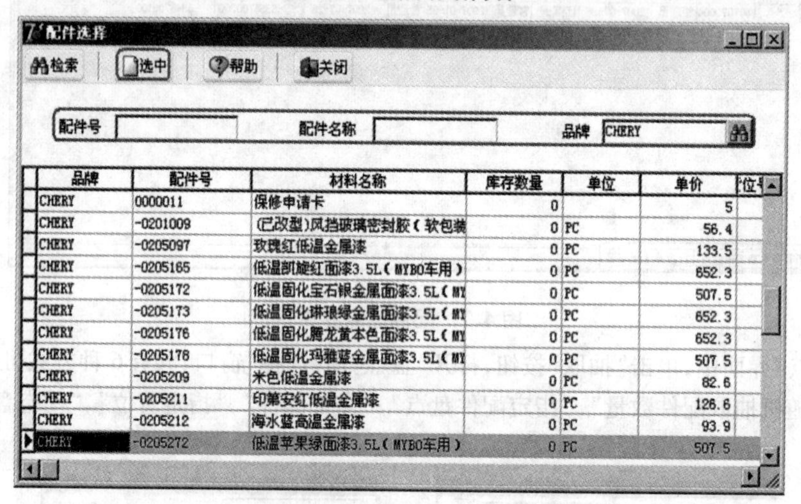

品牌	配件号	材料名称	库存数量	单位	单价
CHERY	0000011	保修申请卡	0		5
CHERY	-0201009	(已改型)风挡玻璃密封胶（软包装	0	PC	56.4
CHERY	-0205097	玫瑰红低温金属漆	0	PC	133.5
CHERY	-0205165	低温凯旋红面漆3.5L（MYBO车用）	0	PC	652.3
CHERY	-0205172	低温固化宝石银金属面漆3.5L（MY	0	PC	507.5
CHERY	-0205173	低温固化琳琅绿金属面漆3.5L（MY	0	PC	652.3
CHERY	-0205176	低温固化腾龙黄本色面漆3.5L（MY	0	PC	652.3
CHERY	-0205178	低温固化玛雅蓝金属面漆3.5L（MY	0	PC	507.5
CHERY	-0205209	米色低温金属漆	0	PC	82.6
CHERY	-0205211	印第安红低温金属漆	0	PC	126.6
CHERY	-0205212	海水蓝高温金属漆	0	PC	93.9
CHERY	-0205272	低温苹果绿面漆3.5L（MYBO车用）	0	PC	507.5

图 4.10　配件选择窗口

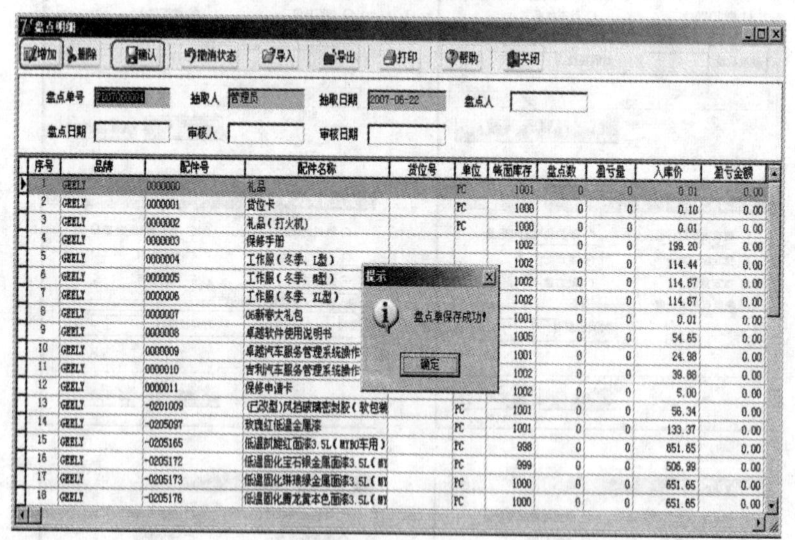

序号	品牌	配件号	配件名称	货位号	单位	帐面库存	盘点数	盈亏量	入库价	盈亏金额
1	GEELY	0000000	礼品		PC	1001	0	0	0.01	0.00
2	GEELY	0000001	货位卡		PC	1000	0	0	0.10	0.00
3	GEELY	0000002	礼品（打火机）		PC	1000	0	0	0.01	0.00
4	GEELY	0000003	保修手册			1002	0	0	199.20	0.00
5	GEELY	0000004	工作服（冬季、L型）			1002	0	0	114.44	0.00
6	GEELY	0000005	工作服（冬季、M型）			1002	0	0	114.67	0.00
7	GEELY	0000006	工作服（冬季、XL型）			1002	0	0	114.67	0.00
8	GEELY	0000007	06新春大礼包			1001	0	0	0.01	0.00
9	GEELY	0000008	卓越软件使用说明书			1005	0	0	54.65	0.00
10	GEELY	0000009	卓越汽车服务管理系统操作			1001	0	0	24.98	0.00
11	GEELY	0000010	吉利汽车服务管理系统操作			1002	0	0	39.88	0.00
12	GEELY	0000011	保修申请卡			1002	0	0	5.00	0.00
13	GEELY	-0201009	(已改型)风挡玻璃密封胶（软包装		PC	1001	0	0	56.34	0.00
14	GEELY	-0205097	玫瑰红低温金属漆		PC	1001	0	0	133.37	0.00
15	GEELY	-0205165	低温凯旋红面漆3.5L（MYBO车用）		PC	998	0	0	651.65	0.00
16	GEELY	-0205172	低温固化宝石银金属面漆3.5L（MY		PC	999	0	0	506.99	0.00
17	GEELY	-0205173	低温固化琳琅绿金属面漆3.5L（MY		PC	1000	0	0	651.65	0.00
18	GEELY	-0205176	低温固化腾龙黄本色面漆3.5L（MY		PC	1000	0	0	651.65	0.00

图 4.11　盘点明细窗口

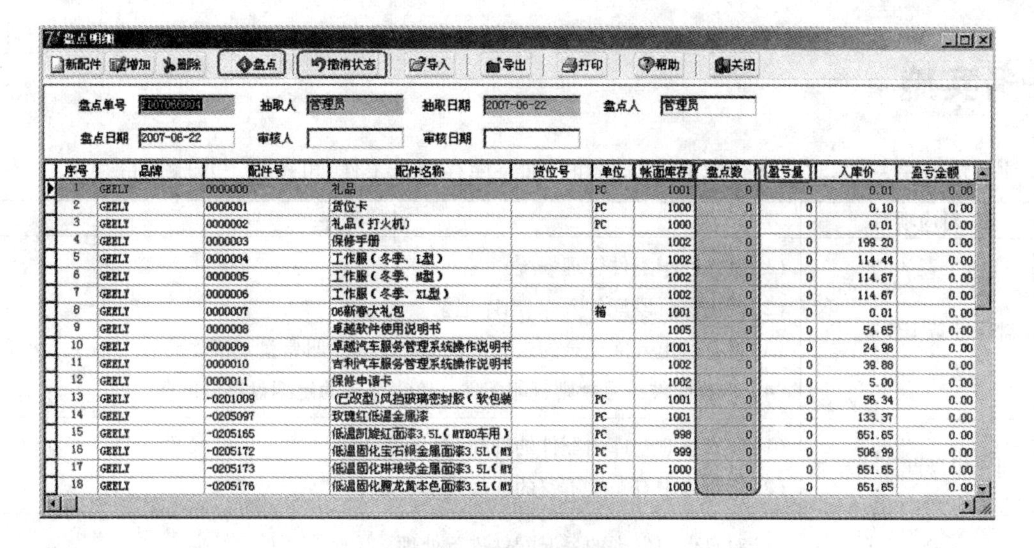

图 4.12　盘点明细窗口

图 4.13　审核成功状态

③在上面几幅图中,任选一种盘点方式,单击“确定”按钮,进入“盘点明细”窗口。

④如需增加新的备件,在“盘点明细”界面中,单击“增加”按钮,打开“配件选择”窗口,通过“配件号”、“配件名称”或“品牌”可查找配件,找到后,选中鼠标双击该配件,输入库存数量,即可增加一个新的配件到盘点表。

⑤当所需盘点的备件确定下来,在“盘点明细”窗口中,单击“确认”按钮,会弹出一个对话框提示:“盘点单保存成功”,这样就生成了一份盘点表,可打印出来,此时盘点表的状态为“未盘点”。

⑥在“库存盘点”界面中,鼠标双击状态为“未盘点”的盘点表,进入“盘点明细”窗口,此时“盘点数”一栏是呈淡绿色显示,在这一栏可直接输入盘点数(仓库实际库存数),输完后,单击“盘点”按钮,系统会自动根据账面库存和盘点数计算出盈亏量,此时,“盘点”按钮变成灰色,盘点表状态为“已盘点”,如需撤销盘点,单击“撤销状态”按钮即可。

⑦盘点后,在“库存盘点”界面中,鼠标双击该盘点表,进去后,单击“审核”按钮,会弹出一对话框提示:“审核成功”,此时盘点表状态变成“已审核”,如需撤销审核,单击“撤销状态”按钮即可。

任务实施

在本项目情境中,王军对宝马仓库的火花塞和汽油泵库存盘点工作,可按以下步骤进行。

环　节	对应项目	具体程序
1	盘存准备工作	(1)登入汽车配件管理系统 (2)调出该阶段配件入库、出库记录 (3)将有过出入库记录的汽车配件品种汇总为日常盘点准备 (4) 选择配件编号规则打印配件一览表清单为定期盘存做准备
2	到仓库盘点	(1)认真核对仓库内配件的种类、数量、品质 (2)将盘点中有账实不符的逐一记录汇总
3	盘点问题处理	(1)对盘点中发现的呆滞配件进行处理 (2)对盘点中出现的数量差额及时找相关部门核实 (3)对盘存中出现的问题及时反馈

项目 4.9　汽车配件的出库程序

情境导入

2013 年 11 月 23 日,某汽车 4S 店由于维修需要领用 NGK 铱金型号火花塞 1 个,专用机油 1 瓶,仓管员做好汽车零配件出库作业操作。

【任务分析】

维修部门根据维修项目的需要,将相应的车型配件名称、数量报给业务部。业务部开具出库单或调拨单,仓库收到以上单据后,清点核对出库商品实物明细,签字出库。

理论引导

4.9.1 汽车配件出库管理

4S 店零配件出库是根据维修部门开出的零配件出库凭证,按其所列的汽车零配件编号、名称、规格和型号、数量等信息组织零配件出库,向维修部发货等一系列工作。汽车零配件出库管理的量个主要方面。

1. 汽车零配件出库的依据

汽车零配件出库必须依据维修部开的“领料单”进行。不论在任何情况下,仓库都不得擅自动用,变相动用或者外借货主的库存商品。

2. 汽车零配件出库的要求

零配件出库要求做到“三不三核五检查”。

①三不:未接单据不翻账,未经审单不备货,未经复核不出门。

②三核:在发货时要“核对凭证,核对账卡,核对实物”。

③五检查:对单据和实物要进行“品名检查、规格检查、包装检查、件数检查、质量检查”。

4.9.2 汽车4S店零配件出库流程及作业内容

汽车配件出库流程图,如图4.14所示。

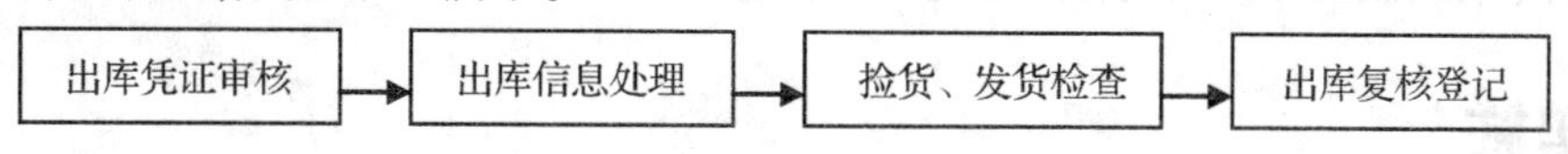

图4.14　汽车配件出库流程图

1.汽车4S店仓库零配件出库审单与信息处理

(1)出库凭证审核

仓库发货必须有正式的单据,仓管员在接到出库凭证以后,需对其进行审核。审核汽车配件调拨单或领料单的合法性和真实性,查对配件的名称、型号、规格、单价、数量和日期有无错误。凡是在审单的过程中出现配件的名称、规格型号不对的,或印鉴不齐全、数量有涂改等手续不符合要求的,一律不得发货。

(2)出库信息处理

在汽车4S店仓库发货管理中,通常采用先登账后付货的形式。出库凭证经审核确认无误后,仓库记账员便可以根据单据中的项目内容逐一登入配件保管账。并将汽车配件的货位及发货后的结存信息等批注在出库单上,交仓库保管员查对配货。对于移动货位的配件,需随即移回原来的货位,以方便仓管员按位找货。

2.汽车4S店仓库零配件出库拣货

(1)拣货资料

拣货作业开始前,首先认真核对领料单,找到所需汽车配件的库管货位,填写相应的货位信息。

(2)拣货的方法

汽车4S店仓库通常采用摘果式方式进行拣货。

拣选式配货作业是指分拣人员巡回于各个仓位并将所需货物逐一取出,完成拣货任务,货位相对固定,由拣货人员来回运动。类似于人们进入果园,在一棵树上摘下果子后,再转到另一棵果树前摘水果,所以又形象地称之为摘果式或摘取式工艺。

3.汽车4S店仓库零配件出库复核登记

(1)出库复核

为避免汽车配件拣货出错,保管员要进行复核,复核的以下几个主要内容:

① 汽车配件名称、规格、型号、批次、数量、单价及日期等项目是否同出库凭证所列的内容一致。

② 汽车零部件的配件是否齐全,所附证件是否齐全。

③ 配件外观质量、包装是否完好。

(2)清点交接、登记

需要出库的汽车零配件经复核后,向提货员点交,点交的具体内容如下。

① 将出库汽车零配件及随行证件向提货人员当面点交。

② 对于重要汽车配件的技术要求、使用方法和相关注意事项应向提货员交代清楚。

③ 汽车配件移交完成,提货人员必须在出库凭证上签名。同时保管员应做好出库记录。

4.汽车4S店仓库配件出库注意事项

①各类配件的发出,原则上采用先进先出法。汽车配件出库时必须办理出库手续,领料人员凭相关凭证向仓库领料,提货人员和仓管员应核对汽车配件的名称、规格、数量、质量等信息,核对无误后方可发货;仓管员还需开具领料单,经领料人签字,登记入卡、登账。

②汽车配件出库必须由各销售部开具销售发货单据,库管员需要凭盖有财务发货印章和销售部门负责人签字的发货单仓库联发货 ,并登记。

③库管员在月底结账前要与车间及相关部门做好配件物品进出的衔接工作,各有关部门的账目保持一

致,保证成本核算的正确性。

④库存物品清查盘点中如若发现问题和差错,应及时查明原因,并进行相应补救处理。如属短缺或需报废处理的,必须按审批程序经负责人审核批准后才可进行处理,一律不准自行调整。发现物料包装或质量上的问题(如受潮、生锈或破损等),应及时向有关部门汇报。

任务实施

在本项目情境中,作为仓库管理员可按以下步骤出库。

环节	对应项目	具体程序
1	出库凭证审核	(1)审核汽车配件调拨单或领料单的合法性和真实性 (2)查对配件的名称、型号、规格、单价、数量和日期有无错误
2	出库信息处理	(1)出库凭证经审核确认无误后,仓库记账员便可以根据单据中的项目内容逐一登入配件保管账 (2)将汽车配件的货位及发货后的结存信息等批注在出库单上,交仓库保管员查对配货
3	出库拣货	拣货前,认真核对领料单,找到所需汽车配件的库管货位,填写相应的货位信息
4	出库复核	(1)复核汽车配件名称、规格、型号、批次、数量、单价及日期等项目是否同出库凭证所列的内容一致 (2)复核汽车零部件的配件是否齐全,所附证件是否齐全 (3)复核配件外观质量、包装是否完好
5	清点交接登记	(1)将出库汽车零配件及随行证件向提货人员当面点交 (2)将重要汽车配件的技术要求、使用方法和相关注意事项向提货员交代清楚 (3)汽车配件移交完成,提货人员在出库凭证上签名。同时保管员应做好出库记录

项目 4.10 汽车配件出入库操作示例分析

情境导入

情境1:4S店采购回来一批配件,现在需要把它们登记入库。配件要求放到宝马仓库,作为仓库管理员,王权想知道怎样开始自己的工作?

情境2:客户想要购买2桶机油,1个左雨刷片和1个右雨刷片,用异地存款方式结算,需要增值税发票,采用邮寄的方式,用纸箱包装。仓库管理员应怎样完成工作?

【任务分析】

作为仓库管理员,王权应该先核对入库单的发票、配件产品供应商信息、配件的相关信息等,接下来做好入库信息登记;再将配件安排好货位,制卡把配件搬运至入库相应的位置。

理论引导

1. 入库案例信息

入库单的发票号是0092484831，建单日期是2013年4月18日，买完配件后入库到宝马仓库中，选择采购入库的方式，用银行汇票方式结算，用中铁快运的方式运输，用普通木箱将采购的配件包装好。

除了要采用两桶刹车油以外，还要采用3桶助力油和10桶手动变速箱油，手动变速箱油以80元的不含税单价采购，刹车油以77元的不含税单价采购，助力油以69元的不含税单价采购。

入单方式以含税方式入单，实付金额1207.44元，运费10元，入库摘要是“以含税单价入库到宝马仓库”，采购员是王权。

2. 汽车配件入库工作内容

(1)入库验收

入库验收包含数量和质量两个主要方面。本次采购的是汽车刹车油、助力油和手动变速箱油。验收时要清点数量，同时核实汽车刹车油、助力油和手动变速箱油的质量。

(2)登记入库信息

①填写入库单，内容包含采购发票号、供应商的基本信息、入库类别、准备入库的仓库、结算方式、运输包装方式等信息。如图4.15所示。

配件入库 配件销售 配件调拨 配件盘点 当前位置：配件入库>>新建入库单

入库单 查看试题

单号 发票号 日期 仓库 现代
供应商编号 查 供应商名称 供联系人 入库类别 采购入库
结算方式 现金 发票方式 进出口发票 包装方式 袋装 运输方式 长途汽运

操作	编号	名称	数量	不含税单价	税率	含税单价	入库成本单价	税额	不含税金额

图4.15 入库单界面

②准确输入供应商的编号、联系人、名称等信息，方便后续相关的查询。如图4.16所示。

供应商查询

供应商编号 联系人 类别 请选择。。
供应商名称 地区
查询 清条件

操作	供应商编号	供应商名称	供应商类别	地区
○	BJ0001	北京北华汽配有限公司	配件批发商	北京北四环东路四元桥汽配城2区3号
○	BJ0002	北京航江汽配专营部	配件批发商	北京西郊汽配城北区4厅5号
○	BJ0003	北京壳牌润滑油销售部	配件零售商	北京大兴
○	BJ0004	北京小刘汽配部	配件零售商	北京五方天雅汽配城3区10号
○	BJ0005	北京易通商贸有限公司	整车类	北京丰益桥
○	BJ0006	北京米其林销售有限公司	配件批发商	北京朝阳东三环
○	DZ0001	一汽大众汽车	一类	吉林省长春市
○	DZ0002	上海大众汽车	一类	上海
○	GZ0001	广州本田汽车	一类	广州
○	BJ0007	北京现代汽车公司	整车类	北京市顺义区林河工业开发区

图4.16 供应商查询界面

③检查是否将所有信息完整输入系统。如图 4.17 所示。

配件入库 | 配件销售 | 配件调拨 | 配件盘点　　当前位置：配件入库>>新建入库单

入库单 查看试题

单号		发票号	fph0001	日期	2013-04-18	仓库	宝马
供应商编号	BJ0004	供应商名称	北京小刘汽配部	供联系人	刘军	入库类别	采购入库
结算方式	银行汇票	发票方式	进出口发票	包装方式	普通木箱	运输方式	中铁快运

操作	编号	名称	数量	不含税单价	税率	含税单价	入库成本单价	税额	不含税金额
□	PJ0007	刹车油	2	77	0	77.0000	77	0.0000	154.0000
□	PJ0008	助力油	3	69	0	69.0000	69	0.0000	207.0000
□	PJ0009	手动变速箱油	10	80	0	80.0000	80	0.0000	800.0000

添加　删除　全选　全不选　反选

图 4.17　检查信息

(3)制卡安排货位

根据配件的保管要求安排它的仓库位置为宝马仓库，确定货位号为 A－3－5－8，配件编号刹车油为 PJ0007、助力油为 PJ0008、手动变速箱油为 PJ0009。

3. 出库案例信息

客户编号是 KH00003 的客户想要购买 2 桶机油，1 个左雨刷片和 1 个右雨刷片，做成此销售单的发票号是 xsfph0001，日期为 2013 年 4 月 18 日。

从宝马仓库出库，用异地存款方式结算，需要增值税发票，采用邮寄的方式，用纸箱包装，运费 20 元，左雨刷片以 116 元单价出库，右雨刷片以 36 元出库。

该客户是普通客户，不能打折，但由于有促销活动，优惠 10 元。

4. 汽车配件出库工作内容

(1)出库信息核对

本次销售出库的是 2 桶机油，1 个左雨刷片和 1 个右雨刷片。应该核对销售单上的信息，包括数量、名称、价格、包装运输方式等，尤其是涉及金额、发票的内容更要严格核对，确保万无一失。如图 4.18 所示。

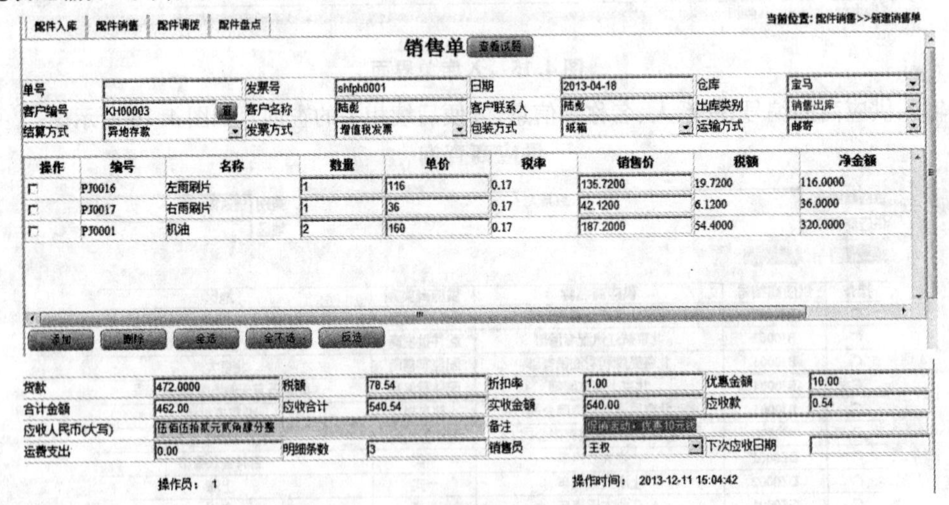

配件入库 | 配件销售 | 配件调拨 | 配件盘点　　当前位置：配件销售>>新建销售单

销售单 查看试题

单号		发票号	shfph0001	日期	2013-04-18	仓库	宝马
客户编号	KH00003	客户名称	陆毅	客户联系人	陆毅	出库类别	销售出库
结算方式	异地存款	发票方式	增值税发票	包装方式	纸箱	运输方式	邮寄

操作	编号	名称	数量	单价	税率	销售价	税额	净金额
□	PJ0016	左雨刷片	1	116	0.17	135.7200	19.7200	116.0000
□	PJ0017	右雨刷片	1	36	0.17	42.1200	6.1200	36.0000
□	PJ0001	机油	2	160	0.17	187.2000	54.4000	320.0000

添加　删除　全选　全不选　反选

货款	472.0000	税额	78.54	折扣率	1.00	优惠金额	10.00
合计金额	462.00	应收合计	540.54	实收金额	540.00	应收款	0.54
应收人民币(大写)	伍佰伍拾贰元贰角肆分整			备注	促销活动，优惠10元钱		
运费支出	0.00	明细条数	3	销售员	王权	下次应收日期	

操作员：1　　操作时间：2013-12-11 15:04:42

图 4.18　出库信息核对

(2)拣货、分货

审核信息完成后，从宝马仓库 A－3－5－9 位置拣出编号为 PJ0001 机油，再由 A－3－6－3 位置拣出编号为 PJ0016 的左雨刮片、A－3－6－4 拣出编号为 PJ0017 的右雨刮片。

(3)复核出货登记

拣出机油和雨刮片后,与销售部提货员点清交接。按要求进行包装,并交代相关注意事项,确认价格促销等信息。经验证无误后,登记发货。最后对仓库进行清扫整理。

任务实施

在本项目情境中,作为仓库管理员可以按照以下步骤来进行。

环节	对应项目	具体程序
1	入库验收	(1)入库时要点清数量 (2)对采购配件质量进行检验和控制,汽车零部件的配件是否齐全,所附证件是否齐全 (3)审核收到的单据与配件是否一致,并及时送单给录单员 (4)认真做好签收,数量、日期、签收人,数量最好大写等
2	登记入库信息	(1)仔细填写入库单上所罗列的各项信息 (2)准确输入供应商的编号、联系人、名称等信息 (3)检查是否将所有信息完整输入系统
3	制卡安排货位	(1)根据要求安排仓库 (2)按照仓库的货位编码规则对其进行编号 (3)贴好标签保存到指定位置
4	出库信息核对	(1)仔细审核汽车配件销售单、调拨单或领料单的真实性 (2)查对配件的名称、型号、规格、单价、数量和日期有无错误。凡是手续不符合要求的,一律不得发货
5	拣货分货	(1)根据配件信息到仓库相应的货位取出配件 (2)取出所需的配件后,要将其他的配件位置还原
6	复核出货登记	(1)将出库汽车零配件及随行证件向提货人员当面点交 (2)按照运输要求进行包装,对于重要的汽车配件,应向提货员交代清楚相关注意事项 (3)汽车配件移交完成,提货人员必须在出库凭证上签名。同时保管员应做好出库记录

项目 4.11 配件仓库的安全管理

情境导入

都说仓库是配件经营企业的重要基地,那么配件仓库的管理安全该如何来保证呢?

【任务分析】

配件仓库的管理部不仅要保证配件的质量安全、消防,也要考虑配件的库存能否满足客户的需求,同时要考虑规范整洁,预防为主。

理论引导

4.11.1 仓库的安全管理要求

汽车配件的安全管理主要包含两个方面的内容:一方面要保证仓库中汽车配件的安全库存数量,既满足客户的需求,同时又兼顾经济效益;另一方面是要保证仓库物质的安全,例如,消防、防盗及保证配件在库存期间不变质。

1. 安全库存管理的定义

安全库存管理是指在汽车维修服务过程中汽车配件数量的管理。在实际工作中,我们应当考虑的重点问题是,配件仓库里需要放什么,存放多少。正确合理的库存不但能够满足客户的需求,提高企业服务水平,同时能减少企业的资金占用,加速资金运转,提高企业的经济效益。

2. 安全库存管理的目标

安全库存管理的目标是既要有相对充足的汽车配件,能随时满足客户的需要;同时符合企业的自身发展,做到成本最低。

(1)完备的配件供应

通过100%的配件供应来提高客户满意度。合理的配件储备量是指库存储备应该与市场需求一致,按车型、品牌设置合理的配件储备。并且需要根据日常运行不断改善提高,及时补充新增车型配件。

(2)最低的管理成本

仓库管理的最高境界莫过于丰田公司的零库存。实际上,由于企业内外部各种复杂的因素影响,我们只能做到用更低的成本来实现管理。一般说来,影响指定安全库存量的因素有以下几个。

①汽车配件的日常销售量。

②汽车配件供应商的交货周期。

③汽车配件采购的成本。

④汽车配件订单处理交付所需的时间。

因为汽车配件种类多,配件的销售受环境、季节等各种因素影响较大。制定各种配件的库存量是一项复杂的工作,也是影响汽车维修服务企业利润的重要工作。所以在设置安全库存时我们有必要遵循的以下基本原则:

①保证配件充足齐全,不会因为缺少配件而流失客户。

②在保证配件供应的基础上做到库存量最小化。

③与生产维修部门密切沟通,加速配件的流通,努力做到不滞料。

3. 库存安全管理的内容

(1)配件储存原则

为了使得汽车配件方便查找、拣货,汽车配件在库管理显得非常重要。在放置配件时应该遵循一些基本的原则。

①配件产品统一面向通道——便于存放和提取配件。

②先进先出——缩短常用配件的取货时间,防止配件因保管时间过长而发生变质产生损耗等。

③周转频率对应——根据配件进、发货的周期来确定货物的存放位置。

④同类归一——同类配件存放在相同或相近的位置,便于分拣和查找。

⑤重量、形状对应——便于搬运和安全作业。

⑥五五堆放——方便配件的数量清点盘存。

(2)物料防护

汽车配件以金属制品居多,随着汽车电子技术的发展,汽车配件制品还包含很多橡胶、工程塑料等材料。加之汽车维修服务企业经营的项目增多,各类汽车美容产品也层出不穷。有的配件对保管的温度湿度有要求;有的不仅体积大而且不能随便拆装;有的电子产品相对脆弱。为了保证这些配件的质量,对仓储提出了更高的要求。

汽车配件储存的主要问题:

①防尘、防潮、防高温等自然因素对汽车配件的影响。

②要重视汽车配件的储存期限,超期保存会使得产品质量下降甚至损坏。

③特殊汽车配件的存放。如减震器是受垂直载荷的,要将其竖直放置。

4.11.2 仓库的6S管理内容

1.6S 管理概念

"6S 管理"由丰田公司的5S扩展而来,是企业行之有效的现场管理理念和方法,它的作用是:提高效率,保证质量,使得工作环境整洁有序,同时预防为主,保证安全。

(1)整理(SEIRI)

把"要"和"不要"的物品或零件分开;处理不要的物品和零件,使"不要"的物品、零件不会多占据空间、不阻碍正常的生产作业。例如:及时处理仓库里不需要的包装、杂物;处理已没有生产效益的产物,及时处理不能再继续使用的设备、工具。

(2)整顿(SEITON)

要用的工具、产品,"定位"、"定量",做到随手可得,减少拿取的时间。例如,正常生产所需的设备、工具以固定的方式及地点放置;先储存的材料、零件先用,以免过期腐坏、生锈造成浪费。

(3)清扫(SEISO)

及时打扫尘污,修护异常,以防止意外发生。例如,定期清扫、检查工具与设备,保持正常生产环境;定期检查厂房的设施、屋顶。

(4)清洁(SEIKETSU)

要求做到随手复原,维持整理、整顿、清扫的成果。这样可持续防止意外、异常的发生。例如,利用设备检查记录表或记录看板,提醒进行定期检查工作;在仓库中设置各区储存标示牌,以便正确定位、定量储存货物。

(5)素养(SHITSUKE)

养成守纪律的习惯,让习惯成自然,以彻底提高品质。例如,制作现场工作重点、流程看板,并养成遵守的习惯。

(6)安全(SECURITY)

重视成员安全教育,每时每刻都有安全第一观念,防患于未然。目的是建立起安全生产的环境,所有的工作应建立在安全的前提下。

任务实施

在本项目情境中，作为仓库管理员的安全保证可以按照以下步骤来进行。

环 节	对应项目	具体程序
1	仓库的安全管理要求	(1)掌握安全库存管理的定义 (2)掌握安全库存管理的目标 (3)掌握库存安全管理的内容
2	仓库的6S管理内容	掌握仓库的6S管理内容： (1)整理(SEIRI) (2)整顿(SEITON) (3)清扫(SEISO) (4)清洁(SEIKETSU) (5)素养(SHITSUKE) (6)安全(SECURITY)

评价体会

评价与考核项目		评价与考核标准	配 分	得 分
知识点	汽车配件仓库管理的作用与任务	正确描述；否则每次扣5分	10	
	汽车配件仓库的决策规划	正确描述；否则每次扣5分	10	
	汽车配件的出入库管理	正确描述；否则每次扣5分	10	
技能点	汽车配件仓库规划管理方法和步骤	内容正确满分；否则每项扣5分	15	
	汽车配件的出入库管理内容和步骤	描述清楚，重点正确满分；否则每次扣5分	15	
	汽车配件的盘存和保管	描述清楚，重点正确满分；否则每次扣5分	15	
情感点	学习态度	遵守纪律、态度端正、努力学习者满分；否则0～1分	10	
	相互协作情况	相互协作、团结一致满分；否则0～1分	10	
	参与度和结果	积极参与、结果正确满分；否则0～1分	5	
合 计			100	

任务工单

<table>
<tr><td rowspan="3">学习任务4:汽车配件仓库管理
项目单元1:仓库管理的作用与任务</td><td>班级</td><td colspan="3"></td></tr>
<tr><td>姓名</td><td></td><td>学号</td><td></td></tr>
<tr><td>日期</td><td></td><td>评分</td><td></td></tr>
</table>

一、内容

对汽车配件仓库管理的基本要求和工作任务做全面的了解。

二、准备

说明:每位学生应在工作任务实施前独立完成准备工作。

1. 汽车配件仓库管理人员应该了解的配件仓库管理工作内容有__________、__________、__________、__________。

2. 配件仓库管理的作用有________和________。

3. 配件仓库管理的要求有________、________、________、________、________和________。

三、实施

1. 详细描述汽车配件仓库管理的作用。

2. 详细描述汽车配件仓库管理的内容。

3. 详细描述汽车配件仓库管理的要求。

四、小结

1. 应该从哪几个角度来理解汽车配件仓库管理的作用?

2. 汽车配件仓库管理的重点在哪里?

任务工单

学习任务4:汽车配件仓库管理 任务单元2:仓库管理决策	班级			
	姓名		学号	
	日期		评分	

一、内容

对汽车配件仓库建设提出合理的建议。

二、准备

说明:每位学生应在工作任务实施前独立完成准备工作。

1. 描述汽车配件仓库的类型及特点。
2. 描述汽车配件仓库数量及规模的决策要点。

三、实施

1. 介绍汽车配件仓库的类型及特点。

2. 讲解汽车配件仓库数量及规模的决策要点。

3. 根据企业自身的条件提出合理的汽车配件仓库选址和规模建设决策的建议。

细　项	企业条件特点	决策建议
仓库类型		
仓库选址		
仓库数量		
仓库规模		
仓库分类		

四、小结

企业的配件仓库建设决策的主要关键点有哪些?

拓展与提升

中华人民共和国汽车行业标准 QC/T 238—1997

汽车零部件的储存和保管(摘录)

5 储存保管要求

5.1 商品的储存保管应保证商品的质量和安全,便于清点、搬运、铲运、吊装和发货。

5.2 商品的储存要合理利用仓容。充分提高单位面积储存效率,并保持库容库貌整洁。

5.3 应根据储存物品的不同物理性能、化学性能、类别、结构分类分堆。物品的垛、堆应整齐、稳固、横竖成行。按重量计数的商品行列或码(堆)应明显分离并注明数量或重量。同类货物所有垛型中只允许有一个不完整的货垛。做到过目知数,易于清点。

5.4 仓库内主、副通道应正直、畅通。码、垛之间,码垛(或货架)与墙、柱、顶灯之间必须留有间距。主通道宽应不小于1.5 m,副通道宽应不小于0.9 m。备有电梯的库房在电梯口左右应各留有2 m的空间,以便于货物的装卸及临时堆放。

库房内垛距应不小于0.5 m,露天垛距应不小于1 m。库房内垛位与内墙之间的距离应不小于0.3 m。露天货垛与仓库围墙距离应为0.8~1.3 m。

货垛与顶板之间的距离应不少于0.5 m,人字架库房货厂应低于天平木式拉索0.5~1.0 m。

货垛顶部与照明设备距离应不小于0.5 m。货架与库房内立柱距离应不小于0.1 m。

5.5 易燃可燃物品货垛与建筑物的防火距离应符合建筑设计防火规范的要求。

5.6 在搬运、码垛、发货过程中应稳搬、轻放,不得抛掷、翻滚撞击和倒置。

在码垛作业时,商品包装上的标志一律朝外,不得倒置。发现包装破损时应及时处置。对轻泡物品应适当控制码垛高度,对易碎易变形的物品不可重压。

5.7 对多批到货,相同品名、型号、规格的商品归类保管,账、卡合并。产地不同的商品,账、货、卡分开。

6 储存期内的检查

6.1 商品入库应按 ZBT 08001 规定验收。在保管期间应进行定期的保质检查和维护。

6.2 有严格保管期限的商品应在账上和库存商品卡片上注明,并在存放位置上作特殊标志。注意到期时间,及时通知有关部门加以处理。

6.3 库内商品应设置库存商品卡片。卡片内容应包括商品编号、品名、规格、单位、产地、售价、包装数量及收、付货日期、票号、库存数量等。

6.4 库内商品应凭提货单出库,保持账、卡、物三相符。未入账的商品不得付货,并且应单独存放。

6.5 执行倒码,对商品出库应坚持先进先出,发陈储新原则。

6.6 对超出保管期需要进行一次性维护(如防锈、涂防锈油脂、涂漆等)的商品由仓库组织实施。其他质量问题向存货单位及时提出处理意见。

6.7 商品出库后应及时将存结的商品进行拼堆、上货架,并及时清理货场。

6.8 坚持日清月结季盘点,按规定抽查账、货相符率。

6.9 坚持仓库安全制度,遵守安全操作规程,完善安全设施,确保人身、商品安全、严防火灾发生。

学习任务5

汽车配件的销售

【任务目标】

1. 知识目标：掌握配件销售的特点；了解汽车配件分销渠道的作用和类型；掌握汽车配件分销渠道的设计与管理；熟悉汽车配件市场调查的主要内容与步骤；了解汽车配件市场调查的方法；熟悉汽车配件市场预测的基本步骤；了解市场预测的方法；掌握汽车配件销售的技巧；掌握汽车配件的售后服务；了解汽车配件的网络营销及电子商务；掌握汽车配件销售人员应该具备的素质。

2. 能力目标：能够根据汽车配件的销售特点设计汽车配件的分销渠道；能够设计汽车配件的市场调查问卷并能根据调查内容撰写调查报告进行市场预测；在工作中能够熟练应用汽车配件销售技巧。

3. 态度目标：能够开发销售渠道并应用汽车配件销售技巧对配件进行销售。

【任务描述】

20世纪80年代以来，我国汽车工业的发展是有目共睹的，人们对汽车的需求越来越旺盛。随着汽车产销量的快速增长，汽车配件销售行业也得到了快速发展，汽车配件产品的销售也被企业看作重要的业务环节。在汽车配件市场竞争日趋激烈的情况下，企业应如何实施汽车配件产品的销售策略，对企业的生存和发展起着非常重要的作用。

【课时计划】

项目	项目内容	参考课时
5.1	配件销售的特点	1
5.2	汽车配件的分销渠道	3
5.3	汽车配件市场调查与市场预测	3
5.4	汽车配件销售技巧	2
5.5	汽车配件产品的售后服务	1
5.6	汽车配件电子商务	1
5.7	汽车配件营销人员的基本素质	1

项目 5.1 配件销售的特点

情境导入

学市场营销的张女士大学毕业后在一家汽车配件公司的销售部任职，上岗前她信心满满，可经过了一周的工作后她犹豫了，汽车配件的种类太多了，她根本记不住，还经常出错，她打了退堂鼓。

【任务分析】

汽车配件销售企业均将销售业务看作是最重要的业务环节，企业的一切活动都应围绕着销售进行。在汽车配件市场竞争日趋激烈的情况下，销售业务开展得如何，对企业的生存和发展起着举足轻重的作用。“知己知彼，百战不殆”，在进行配件销售之前一定要熟悉汽车配件销售的特点，才能制定出最合适的销售策略。

理论引导

汽车配件销售除一般商品的销售特征外，还具有以下特征。

1. 较强的专业技术性

现代汽车是融合了多种高新技术的集合体，其每一个零部件都具有严格的型号、规格和标准。要在不同型号汽车的成千上万个零件品种中为顾客精确、快速地查找出所需的配件，就必须有高度专业化的技术与从业人员。仓库管理人员不仅要具有一定的计算机操作能力和掌握商品营销知识，还要掌握汽车配件专业知识、汽车材料知识、机械识图知识，学会识别各种汽车配件的车型、规格、性能、用途以及配件的商品检验知识。

2. 经营品种多样化

一辆汽车在整个运行周期中，约有 3 000 种零部件存在损坏和更换的可能，所以经营某一个车型的零配件就要涉及许多品种规格的配件。而即使同一品种规格的配件，不同厂家生产的配件在生产质量和价格上差别很大，甚至还存在假冒伪劣产品。因此，为用户推荐货真价实的配件，是汽车配件销售人员应努力做到的。

3. 经营必须有相当数量的库存支持

汽车配件经营品种多样化以及汽车故障发生的随机性，经营者需要一定较多的资金才能进行配件库存储备以满足广大消费者的需要。

4. 经营必须有服务相配套

汽车是许多高新技术和常规技术的载体，经营必须有服务相配套，特别是技术服务至关重要要。相对于一般生活用品而言，卖配件更重要的是做服务，卖知识。

5. 配件销售具有季节性

一年四季，春夏秋冬是不以人们意志为转移的自然规律，给汽车配件销售市场带来不同季节的需求。在春雨绵绵的季节里，为适应车辆在雨季行驶，需要车上的雨布、各种风窗玻璃、车窗升降器、刮水器、刮水片、挡泥板、驾驶室等部件特别多。在热浪滚滚的夏季和早秋季节，因为气温高，发动机机件磨损大，对火花塞、气缸垫、进排气门、风扇带、冷却系统及空调（冷气）系统部件等需求特别多。在寒风凛冽的冬季，气温低，发动机难启动，需要蓄电池、预热塞、启动机齿轮、飞轮齿圈、防冻液、百叶窗、空瀰（暖气）系统及各种密封件等配件就增多。由此可见,自然规律给汽车配件市场带来非常明显的季节需求趋势。调查资料显示,这种趋势所带来的销售额,约占总销售额的30% ~40%。

6. 配件销售具有地域性

我国国土辽阔,有山地、高原、平原、乡村、城镇,并且不少地区海拔高度悬殊。这种地理环境也给汽配销售市场带来地域性的不同需求。在城镇,特别是大中城市,因人口稠密、物资较多、运输繁忙,汽车启动和停车次数较频繁,机件磨损较大,其所需启动、离合、制动、电器设备等部件的数量就较多。如一般省会城市,其公共汽车公司、运输公司的车辆,所需离合器摩擦片、离合器分离杠杆、前后制动片、启动机齿轮、飞轮齿圈等部件一般占上述各系品种总销售额的40% ~50%。在山地高原,因山路多、弯道急、坡度大、颠簸频繁,汽车钢板弹簧就易断、易失去弹性;减振器部件也易坏;变速部件、传动部件、制动部件易损耗,需要更换总成件也较多。由此可见,地理环境给汽配销售市场带来非常明显的影响。

任务实施

在本项目情境中,作为学习汽车配件的销售人员的张女士应按照以下步骤来解决问题。

环　节	对应项目	具体程序
1	学习汽车专业知识	培训汽车构造的基本知识
2	了解汽车配件的销售特点	了解不同季节、区域、汽车型号等情况下对配件的需求
3	个性品质	培养吃苦耐劳、持之以恒的精神

项目5.2　汽车配件的分销渠道

情境导入

陈先生作为一个刚刚成立的某汽车配件公司的经理,他应如何设计公司产品的销售渠道呢?

【任务分析】

产品从生产者到消费者(或用户)的流通过程,是通过一定的渠道实现的。由于生产者同消费者(或用户)之间存在着时间、地点、数量和所有权等方面的差异和矛盾,只有克服这些差异和矛盾,才能在适当的时间、适当的地点,按适当的数量和价格,将产品转移到消费者(或用户)手中。一般而言,这个流通过程的主要内容就是分销渠道,它是构成企业营销总体策略的重要内容。

理论引导

分销渠道是指产品从生产领域向消费领域转移时所经过的路线。在通常情况下,这种转移活动是需要中间商介入的。因此,分销渠道可以定义为产品从生产领域经由中间商转移至消费领域的市场营销活动。

分销渠道在商品流通中能够创造出以下3种效用。

(1)时间效用

分销渠道能够解决商品产需在时间上不一致的矛盾,保证顾客和用户需求,并及时组织供货。

(2)地点效用

分销渠道能够解决产需在空间上不一致的矛盾,保证顾客和用户能够就地、就近购买到所需要的商品。

(3)所有权转移的效用

分销渠道能够解决商品所有权在生产者和消费者之间不一致的矛盾,顺利实现商品所有权由生产者向消费者的转移。

分销渠道效用的实现,是借助于一定的分销组织机构来实现的。主要的分销机构包括批发商、代理商、零售商、与贸易有关的机构(如运输公司、仓库、银行、保险公司、税务等)、销售服务单位(如广告公司、营销咨询公司等)。批发商、代理商、零售商构成分销渠道中的主要中间商。中间商在组织商品流通中具有特定功能,是分销渠道中的主要组织者。

5.2.1 汽车配件分销渠道的作用与类型

1. 分销渠道的作用

①可以加快商品流通速度,减少商品流通的资金占用,为国家节约建设资金。

②可以及时满足市场需求,保证社会需要,丰富人民群众生活。

③可以缩短商品流通时间,相应扩大社会再生产的周期,可以直接促进农业生产及工业生产的发展。

④可以密切产销关系,加强信息反馈,便于经营者按照用户需要组织货源,生产企业按照市场需求安排生产,增加适销对路的花色品种,提高产品质量。

⑤可以减少不必要的经营人员和机构,节约流通费用。因为商品分销渠道合理,流通环节减少了,就可避免不合理的调运和仓储,节约运费、仓储费、利息和损耗等费用,降低费用水平,为国家积累更多资金。

2. 分销渠道的类型

专门从事商品交换的企业叫商业企业,商业企业有不同的类型,担负不同的经济职能,凡是从事汽车配件营销的企业,不管是哪一层次的销售商,都与汽车配件的间接分销渠道相同。也就是说,汽车配件销售企业同于中间商。中间商是协助生产企业寻找顾客或直接与顾客进行交易的商业企业,中间商又分为两类。

(1)中间商

①经销中间商

如批发商、零售商和其他再售商等。他们承担商品流通职能,是汽车配件市场的主体。以经销中间商为主的销售形式主要有以下4种。

a. 一层渠道。一层渠道的形式表现为:制造商(生产者、厂家)—零售商—消费者(用户)。这种形式的优点是:

(a)能分流制造商的经营风险。

(b)产品销售价格易于控制。

缺点是:

(a)制造商分销户头过多,销售员承包区域过大。

(b)因为众多的零售商经济实力有限,一次需求量往往不大,制造商就不会给予较大的价格优惠,这样售后回款率自然较低。

(c)零售商的销售能力弱、批量小,使销售费用增多,且销售的不确定性较大,计划工作难度大。

(d)由于缺乏大的分销代理商的支持,制造商的新产品难以得到有效、及时的广告宣传,推广速度慢。

b. 二层渠道。二层渠道的形式表现为:制造商→批发商→零售商→消费者。这是目前较为流行的分销渠道。

批发商(亦称分销商)在其销售区域内担负了商品的集中、平衡、辐射周边地区的作用。而制造商则面对较为集中的批发商,从而减轻了面对数量庞大的零售商的压力,可专注于生产,提高产品质量和管理水平。批发商不仅销售产品,还能集中较为零散的信息,并且加以综合、归纳提炼,反馈给生产企业,促使生产企业提高市场适应能力。批发商一般具有一定的经济实力,能及时维护和支持产品信誉。一般来说,对于市场潜力巨大且零售网点较为分散的地区，制造商应根据自身经济实力、技术力量等综合因素，选择1~2个批发商，批发商一般设在交通便利的区域中心城市，由批发商自行发展一定数量的零售商，且应与厂家共担风险，承担本地区的广告宣传。制造商应给予批发商额度较大的价格优惠，并提供强有力的售后服务技术支持。

c. 多层渠道。多层渠道的形式是：制造商→产地批发商→中转地批发商→消费地批发商→零售商→消费者。很明显，这类销售渠道环节多、流通时间长，制造商对销售的控制力弱，因而这种销售渠道类型正在逐步被淘汰。随着制造商市场意识的不断提高而演变成：制造商→产地批发商→消费地批发商→零售商→消费者，或者省略掉产地批发商，直接到达消费地批发商，成为二层渠道。

d. 零层渠道。应采用零层渠道直接销给用户，不需任何中间机构。销售方式主要有：由制造商设立直属商店或分公司、举办产品展示会、现场售卖等。由于零层渠道要耗费较多的人力、物力、财力，采用此种渠道只能作为二层渠道销售方法的补充。

从当今汽车配件市场发展趋势看，批发商和零售商的经营职能互相融合，成为批发兼零售的形式。

②代理中间商

代理中间商专门介绍客户或与客户磋商交易合同，但并不拥有商品的持有权。例如，代理人可以到各地去寻找零售商，根据取得的订货单的多少获得佣金，但代理商本人并不购买商品，而由制造商直接向零售商发货。

这种形式具有信息灵、联系面广、生产企业控制力强、专业性强等特点。但是它也有灵活性差、委托者担负经营风险和资金风险等缺陷，而且在现阶段要寻找到符合要求的代理商很困难。于是就产生了代理制的过渡形式——特约经销商。这种方式适用于远距离销售，在制造商影响力较弱而产品又具有一定市场的地区最为适宜。

(2)超市连锁

中国新兴的汽车配件销售渠道不成熟、混乱的售后服务市场限制了中国汽车工业，尤其是轿车工业的发展及汽车的普及。缺乏统一的售后服务市场标准，汽配流通环节过多，不透明的黑箱效应损害了消费者的利益。经营者不规范的经营行为所带来的假冒伪劣产品的泛滥，维修行业维修质量的低下都影响了汽车潜在用户的购车热情。

超市连锁，无疑是发展中的国汽配行业可以采用的一种模式，而现今具有中国特色的汽配城的出现，又为中国汽配行业的发展开拓了新的思路。如今汽配市场规模化的潮流使中国各地出现了一个又一个的汽配城，在形式上是将以前散的汽配经销商聚集在一起进行交易，使汽配市场向标准化经营迈进一步，使资源也相对集中，为进行有组织地配送、培训等“一条龙”服务准备了物质上的条件。另外，采用电子商务手段还可以利用其网络优势和信息优势，成为汽配城的神经系统，有效地将它们联合起来。电子商务可以提升汽配城的经营水准，进一步扩大汽配城的区域效应，更有效地配置市场资源.使汽配城在原有的功能上，作为全国范围内的地区性的配送中心和服务中心，更好地为商家、为客户提供标准化服务。

综上所述，超市连锁、电子商务标准化汽配城可能是发展中国汽配行业的可行之路。

5.2.2 汽车配件分销渠道的设计与管理

1. 分销渠道的设计

分销渠道的设计必须立足于长远，因为渠道模式一经形成，再想改变或替代原有渠道是比较困难的，常要付出较大的代价，所以在制定渠道方案时，应该谨慎从事，精心设计。制定渠道策略主要包括确定渠道长度、宽度和规定渠道成员的权利和责任。

(1)确定渠道长度

确定渠道长度，即决定采取什么类型的分销渠道：是采用直接分销还是间接分销；在采取间接销售时，是采用长渠道还是短渠道，以及选用什么类型和规模的中间商。

①直接分销。直接分销又称直销，就是指生产者直接把产品供应给消费者或者用户，而不利用中间商销售其产品。其优点在于：

a. 简化流通过程,缩短流通时间。

b. 减少流通过程中人力、物力和财力等消耗,减少流通过程中的产品损耗、变质造成的损失,从而降低流通费用。

c. 生产者直接派出人员推销,有利于用户更好地了解产品的性能、特点和使用方法,从而可以激发购买欲望,促成交易。

d. 有利于生产者及时了解市场动态,增强对市场变化的适应能力。

但是企业采用直接分销方式,会占用较多的人力、财力、物力,分散企业的生产力量并导致销售费用的增加。尤其是在市场分散、需求差异大的情况下,这种策略的缺点更为突出。

②间接分销。间接分销就是生产者利用中间商把产品转售给消费者或用户,其主要优点有:

a. 可以发挥中间商集中,平衡和扩散商品的功能,能够有效地把调节生产需求关系,解决产需之间在时间、数量和品种等方面的矛盾。

b. 可以减少生产者的销售工作量,有利于生产者集中力量抓生产。

c. 可以减少生产企业流动资金的占用量,并减少生产企业的销售费用。

采用间接分销方式时,生产者与消费者相互分离,不能直接沟通信息,使生产者不易掌握消费者的需求,因此要求生产者必须加强市场调查和市场预测。

间接分销又有长渠道和短渠道之分。长渠道是指生产者利用两层或两层以上中间环节进行产品分销。例如,生产者→批发商→零售商→消费者;短渠道是指生产者利用一层中间环节来销售产品。例如,生产者→零售商→消费者。

(2)确定渠道宽度

企业采用间接渠道,还需确定是采取宽渠道还是采取窄渠道,即确定分销渠道中每一层中选用多少同种类型的中间商。渠道宽度主要应考虑产品类型。例如,日用品宜采用宽渠道分销,选购品的分销渠道应窄一些,特殊品的分销渠道更窄一些。渠道宽度设计主要有以下几种:

①密集型分销渠道。密集型分销渠道又称普通型或广泛型分销,即商品生产者广泛利用大量中间商经销本企业的商品,使消费者能够随时随处购买到企业的商品。

这种策略优点是:利于中间商之间的竞争,促使其改善服务方式,提高服务质量和销售效率,以提高竞争能力和市场占有率;能够较便捷地把商品送到顾客手中;利于厂商选择效率高、信誉好的中间商经销。

这种策略的缺点是;生产者和中间商是一种松散的协作关系;中间商过多,不愿支付分担广告费;不利于利用中间商的优势,树立商品形象。

②选择型销售渠道。选择型销售渠道是指企业在同一目标市场上有选择地使用部分条件优越的批发商和零售商销售本企业产品,这种策略是企业较多使用的一种策略。汽车零配件,常用这种策略。

其优点是:优选中间商能够同厂商配合,共担风险,分享利润;利于厂商对渠道成员的控制;利于厂商集中力量,从整体上促销。

其缺点是:受合同履行程度的影响;受厂商条件的限制,例如能否为中间商提供较优的推销条件和服务,能否为中间商提供优质商品。

③专营性销售渠道。专营性销售渠道是指生产者在某一目标市场上选择有限数量的中间商销售其商品,其极端形式是独家经营。专营性分销渠道往往是一种排他性专营,规定这些中间商不能经营其他厂商生产的同类竞争产品。主要适用于高档特殊品(珠宝、金制品等),或技术服务要求高的商品。

其优点是:商品生产者和中间商关系密切,相互之间有较强的依附关系;利于厂商在价格、促销、信贷和其他服务方面对中间商加以控制,经销商全力推销企业产品,以实现营销目标。

其缺点是:双方依附关系强,一旦中间商经营失误,厂商将蒙受巨大损失;当企业产量增加时,就要调整分销渠道的设计。

2. 分销渠道的管理

(1)选择渠道成员

渠道方案设计确定以后,如何采取间接销售渠道,还要考虑中间商的标准。从生产企业来看选择合适的中间商应具备以下条件:

①服务对象应与生产厂商的目标顾客基本一致,这是确定中间商最基本的条件。

②地理位置合适,零售商的位置应能方便本企业产品用户购买,批发商的位置应能利于分销、储存、运输和降低销售成本。

③其经营业务中应不包括竞争者的产品,或者其所经营的竞争产品对本企业产品不构成威胁。

④管理水平高,经营能力强。

⑤能为顾客提供必要的服务。

⑥财务状况良好。有偿付能力,甚至能预付货款或分担部分促销费用。

(2)激励渠道成员

企业在选定渠道成员之后,要激励他们以尽其职。中间商是生产企业合作的伙伴,但尚需生产企业不断地督导与鼓励,因为中间商往往是独立的,而不是生产者锻造的一条锁链。在很多情况下,中间商往往有自己的经营理论,生产企业为使其渠道成员有良好表现,须采取必要措施,对其渠道成员进行激励。

①向中间商提供物美价廉、适销对路的产品,这是激励中间商的一个正因子,也是从根本上为中间商创造良好的销售条件。

②合理分配利润。通过对中间商进货数量、信誉、财力、管理等方面的考察,视不同情况适当给予折扣让利,企业计价也应考虑中间商的利益。

③协调与中间商的关系。企业要与中间商结成长期的合作伙伴,就要不断地协调两者之间的关系。一方面要弄清中间商的需求,另一方面要明确自己满足中间商的需求的程度,根据实现可能,将两方面的需求结合起来,建立一个有计划的、管理有序的纵向联合销售系统。

④反馈信息。市场信息是企业开展市场营销活动的重要依据,生产企业及时将自己所掌握的市场信息反馈给渠道成员,使他们心中有数,以便他们及时调整和制定销售措施,为中间商合理安排销售提供依据。

(3)评估渠道成员

生产企业除了选择和激励渠道成员之外,还须核定一定的标准来评估其渠道成员的优劣。评估的内容包括:中间商经营时间长短,增长记录,偿还能力以及意愿及声望,销售密度及涵盖程度,平均存货水平。顾客商品送达时间,损坏的处理,对企业促销及训练方案的合作,中间商应为顾客服务的范围等。对于达不到标准的则应分析原因,及时采取补救措施。

(4)渠道的调整

市场需求复杂多样,诸如竞争对行业销售结构、生产企业资源以及市场营销组合中的其他因素,这些客观条件也在不断发生变化,这就需要企业根据自身的要求及中间商的表现,对销售渠道进行调整,调整的方法一般有:

①增减某个中间商。增加或减少某个中间商,对生产企业来说通常要做具体的经济分析。涉及的主要经济问题有:增减某个中间商会对企业利润有何影响,这种调整是否会引起渠道中其他成员的反应。

②增减某个分销渠道。这种调整不是增减渠道里的某个中间商,而是增减某一渠道模式。例如,某个分销渠道出售本企业的某种产品,其销售密度一直不够理想,本企业可考虑在某个区域或全部目标市场上,剔除这种渠道模式而另外再设一种渠道模式。但在做这种调整时,也要相应地进行经济分析,并注意其他渠道成员的反应。

③调整某个分销渠道。即对原有的分销渠道进行全面调整,比如采用正接分销渠道,取代原有的间接分销渠道。这种调整面广,涉及的问题多,是渠道调整中最困难的一种。生产企业应慎重地考虑,并由企业最高管理层决定。它不仅要改变企业整个已经习惯的销售渠道,而且要调整企业已经习惯的市场营销组合并要制定相应的政策措施。

任务实施

在本项目情境中，作为销售部经理的陈先生应该按照以下步骤来解决问题。

环节	对应项目	具体程序
1	设计销售渠道方案	(1)设计销售渠道的宽度 (2)设计销售渠道的长度
2	销售渠道的管理	(1)选择渠道成员 (2)激励渠道成员 (3)评估渠道成员 (4)协调管理渠道中的各个成员，使其优胜劣汰

项目 5.3 汽车配件市场调查与市场预测

情境导入

如果你是汽车配件生产厂销售部经理，你如何给生产部门下达生产任务，并制定各种汽车配件的价格呢？

【任务分析】

要完成上述任务，需要掌握市场调研的步骤、主要内容及方法，设计出市场调查的问卷，收集与处理汽车配件销售中的市场调查与信息，对配件需求市场做出合理的预测，为实际岗位中需要开展的顾客信息调查等工作做好全面准备。

理论引导

市场调查和市场预测是现代企业经营的重要特征，是企业改善经营管理、增强自觉性、避免盲目性、提高经济效益的有效办法。

5.3.1 汽车配件市场营销调查

市场调查就是运用科学的方法，有目的、有计划地去系统收集用户、市场活动的真实情况（即市场信息），并对这些信息进行整理、分析和存储。汽车配件销售企业的市场调查。就是对汽车配件的各种商品或某种商品的产供销及其影响因素、企业的销售量、用户结构及市场占有率进行调查研究。

1. 市场调查的内容

市场调查内容取决于经营决策的需要，一般包括如下内容：

(1)汽车配件需求调查

汽车配件消费需求调查主要是为了了解配件消费需求量、需求结构和需求时间。

① 需求量调查。对于汽主配件销售企业来讲，市场需求量调查，不仅要了解企业所在地区的需求总量、已满足的需求量、潜在需求量。还必须了解企业的销售量在该地区销售总量中所占的比重，即市场占有率，用公式表示如下

$$\text{市场占有率} = \frac{\text{本企业汽车配件销售额}}{\text{该地区汽车配件销售总额}} \times 100\%$$

市场占有率实际上就表示了企业在该地区的竞争能力,表示出了开拓地区市场的可行性。

②汽车配件需求结构调查。主要是了解购买力投向。不仅要调查汽车配件需求总量,还要调查分车型、分品种的需求结构,例如解放、东风、桑塔纳、富康、奥迪、捷达等车型配件需求量,以及各品种、规格的配件需求量,如各种规格的活塞、制动器、电动机等。另外,还必须了解引起需求量变化的原因,并调查用户需求结构情况。

③汽车配件需求时间调查。许多种汽车配件的需求是有季节特点的,主要是了解用户需要购买配件的具体时间,如某季度、某月份等,以及各需求时间要购进的品种、规格及数量。

(2)市场经营条件调查

市场经营条件调查就是了解企业外部的经营环境和内部经营能力,主要包括以下内容:

①该地区宏观经济发展形势。如工、农业生产发展速度、固定资产投资规模、信贷规模、社会商品零售总额,各种等级的公路建设情况。这些因素均与汽车配件的需求量有着间接相关关系。

②该地区汽车保有量增长情况(包括车型、车数)。汽车保有量的增长与汽车配件需求量的增长是直接相关的。

③商品资源情况。主要是生产厂(或其他供货方)所能提供的商品的品种、质量、价格、数量、供货时间及商品竞争能力,特别要了解开发新产品的可能性等情况。

④销售渠道情况。即对销路调查,如果销售渠道不理想,就会造成货流不畅。销售渠道是多种多样的,包括批发商、零售商和直接用户(一般是较大的用户),对这些单位的实际需求量、资信情况,特别是货币支付能力要进行较详细的调查和评估,从而为决定与他们的合作关系提供依据。如对资金充裕、货币支付能力强的单位,可以多供货、供好货;对资信好、资金存在暂时困难的单位,也可采取延期付款或一批压一批的滚动付款方式等。

⑤竞争对手情况。即正在同本企业进行竞争的汽车配件销售企业的情况,了解其优势、劣势、竞争策略、销售情况、货源与销售方向、进销价格等,还要摸清可能新出现的竞争对手及其有关情况。

⑥本企业内部的经营管理水平、职工素质及物资设备、经营场所等情况。

(3)市场商品分析

市场商品分析主要是从销售量较大的易损、易耗件的使用价值和消费的角度,调查研究其适销对路的情况及其发展变化趋势,为开拓新市场、防止库存积压提供可靠信息。其主要内容包括:经营商品销售实际分析、商品潜在市场分析、商品生命周期分析、新产品投入市场的时间和销售趋势分析、市场商品需求变化动态及其发展趋势分析等。

2. 市场调查的步骤

市场调查一般可分为调查准备、调查实施和分析总结三个阶段。

(1)调查准备阶段

这是调查工作的前期准备阶段,这一阶段非常重要,准备工作是否充分、是否成功直接关系到整个调查工作的成败。这一阶段主要有以下一些工作。

①确定问题与调查目标。为了保证营销调查的成功和有效,首先要明确所要调查的问题,既不可过于宽泛,也不宜过于狭窄,要有明确的界定并充分考虑调查成果的实效性。其次,在确定问题的基础上,提出特定的调查目标。

确定调查目标是调查中最重要也是较困难的任务,必须先搞清以下几个问题:为什么要调查?调查中想要了解什么?调查结果有什么用处?谁想知道调查的结果?

汽车配件企业进行市场调查一般是为了解决经营中某些方面的问题,如新产品的市场前景、企业产品的市场占有率下降原因等。但是多数情况下,题目并不是很具体的,只表现为企业的一个大致意图,因而市场调查部门的首要任务是要确定调查的主题,找出问题的关键所在,把握住调查的范围,使整个调查过程围绕明确的调查目标而展开。否则,便会使调查工作带有盲目性,造成人、财、物的浪费。

②拟订调查计划。拟订调查计划就是确定调查方案，其工作内容较多，包括确定调查项目、确定调查方式、估算调查费用、编制调查项目建议书、安排调查进度、编写调查计划书等。

a. 确定调查项目。确定调查项目即根据已确定的调查题目具体设置调查项目。与调查目标有关的因素很多，但从有限的人力、时间、资金方面来考虑，不可能也没有必要把这些因素都设置为调查项目。调查项目越多，需要的人力、经费就越多，需要的时间也越长，因此要对诸多因素的重要程度进行比较，以决定取舍。在不影响调查结果的大前提下，还应综合考虑费用的多少、统计能力的强弱等因素。

b. 确定调查方式。应根据调查项目来确定调查方式。调查方式的确定，包括确定调查地点、调查对象以及具体调查的方法。调查的地点选择要与企业的经营活动范围密切相关；对象的确定要以能客观、全面地反映消费者的看法和意见为宗旨；调查方法的选择要以最适合企业开展市场调查为原则。

c. 估算调查费用。调查目标、调查方法、调查项目的不同都不同程度地影响着调查费用的支出，而调查规模、方式对费用有着更为直接的影响。如何用有限的调查费用获得准确的调查结果，是市场调查部门应认真对待的问题，这就需要调查部门对调查所需的各项费用做出估算。调查部门应将费用的估算情况写在一份详细的调查费用估算单内。

d. 编制调查项目建议书。调查单位应将所确定的调查项目、资料来源、调查内容、调查方式、费用估算等以调查项目建议书的方式提交给企业。

e. 安排调查进度。合理安排调查进度是调查工作能按质、按期完成的有力保证。调查进度的安排要服从于调查质量，将各个调查项目具体化，明确把每一阶段所要完成的工作内容以及所需人力、经费、时间限定等都在进度表中表现出来。

f. 编写调查计划书。在进行正式调查之前，应将前几个步骤的内容编写成调查计划，以指导整个调查的进行。

(2)调查实施阶段

进行实际调查工作是市场调查方案的执行阶段。为了保证调查工作按计划顺利进行，必须事先对有关工作人员进行培训，而且要充分估计到调查过程中可能出现的问题，并要建立报告制度。调查组织者应对调查进展情况了如指掌，做好控制工作，并对调查中出现的问题及时解决或采取补救措施，使调查按计划进行。在这一阶段内，调查者还必须具体确立收集调查信息的途径，因为有些信息可以从二手资料中获得，就没有必要进行实地调查获取一手资料。当需要进行实地调查获得第一手资料时，应具体确定被调查对象或专家名单。

(3)分析总结阶段

①调查资料的汇总整理。首先应对资料进行校核，剔除不必要的资料，排除不可靠的资料，以保证资料的可靠性和准确性。校核后的资料要按内容进行分类和编码，编制每一类别的统计表。在此基础上，市场调查人员应运用统计方法对资料做必要的分析，并将分析结果提供给有关方面作为参考。一般使用的统计方法有多维分析法、回归分析法和相关分析法等。

②编写调查报告。市场营销调查报告的提出和报告的内容、质量，决定了它对企业领导据此决策行事的有效程度。写得拙劣的报告会把出色的调查活动弄得黯然失色。编写调查报告时，要求内容扼要、重点突出、文字简练中肯、分析客观。

报告的结果一般由题目、目录、概要、正文、结论和建议、附件几部分组成。

3. 市场调查的方法

市场调查的方法很多。按调查的方式分为室内研究法、直接调查法、间接调查法；按调查范围分为全面普查、抽样调查。根据汽车配件销售企业的情况，在这里着重介绍直接调查法和抽样调查法。

(1)直接调查法

直接调查法即通过实际的调查活动来收集资料进行调查分析，因而获取的资料也称第一手资料。直接调查法可分为问答法(也称询问法)、观察法和实验法。

①问答法。问答法是最常见的一种调查方式，它包括面谈调查、电话调查和邮寄调查。

a. 面谈调查。也称访问调查,就是企业派人直接与使用单位、经销商进行面谈。面谈调查的最大优点是灵活性强,它可以采用任何方式提问,在面谈时可根据被调查者的个性等特点采取不同的谈话技巧,可与被调查者进行较深入的讨论。另外,这种调查方法能直接听取被调查者的意见,可相互启发,富于灵活性,调查资料真实性较好。缺点是在调查地区广阔时,费用较大,时间较长。

b. 电话调查。电话调查的优点是调查速度快、调查成本低,并且适宜访问不易接触的被调查者。在调查时,可按拟定的统一询问表进行询问,以便于统计处理。缺点是交谈的时间不能太长,不能对有关问题做过多的解释,容易产生误解。

c. 邮寄调查(也称函询调查)。这是被广泛采用的一种调查方法,它是通过将设计好的调查表寄给被调查者,要求填好寄回。这种调查方式的优点是:调查面广,凡邮件可以达到的地方都可以用此法进行调查;成本低,只需花费少量邮寄费;被调查者无时间压力,有充分的时间来考虑所要回答的问题,并可与他人商量后再作答。缺点是:回收率比较低,有的被调查者对所调查的问题不感兴趣,或被调查者无时间或无力回答;花费的调查时间较长,由于邮寄一去一回,加上被调查者对回答问题在时间上无紧迫感;有时回答问题的效率较差,由于回答者被限于书面问题范围,不能作深入的探讨。

为了发挥这种调查方法的优点,避免其缺点,在采用此法时,最好建立比较固定的调查对象,并加以分类分组,对经常参加调查的人员应给予一定的奖金或报酬。

②观察法。这是调查人员直接到现场进行观察的一种搜集资料的方法,也可以用录音或摄像方式进行。例如,某发动机专营商店的调查人员亲自观看用户选购发动机的情况,观察最吸引用户的是哪些事项,以便进一步提出改进产品设计的建议。此外,通过参加展销会、订货会,也可以观察并记录商品的实际销售情况。观察法为特定目的的调查而专门使用,不是直接向被调查者提出问题,而是从侧面客观地观察所发生的事实,所以它可以比较客观地收集资料,调查结果更接近事实。缺点是只能报告事实的发生,观察不到其内在的原因。

调查耗费时间长、费用高。为了弥补观察法的不足,可在观察的同时结合采用询问法,进一步了解用户的购买动机等情况。

③实验法。实验法往往是在新产品投入市场或大批量生产之前,为获取有关产品销售前景的数据和资料,从可能存在的许多因素中选择一两个因素(例如销售价格),在一定范围内进行试用,系统地记录用户的反应和购买量,然后进行预测分析。实验法可以获取较正确的原始资料。缺点是可变动因素难以掌握,实验结果难以相互比较,成本也较高。

实际工作中选用什么样的调查方法,主要取决于调查问题的性质。例如,对大型产品往往直接向用户调查;而对量大面广的产品,可采用电话调查或发调查表的方式进行;对新产品的前景预测,可结合使用询问、观察和实验方法。

(2)抽样调查法

抽样是指按概率比例抽样,属于概率抽样中的一种。它是将总体按一种准确的标准划分出容量不等的具有相同标志的单位在总体中不同比率分配的样本量进行的抽样。其可分为以下几类:

①简单随机抽样法。这是一种最简单的一步抽样法,它是从总体中选择出抽样单位,从总体中抽取的每个可能样本均有同等被抽中的概率。抽样时,处于抽样总体中的抽样单位被编排成 $1 \sim n$ 编码,然后利用随机数码表或专用的计算机程序确定处于 $1 \sim n$ 之间的随机数码,那些在总体中与随机数码吻合的单位便成为随机抽样的样本。

这种抽样方法简单,误差分析较容易,但是需要样本容量较多,适用于各个体之间差异较小的情况。

②系统抽样法。这种方法又称顺序抽样法,是从随机点开始在总体中按照一定的间隔(即"每隔第几"的方式)抽取样本。此法的优点是抽样样本分布比较好,有好的理论,总体估计值容易计算。

③分层抽样法。它是根据某些特定的特征,将总体分为同质、不相互重叠的若干层,再从各层中独立抽取样本,是一种不等概率抽样。分层抽样利用辅助信息分层,各层内应该同质,各层间差异尽可能大。这样的分层抽样能够提高样本的代表性、总体估计值的精度和抽样方案的效率,抽样的操作、管理比较方便。但是抽样框较复杂,费用较高,误差分析也较为复杂。此法适用于母体复杂、个体之间差异较大、数量较多的

情况。

④整群抽样法。整群抽样是先将总体单元分群,可以按照自然分群或按照需要分群,在交通调查中可以按照地理特征进行分群,随机选择群体作为抽样样本,调查样本群中的所有单元。整群抽样样本比较集中,可以降低调查费用。例如,在进行居民出行调查中,可以采用这种方法,以住宅区的不同将住户分群,然后随机选择群体为抽取的样本。此法优点是组织简单,缺点是样本代表性差。

⑤多阶段抽样法。多阶段抽样是采取两个或多个连续阶段抽取样本的一种不等概率抽样。对阶段抽样的单元是分级的,每个阶段的抽样单元在结构上也不同,多阶段抽样的样本分布集中,能够节省时间和经费。调查的组织复杂,总体估计值的计算复杂。

企业在进行市场调查时,到底采用哪一种调查方法,要根据具体情况来确定,一般来讲,上述方法结合使用,互相取长补短为好。

5.3.2 汽车配件市场预测

市场预测是预测科学的一个重要组成部分,在当前日益激烈的市场竞争中,能否搞好市场预测,直接关系到企业经营的成败。可以说,现代管理的重点在经营,经营的重点在决策,决策的基本是预测。

市场预测与市场调查既有联系又有区别。市场预测必须建立在市场调查的基础上,没有调查研究也就无从预测,所以市场调查是市场预测的前提和基础。

1. 市场预测的原则与种类

(1)市场预测的基本原则

①惯性原则。任何一个事物的发展都不可能与其过去的行为没有联系,即事物过去的行为不仅影响到今天,还会影响到未来,也就是说,任何事物的发展趋势都有一定的延续性。这一特征通常被称为"惯性现象"。同样,这种惯性也反映到市场上。尽管市场上供求关系千变万化,但未来市场的变化与发展总是离不开过去和现在市场状况这个基础,并与今天的市场状况有许多相通或相同之处。遵循这种原则,通过对目前市场变化方向、速度及有关资料的分析,就可以对未来市场的基本发展趋势进行预测。

②类推原则。通过大量观察,发现许多事物的发展过程往往存在某些类似之处。"无独有偶"就是指这种现象。当我们发现某两个事物存在某些相似之处时,就可以根据其一推测另一事物的发展或变化趋势。例如,通过对发达国家汽车工业发展过程的分析,可以类推我国汽车工业发展可能达到的速度及可能遇到的问题。

③相关原则。任何事物的变化都不是孤立的,而是在与其他事物的相互联系、相互影响中发展的。这种相关性反映到市场上,则表现为市场需求量和需求构成的变化。某一部门的发展,就必须要求其他部门提供一定量的物资产品,而它的发展也必然向市场提供更多的商品。这种互为条件、互相制约的结果,往往出现一定量的比例结构关系。由此可见,分析各部门、各产业之间的相互关系是一条重要的预测思路。例如,汽车维修用的火花塞的销售量就与汽车保有量有关。某公司根据对历年汽车保有量与火花塞销售量资料进行的分析,得出一辆汽车平均每年约需要 4 只火花塞,并据此对该地区火花塞的销售量进行了预测分析,合理地组织了货源。

(2)市场预测的种类

①按市场预测的范围划分,可分为宏观市场预测和微观市场预测。宏观市场预测是对国民经济发展趋势的预测,主要预测内容为汽车配件市场的总供给和总需求,国民收入,物价总水平,就业情况,投资、金融情况等。微观市场预测是指在一定的国民经济宏观条件下,企业或行业对某类或某商品的数量、品种、质量等需求变化方面的预测。

②按市场预测的期限划分,可分为长期预测、中期预测和短期预测。通常 5 年以上为长期预测,1 年以上 5 年以下为中期预测,1 周至 1 年以内的为短期预测。

③按市场预测的方法划分,可分为定性预测、定量预测和综合预测。

④按市场预测的空间层次划分,可分为全国性市场预测、地区性市场预测。

市场预测的划分不是绝对的,应根据实际需要划分多种类型的市场预测。

2. 市场预测的基本步骤

市场预测的基本步骤如图5.1所示。

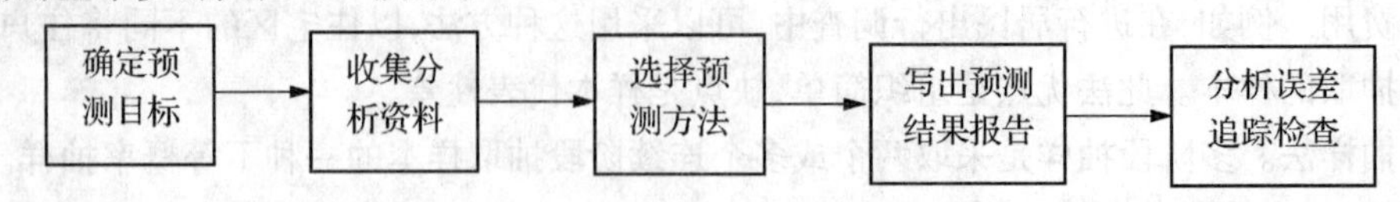

图5.1 市场预测的基本步骤

(1)确定预测目标

进行预测首先要明确预测的目标,即通过预测要解决什么样的问题,达到什么样的目的;还应规定预测的期限和进程,划定预测的范围。

(2)收集分析资料

收集分析资料应围绕预测目标。预测所需资料包括:与预测对象有关的各种因素的历史统计数据资料,反映市场动态的现实资料。对收集来的资料,必须根据预测目标筛选出最有价值的资料,把它缩减到最基本、最必要的限度。

(3)选择预测方法

市场预测根据预测目标和占有的资料,选择适当的预测方法。预测的方法与模型很多,各有其特定的预测对象、范围和条件,应根据预测的问题性质、占有资料的多少、预测成本的大小选择一种或几种方法。

(4)写出预测结果报告

要及时将预测结果写成预测结果报告。报告中,表述预测结果应简单、明确,对结果应做解释性说明和充分论证,包括对预测目标、预测方法、资料来源、预测过程的说明,以及预测检验过程和计算过程。

(5)分析误差追踪检查

预测是对未来事件的预计,很难与实际情况完全吻合,因而要对预测结果进行判断、评价,要进行误差分析,找出误差原因及判断误差大小,修改调整预测模型得出的预测数量结果,或考虑其他更适合的预测方法,以得到较准确的预测值。

3. 市场预测的方法

市场预测的方法有很多,按预测的方式不同,可分为定性预测方法和定量预测方法两大类,下面分别做简单介绍。

(1)定性预测方法

定性预测方法也称判断分析法。它是凭借人们的主观经验、知识和综合分析能力,通过对有关资料的分析推断,对未来市场发展趋势做出估计和测算。

①集体意见法。这种方法是集中企业的管理人员、业务人员等,凭他们的经验和判断共同讨论市场发展趋势,进而做出预测的方法。具体做法是:预测组织者首先向企业管理人员、业务人员等有关人员提出预测项目和期限,并尽可能地向他们提供有关资料。有关人员应根据自己的经验、知识进行分析、判断,提出各自的预测方案。这种方法的优点是简单易行,成本也较低,但其最大缺点是受到预测人员的知识和经验的限制。

②德尔菲(Delphi)法。德尔菲法亦称专家小组法,它是20世纪40年代由美国的兰德公司首创和使用的一种预测方法,20世纪50年代以后在西方发达国家广泛盛行。这种方法是按规定的程式,采用背对背的反复征询方式,征询专家小组成员的意见,经过几轮的征询与反馈,使各种不同意见渐趋一致,经汇总和用数理统计方法进行收敛,得出一个比较统一的预测结果供决策者参考。

德尔菲法是市场预测的一个重要的定性方法,应用十分广泛。在征询专家们的意见时,最好采用调查表的方式,由专家们填写。先简单介绍预测目的,然后提出各种预测问题。问题不宜过多,一般应限制在20个以内。请专家于限定时间内寄回表格。预测主持者将各种不同意见进行综合整理,汇总成表,再分送给各位专家,请他们对各种意见进行比较,修正或发表自己的意见。一般经过这样四轮的反复征询,各位专家的意见就较为趋向统一。

这种方法的特点是专家互不见面,因此避免了屈服于权威或屈服于多数人意见的缺点,各预测成员可以独立完成。但这种方法的时效性较差,不易控制。

③类推法。这是应用相似性原理,把预测目标同其他类似事物加以对比分析,推断其未来发展趋势的一种定性预测方法。它一般适用于开拓市场,预测潜在购买力和需求量,以及预测增长期的商品销售等,而且适合于较长期的预测。

④转导法。转导法亦称经济指标法。它是根据政府公布的或调查所得的经济预测指标,转导推算出预测结果的市场预测方法。这种方法是以某种经济指标为基础进行预测,不需要复杂的数学计算,因而是一种简便易行的方法。

(2)定量预测方法

定量预测方法也叫统计预测法。它是根据掌握的大量数据资料,运用统计方法和数学模型近似地揭示预测对象的数量变化程度及结构关系,并据此对预测目标做出量的测算。应该指出,在使用定量预测方法进行预测时,要与定性预测方法结合起来才能取得良好的效果。

①时间序列法。时间序列法是从分析某些经济变量随时间演变的规律着手,将历史资料按时间顺序加以排列,构成一组统计的时间序列,再向外延伸,预测市场未来的发展趋势。它是利用过去的资料找出一定的发展规律,将未来的趋势与过去的变化相类似地进行预测。

②因果预测法。因果预测法就是演绎推论法。它利用经济现象之间的内在联系和相互关系来推算未来变化,根据历史资料的变化趋势配合直线或曲线,用来代表相关现象之间的一般数量关系的分析预测方法。它用数学模型来表达预测因素与其他因素之间的关系,是一种比较复杂的预测技术,理论性较强,预测结果比较可靠。由于需要从资料中找出某种因果关系,所以需要的历史资料较多。

③市场细分预测法。市场细分预测法将产品使用对象按其所具有的同类性进行划分,由此确定出若干细分市场,然后针对各个细分市场,根据其主要影响因素,建立需求预测模型。

由此对我国轿车市场预测可按下述结构进行细分预测,见表5.1。

表5.1 我国轿车市场预测

市场划分	主要影响因素	需求预测模型
县级以上企事业单位	单位配车比	单位数×配车比
县级以下企事业单位	单位配车比	单位数×配车比
乡镇企业	经济发展速度	需求量 $=f$(乡镇企业产值)
出租旅游业	城市规模及旅游业发展	$\sum$(各类城市人口数)×各类城市每人配车比
家庭私人	人均过敏收入	需求弹性分析

任务实施

在本项目情境中,作为销售部经理的你应该按照以下步骤来解决问题。

环 节	对应项目	具体程序
1	市场调查	通过市场调研了解客户需求及同类型产品其他公司的价格
2	市场预测	通过市场调研和市场预测确定本公司的产量、价格

项目 5.4 汽车配件销售技巧

情境导入

顾客陈先生和他的朋友来到配件销售店购买配件,作为销售顾问的你该如何向他们推销产品呢?

【任务分析】

顾客有多种购买习惯,不同的顾客出现在你面前,作为销售顾问要能够根据不同客户特性运用不一样的销售策略来应对。通过本任务的学习,能够理解面对不同的客户类型,销售人员常用的销售技巧。

理论引导

5.4.1 了解客户心理

客户心理是指客户在成交过程中发生的一系列极其复杂、极其微妙的心理活动,包括客户对商品成交的数量、价格等问题的一些想法。它可以决定成交的数量甚至销售的成败。因此汽车配件销售员对客户的心理必须要认真地分析。

客户购买配件的心理活动分为产生动机、寻找商品、要求挑选、决心购买、买后感受 5 个阶段。从客户进入店面走近柜台的行动、寻找商品的神态中正确判断他们的来意,不管销售员判断出来者是真正购买配件还是只为了解价格,都应当作到先打招呼、热情接待;然后观察客户的购买行为,从他的行动和表情中分析客户的心理活动,判断客户的购买动机,进一步判断出客户的企业类型,购买能力如何;当客户购买完配件之后,还要观察、分析客户买后的心理活动和感受,了解客户的满意度,做好今后服务,为下次交易打下基础。

5.4.2 促进交易成功的方法

汽车配件的销售与其他商品销售既有相似的地方,又有较大的差别。汽车配件的销售技巧与方法对提高销售业务有很大的帮助。

1. 选择成交法

当准顾客一再出现购买信号,却又犹豫不决拿不定主意时,可采用“二选其一”的技巧。譬如,推销员可对准顾客说:“请问您要那部浅灰色的车还是银白色的呢?”或是说:“请问是星期二还是星期三送到您府上?”,此种“二选其一”的问话技巧,其实就是你帮他拿主意,让顾客选中一个,下决心购买。

2. 帮助顾客挑选

许多准顾客即使有意购买,也不喜欢迅速签下订单,他总要东挑西拣,在产品颜色、规格、式样、交货日期上不停地打转。这时,聪明的推销员就要改变策略,暂时不谈订单的问题,转而热情地帮对方挑选颜色、规格、式样、交货日期等,一旦上述问题解决,订单也就落实了。

3. 试用法

顾客想要买你的产品,可又对产品没有信心时,可建议对方先买一点试用看看。只要你对产品有信心,虽然刚开始订单数量有限,然而对方试用满意之后,就可能给你大订单了。这一“试用看看”的技巧也可帮助顾客下决心购买。

4. 假设成交法

销售人员假定客户已经同意购买，通过讨论一些细节问题，从而促进交易成功。这种方法适用于老客户、中间商、决策能力较低的客户、表现出购买意愿的客户。这种方式避免了与客户谈论购买决策的问题，在一定程度上减轻了心理压力，把顾客成交信号直接过渡到成交行为，大大提高了销售的效率。

5. 优惠成交法

销售人员能否将商品的特征和优点转换成客户的最终利益是交易成功的关键，因为利益才是客户发生购买行为的最终动机。销售人员要做的就是说明此配件商品能给客户带来什么样的好处，由于其优异的质量和性能可以为客户带来更好的实用性，创造的有效价值可以相应地降低其他消耗，比如能减少阻力、减少磨损、降低油耗、提高整车性能等。

6. 利益成交法

销售人员能否将商品的特征和优点转换成客户的最终利益是交易成功的关键，因为利益才是客户发生购买行为的最终动机。销售人员要做的就是说明此配件商品能给客户带来什么样的好处，由于其优异的质量和性能可以为客户带来更好的实用性，创造的有效价值可以相应地降低其他消耗，比如能减少阻力、减少磨损、降低油耗、提高整车性能等。

7. 机会成交法

利用“怕买不到”的心理，向客户说明失去这个购买机会将要支付更多机会成本。人们常对越是得不到、买不到的东西，越想得到它、买到它。推销员可利用这“怕买不到”的心理，来促成订单。譬如说，推销员可对准顾客说：“这种配件质量不错，现在只剩最后一个了，短期内不再进货，你不买就没有了。”或说：“今天是优惠价的截止日，请把握良机，明天你就买不到这种折扣价了。”

任务实施

在本项目情境中，作为销售顾问，你可按照以下步骤来对客户推销你的产品。

环节	对应项目	具体程序
1	接待	按照商务礼仪，热情周到的接待客户
2	了解客户	了解客户的需求，正确判断他们的来意 仔细倾听，观察、分析客户的心理活动和感受，判断客户类型
3	营销技巧	根据客户的类型综合运用上述技巧对客户进行推销

项目 5.5 汽车配件产品的售后服务

情境导入

陈小姐刚刚对自己的爱车进行了一次刹车系统的维护，但3天后又出现了问题，发现还是刚刚换过的制动主缸出现了问题，试讨论，作为4S店应该如何跟踪此类事件？

【任务分析】

了解汽车配件售后服务的意义及售后服务的内容，才能更好地维系自己的客户，创造更多的客户价值。

理论引导

随着市场经济的发展,企业基本上都建立了售后服务体系,越来越多的企业期望通过“售后服务”工作来取悦客户。以丰田公司为例,丰田公司提出“车到山前必有路,有路就有丰田车”的口号,它的宗旨是“做用户还没想到的”。为此,他们制定了服务行动“亲切、切实、快速、合理”4 项标准,要求所有的经销商都按丰田的要求和标准去做。经销商为每一个客户都建立了用户档案,在每次修理之后定期和用户联系,以获得各种信息。值得注意的是丰田公司对配件的做法:丰田公司设有 5 个配件中心,负责丰田汽车 40 万种配件在国内外的供应。中心在接到订单后一天内可将配件送到国内各地,其供货率在 95% 以上。各个经销商、维修站每天都能订货 4 次。虽然丰田汽车的配件品种繁多,但维修站的仓库却很小。另外,配件的货款支付可以在 50 天内完成,这对资金周转和减少库存都是极为有利的。配件价格全国统一,价格由厂方和经销商协商确定,避免了相互之间的恶性竞争。

与国外汽车服务商相比,我国汽车企业对产品售后服务的重要性认识还有很大差距。我国汽车市场具有巨大潜力,在激烈的竞争中,汽车企业应重视售后服务的重要性,确定自己的工作宗旨和方针,更好地为顾客服务,使顾客真正感到满意。

1. 建立完善的售后服务网络

由于汽车产品使用的普及性、销售的广泛性以及产品技术的复杂性,仅仅依靠汽车厂商自身的力量很难完成“售后服务”的若干工作内容。因此,必须建立一个覆盖面广、服务功能完善的售后服务网络,实行 24 小时免费呼叫,才能快捷、高效地满足用户的要求,实现全方位服务。

国外汽车企业的售后服务网络是和汽车经销网络结合在一起的,既经销汽车,又提供技术服务。通常由 3 个层次组成:汽车分配商、汽车代理商、汽车维修点。其中,汽车分配商往往是国际性的,同时兼营多国、多企业的产品,并进行汽车产品的批发和改装;汽车代理商往往是专一代理哪个厂家或哪类产品,具有专业性和排他性;汽车维修点是分配商和代理商专门建立或委托建立的,处于车辆聚集区或处于高速路边的小维修专点。欧洲各汽车厂往往在自己国家就分布 4 000 ~ 6 000 个维修点。例如,法国的雷诺集团在欧洲有一级销售网点 2 500 个,二级网点约 1.5 万个;雷诺轿车公司在法国约有 8 000 个售后服务点,4 万多名雇员,在国外约有 1 万多个销售及服务网点,5 万名雇员。

通常汽车生产厂的地区经理部在自己辖区统管着 20 ~ 40 个分配商,而每一个分配商将管辖 20 个左右的代理商,每个代理商将直接联络 400 个左右的直接用户。汽车生产厂家十分关注售后服务网络的成败,它不会平白就丢失一个代理商或听任一个代理商的倒闭,因为一个代理商的失去,将意味着失去 400 个用户。

2. 建立客户档案,进行跟踪服务

建立客户档案直接关系到售后服务的正确组织和实施。客户档案管理是对客户的有关材料以及其他技术资料加以收集、整理、鉴定、保管和对变动情况进行记载的一项专门工作。客户档案的主要内容为客户名称、地址、邮政编码、联系电话、法定代理人姓名、注册资金、生产经营范围、经营状况、使用状况、与经销企业建立关系日期、往来银行、历年交易记录、联系记录等。

建立客户档案的目的在于及时与客户联系,了解客户的要求,并对客户的要求做出答复。应经常查阅一下最近的客户档案,了解用户汽车和配件的使用情况、存在的问题。与客户进行联络应遵循以下准则。

①了解客户的要求。应了解客户的汽车及配件有什么问题或者客户想干什么。

②专心听取客户的要求并做出答复。

③多提问题,确保完全理解客户的要求。

④总结客户要求,完全理解了客户的要求以后,还要归纳一下客户的要求。可以填写汽车用户满意度调查表或电话采访用户等。

3. 提供充足的汽车配件

汽车配件供应是售后服务工作的“脊梁骨”,它是售后服务工作的关键。汽车配件供应具有两大职能:一是为维持本企业汽车的正常运转提供“粮草”,是维持汽车处于良好技术状况的保障条件;二是汽车主机企业以配件让利形式,通过支持其服务站开展配件经营而取得效益,以促进售后服务网络的运转和发展。

按配件的使用性质,配件通常分为以下几类。

(1)消耗件

汽车运行中,一些零件会自然老化而失效,必须定期更换,如各种皮带、胶管、密封垫、电器件、滤芯、轮胎、蓄电池等。

(2)易损件

在汽车运行中,一些零件会自然磨损而失效,如轴瓦、活塞环、活塞、凸轮轴瓦、缸套、气阀、导管、制动鼓、离合器摩擦等。

(3)维修件

汽车在一定运行周期后必须更换的零件,如各种轴、齿类,各类运动件的紧固件,以及在一定使用寿命中必须更换的零件(如一些保安紧固件、转向节、半轴套管等)。

(4)基础件

基础件通常是组成汽车的一些主要总成零件,价值较高,原则上它们应当是全寿命零件,但可能会因使用环境的特殊而造成损坏,通常应予以修复,但也可以更换新件,如曲轴、缸体、缸盖、凸轮轴、车架、桥壳、变速器等。

(5)事故件

事故件是指因交通事故而损坏的零件,如前梁、车身覆盖件、驾驶室、传动轴、水箱等。

4. 质量保证

世界各大汽车公司都承认积极做好产品质量保证工作的重要性。质量保证期又往往成为生产企业吸引用户购买产品的最具诱惑力的条件。

质量保证面对的是企业的产品质量缺陷,是自身的工作失误。因此,无论用户如何愤慨、怨恨,售后服务人员应始终用一种负疚的心情、还债的感情来面对用户的困难;同时售后服务人员还应满怀着信心,以便树立起用户用好汽车产品的信心。

质量保证工作的要点在于"准确"。对用户反映的情况必须核实,唯有"准确",才能正确地提供修理。同时,唯有"准确",才能反馈回令人信服并且能在生产上立即改进的质量信息。质量保证工作的另一要点在于"快速"。"快速"是缓和用户抱怨的钥匙,各大汽车公司几乎都在快速上做文章,既可达到宣传效果,又是一种实实在在安定人心的措施。国际上的大汽车公司目前都保证在24小时之内把质量保修零件送到用户手中。

法国雷诺公司向全世界公布了它的售后服务中心电话"3652424"。它的电话含义是:全年365天,每天24小时,全面受理、接收用户的售后服务要求。此电话号码在全世界范围内可以拨通雷诺公司的售后服务总部。法国雪铁龙公司也向全世界公布了它的售后服务中心电话"05052424"。这个电话的含义为:"05"是国际免费的代号,"24"是24小时全天候受理和接收用户的售后服务要求。此电话号码在全世界范围内可以拨通雪铁龙公司售后服务总部。

中国东风汽车公司20世纪80年代末期注意到了中国通信事业的飞速发展,它向全国售后服务网络提出全面装设直拨电话的要求,这一目标于1990年基本实现,东风公司即刻向全国东风汽车用户宣布:只要有用户要求,东风汽车公司售后服务队伍可以在48小时之内达到用户身边。

质量保证工作的第三个要点是"宽厚"。因为汽车制造厂的原因,用户承受了产品留下的质量缺陷,通常这被称为"苦情"。"苦情"的实质是用户的损失,汽车企业有责任、有义务帮助用户全面恢复汽车产品的技术功能。"宽厚"是企业的风度、责任感的表现,同时也是向用户坦诚致意的方式,以最大限度地缓和用户的抱怨,保持企业及产品的信誉。

5. 进行技术服务

随着科学技术的发展,汽车产品已经广泛运用一些高、精、尖的技术。汽车企业要提高服务质量,首先要对技术服务人员和商业人员进行培训、介绍、讲解汽车的技术性能、维护知识等;同时还应通过售后服务网络对用户进行技术培训、技术咨询、技术指导、技术示范等。

现代汽车的维护工作越来越受到重视。售后服务部门应具备足够的专业人员来从事汽车的维护工作,并应定期提醒客户进行汽车维护,以改善汽车的使用状况,为用户带来实惠。

6. 塑造企业形象

售后服务除了以上工作内容外,还肩负着企业形象建设的重任。影响用户对企业形象评价的因素主要有:产品使用性能及厂商的服务质量,企业窗口部门的工作质量及其外观形象,企业的实力及企业的口碑等。显然,汽车企业售后服务网络是用户经常打交道的对象,在汽车企业的企业形象建设方面负有重要责任。

就售后服务网络而言,企业形象建设的手段主要有售后服务企业的外观形象建设,公共关系,提高以质量保修为核心的全部售后服务内容的工作质量等。目前,国内外汽车服务企业的外观形象建设已从仅仅悬挂汽车主机企业的厂旗、厂徽、厂标的阶段,发展到厂容、厂貌、色彩、员工着装的标准化和统一化,厂房和厂区建设的规范化以及设备配置的标准化等阶段。

任务实施

在本项目情境中,作为销售顾问,应该按照以下步骤来解决问题。

环节	对应项目	具体程序
1	受理投诉	接待时一定要从容不迫,仔细认真地听客户发泄,表示同情,同时做好记录,弄清故障原因
2	处理	根据出现的问题制定出客户认可的解决方案,迅速对客户投诉的问题进行有效解决
3	回访	回访客户是否满意,记录结果
4	改进分析	写改进分析报告

项目 5.6　汽车配件电子商务

情境导入

"小米"手机在2013年的"双12"一分钟创造了1亿元的销售奇迹,感叹之余,我们是否也应该思考着改变一下汽车配件传统的销售渠道呢?

【任务分析】

我国开展网上配件销售的前景,也可以从国外汽车配件网上销售的发展中得到启迪。怎样才能做到"零公里"销售?怎样才能为顾客提供最满意的服务?有了互联网,上述两个问题可迎刃而解。现在,全世界尤其是欧美发达国家通过互联网来购买汽车配件的人正在快速增加。

理论引导

5.6.1 汽车配件网络化经营的概念

网络营销(Cyber Marketing)是指借助于互联网络、电脑通信技术和数字交换式媒体来实现营销目标的一种营销方式:这种通过互联网和电子商务实现网上经营的方式,对我国的汽车配件销售业,具有非常重要的借鉴意义。从目前我国的汽车配件销售状况来看,整个汽配流通领域的网络建设还很不健全,仍处在一种内部局域网的状况。这种网络的设置大都是为了企业内部的协调和日常管理,而非电子商务。

5.6.2 汽车配件网络化经营的优越性

网上购买汽车配件不管是对于顾客、经销商,还是对于汽车配件生产企业来说,都是一件大好事。

①对于汽车配件生产企业来说,互联网可以更方便地收集顾客购买汽车配件过程中提出的各种问题,并

及时将这些信息反馈给汽车配件生产企业。生产企业可以据此分析出顾客的购买意愿,从而尽早生产出符合市场需求的汽车配件。这样既节约了时间和费用,又抢得了市场先机。

②利用互联网的信息和便捷服务,生产企业可以及时得知配件销售商的库存情况和销售情况,从而调整自己的生产和汽车配件调配计划。汽车配件销售商减少了库存,加快了资金流通,获得了较满意的收益。对用户来说,他们可以通过互联网,以"点菜"的方式随意选取自己所需要的汽车配件。

③市场信息对于汽车配件生产企业和销售商来说至关重要,而通过互联网即可轻松获得。互联网汽车配件销售商可以给生产企业提供顾客实时实地的信息。这种需求意愿的信息可以帮助生产企业降低汽车配件销售费用,而这种费用通常将占到汽车配件最终销售价格的15%左右。如果算上促销费用的话,这种费用所占比例就更高了。事实上,互联网还可起到一定的广告促销作用。

以前,销售商所经销的汽车配件中总有一部分畅销,而另一部分滞销。滞销部分占用资金所引起的费用就要分摊到卖出去的汽车配件上。通过互联网,生产企业和销售商都可以及时避免生产和销售市场销售不好的汽车配件。有了互联网的便捷服务,不仅节约了时间和费用,更重要的是,互联网还可引起一种观念的变革,使汽车配件生产企业、销售商和顾客贴得更近。

5.6.3 我国汽车配件行业电子商务网站

我国的汽车配件网络化经营和电子商务,已经开始呈现发展的趋势。据不完全统计,我国目前以汽车、汽配为主页的商务网站已有上万个,但具有行业影响、有较大访问量的门户性网站不过数百个,例如:中国汽配行业信息网、中华汽配网、汽车配件网上商务平台、慧聪网汽车频道、新浪网汽车频道、搜配网等。这些著名网站为用户提供了大量的汽车、汽配和汽车用品方面的信息,为汽配商品的市场化做出了贡献。

上述网站的内容一般都大同小异,除了转载一些政策法规、行业新闻、技术规范、汽车汽配知识等文字类信息外,主要是汽车、汽配、用品、汽保设备类商品报价信息,供应、求购、合作类商情信息,展会、研讨会行业活动信息以及经营上述商品或从事汽车维修、保养业务的公司基本信息等。

除个别专业的汽车、汽配品牌经销商的自有网站外,几乎所有汽车、汽配门户网站都未设置汽配商品的网上交易功能。原因在于该类商品过于复杂,专业性太强(不像一些与汽车车型无关的汽车用品)。因此,一般商务平台网站都不配置完成汽配类商品交易功能的网络营销模块。事实上,只有汽配企业才是真正的网络营销主体,一些汽车、汽配的门户网站直接去做网络营销可能会陷入误区。

此外,网站虽然具有很好的分类搜索功能,但人性化服务不足,缺少商品的全方位导购。当用户搜索到所需商品后,网站不能展示所有经销该商品的商店供用户比较和选择。

另外,网站一般不对网上报价的企业的资质进行审查;商品性能品质的可信度不高;网站上企业的参与度不够;商品信息的更新不及时,这些问题都需要改进。

在美国 DaveSmith 汽车公司则在十多年前就已开展汽车网上销售业务,并以汽车网络销售而著称,网络销售成绩斐然,可见,网络营销技术发展到一定阶段与程度后,汽车营销网站与汽车直销将是市场大势所趋,网络化经营也必然是汽车配件营销的必由之路和改革之路。汽车的零部件多,汽车整车的供应商也多,协同产业链长。而通过网络实现全球采购与订单流程集成,则可以极大缩短订单处理的时间,使制造、销售与供应商形成一体化集合,对市场变化快速反应,及时采购、生产与装配,降低采购与销售成本,提高生产效率。

例如,根据对福特汽车公司的统计分析,通过网络采购,汽车公司每笔交易的费用只有15美元,而传统采购方式的商品交易成本费用是150美元。因此,汽车网络采购的成本大大降低。

5.6.4 成功运用汽配互联网络营销的关键

①汽车、汽配企业网站建设与汽配网络营销资源诊断评估是汽车汽配公司/企业成功开展汽配网络营销策划的基础前提条件。

②汽车、汽配网站的成功建设必须特别关注差异化的卖点内容策划与 SEO 搜索引擎优化。

③汽车、汽配公司/企业要善于选择专业的网络营销服务团队。

④汽车、汽配网络营销公司需要建立适合的汽配客户网络服务系统或在线顾客管理系统(充分提高汽车、汽配网络营销转化率与销售服务质量)。

⑤汽车、汽配公司/企业需要通过网络营销培训等手段建立适合自己企业的网络营销人才队伍;汽车、汽配网络营销组合执行上应该有序分布,实施期间进行定期的效果评估与改进。

⑥汽车、汽配公司/企业要善于应用汽配网络广告发布渠道与营销工具软件。

5.6.5 案例分析

2006年,世界最大的汽车配件及汽车用品销售商美国蓝霸(NAPA)公司,正式宣布进入中国。蓝霸汽配超市连锁有限公司(NAPA-中国)是全面引进美国NAPA品牌,定位于中国汽车后市场的汽车现代服务业,集汽配、工具、用品、检测设备销售和快修服务于一体的综合性服务企业。

作为美国NAPA在中国唯一的代理商,蓝霸公司在引进和吸收美国NAPA先进技术的同时,着力建立NAPA中国的商业模式、管理系统、产品质量标准、产品编码以及汽车养护指导在内的各项业务。

蓝霸以独具特色的管理体系标准,推行全新的NAPA商业模式,逐步展开全国连锁,同时建立全国范围内的分销体系,建立起符合中国特色的汽车后市场现代服务业标准体系和汽配连锁经营模式。

谁也不知这种超市型拓展模式的新理念能够对我国目前已经形成的配件及养护消费市场带来多大的影响和冲击。目前我国汽配市场现有的4S店为主体、汽配城加上路边摊为补充的消费模式,虽说不上多完善,但也算各就各位地合理共存,多层次的价格也给消费者提供了更多样化的选择。如果用单一的价格标准来替代多年来形成的层次价格,消费者接受程度还有待观察。

而对4S店的信任和依赖程度更是这些年国内车主们所形成的习惯,针对单一品牌的专业性和同样规范的管理和流程,让4S店在车主心目中不但是购车的首选,更是修车、配件、养护的首选。在中国,超市化连锁经营在其他领域固然广为接受,但在刚刚进入家庭的汽车领域,"超市"化经营恐怕还有很长的一段路要走。

任务实施

在本项目情境中,我们也应该思考汽车配件的网络化销售渠道,即时下流行的电子商务,为此我们应该学习掌握以下知识要点。

环　节	对应项目	具体程序
1	汽车配件网络化经营的概念	认识网络营销(Cyber Marketing),这种通过互联网和电子商务实现网上经营的方式
2	汽车配件网络化经营的优越性	充分认识网络化经营的优越性
3	我国汽车配件行业电子商务网站	了解市场,掌握我国汽车配件行业电子商务网站现状
4	成功运用汽配互联网络营销的关键	掌握6个成功运用汽配互联网络营销的关键点

项目 5.7 汽车配件营销人员的基本素质

情境导入

顾客陈先生和他的朋友来到4S展厅购买汽车备件，作为销售顾问的你应该如何让顾客兴高采烈地购买你们的备件呢？

【任务分析】

要想赢得顾客的信赖，不但要有较好的仪容仪表，更要有良好的职业道德、过硬的专业素养。通过本任务的学习，了解汽车配件销售人员应该具备哪些基本素质。

理论引导

作为一名汽车配件销售人员，必须具备相应的能力，主要包括：职业道德的基本要求、业务知识和能力的要求、专业技能的要求等。

5.7.1 职业道德的基本要求

(1)热爱本职

精通业务企业的销售人员，如果对自己所从事的工作没有一腔的热忱，甚至看不起自己的工作，那么他们就不可能有工作的积极性、主动性和创造性，也就不可能实现自我价值的追求；经销人员如果不精于业务，不善于聚财和理财，那么在竞争中就要被淘汰。只有精通业务，善于聚财和理财，他们才能把自己所从事的事业做好，才能提高经营效益。

(2)互利互惠，公平交易，诚实无欺

要保持和发展互利互惠、公平交易、诚实无欺的经营作风，就要树立正确的经营观念、即全局观念、服务至上观念、薄利多销的观念、创造经营特色的创新观念、商品及时更新观念、经营方式多样化观念等。

(3)文明经商，尊重消费者利益

文明经商就要做到主动、热情、耐心、周到，仪表要整洁，举止要大方，讲究语言艺术。具体来说，客户临近，主动招呼；客户购货，主动展示商品；客户对商品不熟悉，主动介绍商品的性能、质量、价格、使用方法；接待客户时要态度和蔼、语言亲切、注重礼貌；要耐心回答客户提出的各种问题；帮助挑选产品，做到多拿不厌，多问不烦；要想客户之所想，急客户之所急。

尊重消费者的利益，则要做到：明码标价，按质论价；介绍商品实事求是；出售商品注重质量，对消费者负责，不以假乱真，以次充好。

(4)团结协作，互帮互助

团结协作，互帮互助是正确处理业主与员工之间、企业之间相互关系的有效途径。这就要求经销人员树立求大同、存小异的工作作风；尊重他人的意见和劳动；要善于心理换位，将心比心替他人着想。

(5)遵纪守法，敢于斗争

企业的经销人员必须以财经纪律严格要求自己的职业行为，自觉遵守有关经济法规。要善于运用财经纪律和有关经济法规，在经营中正确处理好各种关系，包括矛盾和纠纷等，对违法乱纪的行为不迁就，坚持原则，敢于斗争。

5.7.2 业务知识和能力的要求

①熟悉配件结构原理、主要性能、保养检测知识，了解各种配件的型号、用途、特点和价格，只有这样才能当好客户的“参谋”，及时回答客户提出的各种问题，消除客户的各种疑虑，促成交易。

②熟悉市场行情，了解税收、保险、购置税费、付款方式等一系列业务、政策规定，以及市场经营的基本知识。

③熟悉客户心理，判断用户购买动机，为用户当好参谋。用户购买配件的心理活动分为产生动机、寻找商品、要求挑选、决心购买、买后感受5个阶段。从用户进店走近柜台的行为、寻找商品的神态中，正确判断他们的来意，做到先打招呼，热情接待。同时观察用户的购买行为，从其行为和表情中，分析用户的心理活动，判断用户的购买动机，进一步判断出用户所属企业的性质，拥有多少车辆和购买能力，为用户当好参谋。当用户购买完配件之后，还要观察用户，分析用户买后的心理活动和感受，判断出用户的满意程度，为下次交易打下基础。

④会使用柜台语言艺术。一个有丰富实践经验的经销人员，必须非常注意柜台语言艺术，对各类用户，要做到有问必答、语言准确、条理清楚。热情而诚恳的语言，能给用户以愉快的感觉，促使买卖成交。

⑤能根据用户的不同要求，提供各种形式的服务。为了扩大经营，应运用多种多样的服务手段，如送货上门、函电售货、代办托运等多种服务，而且要做好质量“三包”和售后服务工作。

5.7.3 专业技能的要求

(1)正确开列单据

经销人员开列的单据，必须字迹清楚，并且严格按照单据的格式逐项书写清楚、准确无误。否则就会给收款、记账、发货等环节造成困难，给用户造成不必要的麻烦。

(2)正确使用售货卡

售货卡是经销人员的台账，也是其了解市场变化、掌握配件销售动态、编制进销计划的依据和历史资料。经销人员在售货时不仅要能迅速地抽出卡片，完成售货，减少用户等候时间，还应做到登记、统计、结转账卡准确，保管完整。

(3)能够书写信函

有的外地客户经常来函求购急缺配件，为了巩固老客户，取信新汽车售后配件管理客户，不论生意成交与否，都要做到来信必复、复必及时。要重视书写信函的质量，发挥信函在业务往来中的作用。

(4)能正确使用量器具

量器具包括游标卡尺、百分表、千分表、扭力扳手、万用表、塞尺等。

(5)能熟练快速地计算货款

经销人员计算货款应做到一准、二快、三清。也就是说经销人员在计算货款时要准确、迅速，并将计算结果报给客户，让客户听清。客户一次购买几种配件或不同计量单位的配件时，需要经销人员用计算器、珠算或心算准确地计算出货款。为了避免误会，计价的整个过程，都要当着客户的面进行。如果客户对货款有疑问，经销人员要耐心地重算一遍，并有礼貌地做好必要的说明和解释。

为了加快计算货款的速度，减少客户等候的时间，防止算错账，对于一些特殊情况，如某一种配件销量大、交易又比较频繁时，可根据单价、计量单位预先计算好数据，制成价格表(卡)，帮助快速计算。

任务实施

在本项目情境中，作为销售顾问，你要想使你的客户满意，你应该具有以下素质。

环节	步骤名称	具体内容
1	恰当接待	通过仪容、仪表、仪态让客户对你初步建立良好的第一印象
2	专业讲解	综合利用营销、汽车及备件的专业知识让客户感觉到找你是对的
3	专业结算	结算时熟练快速地计算货款，减少客户的等待时间

评价体会

评价与考核项目		评价与考核标准	配　分	得　分
知识点	汽车配件销售的特征	了解汽车配件销售的特征	5	
	汽车配件分销渠道的作用与类型	掌握汽车配件分销渠道的作用与类型	10	
	汽车配件分销渠道的设计与管理	掌握汽车配件分销渠道的设计与管理	15	
	汽车配件市场营销调查	掌握汽车配件市场营销调查方法与调查表的设计及撰写调查表分析报告	10	
	汽车配件市场预测	熟悉汽车配件市场预测	10	
	汽车配件销售技巧	掌握汽车配件销售技巧	10	
	汽车配件产品的售后服务	了解汽车配件产品的售后服务	5	
	汽车配件营销人员的基本素质	熟悉汽车配件营销人员的基本素质	5	
技能点	汽车配件分销渠道的设计与管理	熟悉4S店配件销售渠道的设计与管理	10	
	汽车配件市场营销调查	能够进行4S店的汽车配件销售时遇到的问题进行市场调查并撰写调查报告	10	
情感点	职业道德与敬业精神	具备良好的道德准则与道德品质;能认真对待实训、遵守纪律、明确职责、勤奋努力	5	
	团结协作与创新精神	能与同学和谐相处,协调合作,充分发挥自己的个性,圆满完成实训任务;能够综合运用自己的知识、信息、技能和方法、对遇到的问题能提出新方法、新观点	5	
合　计			100	

任务工单

学习任务5　汽车配件的销售	班级			
	姓名		学号	
	日期		评分	

理论考核

一、填空题

1. 汽车配件市场报告的结果一般由题目、________、概要、________、________和建议、附件几部分组成。

2. 以经销中间商为主的销售形式主要有一层渠道、________、多层渠道、________。

3. 市场预测的基本原则:惯性原则、________、________。

4. 市场预测方法有很多,按预测的方式不同,可分为定性预测方法和________两大类。

5. 按配件的使用性质,配件通常分为消耗件、易损件、________、________、________。

6. 汽车销售人员职业道德的基本要求包括:热爱本职、________、文明经商、________、________。

二、问答题

1. 汽车配件销售有什么特点?
2. 简述汽车配件分销渠道的作用与类型。
3. 如何对分销渠道进行设计和管理?
4. 简述分销渠道的作用和类型。
5. 简述配件市场调查的内容与步骤。
6. 简述市场预测的基本步骤。
7. 促成汽车销售成功的方法有哪些?
8. 作为汽车销售人员应具备哪些基本素质?

技能考核

1. 设计一份汽车配件销售的满意度调查表。
2. 设计一份上海大众汽车配件的分销渠道图。

拓展与提升

汽车电子商务离我们还有多远

电子商务已经快速走进我们的生活。在网上买东西坐等快递上门,已经是寻常事,为此还有不少快递哥的段子到处流传……但是,在5年前,还有太多的人不敢接受,宁肯在街上转得脚酸腿麻,再大包小包转几趟车,最后爬楼梯搬回家里,劳苦功高。

也不过就几年时间,这变化够大的。选购的过程在网上完成,在线付款,然后一应体力活,全由快递公司来完成。购物更有乐趣,而不少人,特别是女性,却由此成了购物狂,信用卡经常透支,呃,太过了。

所以,当人们说起汽车电商时,也许还有许多人不以为意,认为是说笑话,认为异想天开,可是,依我的经验判断,我认真、乐观地认为,汽车电商时代一定会到来。

其实,这些人的担心,无非在于:汽车这么个大件,怎么可以不见面就付款呢?

而电商,其实是可以让你避免这些担心的。具体分析如下:

现有的汽车品牌管理办法明确规定:汽车厂商不得直接销售汽车,一定要通过旗下销售渠道,由终端完成。那么,也就是说,无论汽车产品从哪个店里流出,哪个渠道流出,最终都可以追到厂商哪里,也就是说,任何汽车产品,厂商都得乖乖地认。有了这一点,无论哪个由哪个电商处买到的汽车,都是有主的,无论是售后什么问题,都能有保障。

再说售前。由于汽车厂家很多,同一档次产品更是竞争激烈,买车的人,一般都会先上网查阅相关数据,然后,再一家家跑着选,货比三家乃至五家,拿这一家压另一家,最后,选出一个最低价最实惠最靠谱的店家,交款,提车。而如果是电商渠道,这货比五家可就变成了无数家,因为在网上浏览,成本比实际的店家间跑要小得可以忽略不计。至于砍价,同样类推。最后,就是一个信任度的问题,你可以像在淘宝网上看店家的被评一样,亲,我们家童叟无欺,我们家保证货真价实,亲,给个好评吧,亲,我们再送你一个大礼包……让你充分享受到上帝的感觉,而不必去跑得累死,4S店给你冷脸冷板凳。

你成本低,店家成本也低,不必有实体店,不必有那么多员工和相应的开支,成本降了,羊毛出在羊身上,亲,你一定知道这句话的意思。

说到这里，有人一定会说：没有实体店，不放心，因为保养维修怎么做？其实到这一步，销售和维修是可以分开了，而且，维修店一定会追着电商，亲，我们家设备齐全，员工技术好态度好，也就是说，电商可以自己做维修，也可以交由口碑好实力强的维修店来做，而电商的遴选，一定比你专业得多。

至于最后付款过程，你可选择线上交易，也可以选择货到付款，还可以拒收，如果货物不相符的话。

所有这一切，跟现在的实体店购车相比，当然成本小，也便利得多。但是，所有这一切有个基础，就是厂商得配合，厂商得认证电商，网店，厂商得同意配送，厂商得保证这汽车是自己家生产的，不得赖账。

实际上，这担心都是多余的。任何一宗商品，都得经由经销卖出，才能变现为现金，厂商的成本和利润才得以回收。传统形式的销售和营销费用高得吓人，也是商品的成本的一部分。厂商没有理由拒绝如此好的经销方式。

事实上，现在已经有不少厂家在试水电商形式。几年前的奔驰SMART，2010年9月9日上午10点一次大宗团购在淘宝聚划算上开演，原价17.5万聚划算价13.5万的205辆奔驰smart3 3个小时24分钟被抢购一空；2010年熊猫汽车在12月22日凌晨00:00正式开始出售，刚上线一分钟就卖出了300辆，这个记录在淘宝网年底火爆的“全民疯抢”大促中再一次刷爆了消费者的眼球。2012年11月11日，淘宝天猫双11购物狂欢节活动中，江淮悦悦官方旗舰店热卖1 225台轿车，并且通过淘宝网试用中心、预售平台和聚划算成功将全新的运动跨界车型悦悦Cross推向市场。

由于汽车电商是新生事物，一放到网上，关注度奇高。客观上又起到了良好的事件营销效果，所以，不少厂商都在跃跃欲试。而且，不少人看到这个机会，开始组建电商。在网上搜一下，大大小小的汽车电商真是多如牛毛，而有实力的电商，就更会抓住机会。180迈购车网前不久做了一个标致RCZ的赛车活动，现在摆上了许多车辆，令人想不到的是，奔驰也摆了好多车辆在现场。而那一场活动下来，现场的摆车自然销售一空，订单也达到上百辆。180迈总经理现场接受采访时自信地说：相信几年后，我们一定是汽车电商界是的京东！

上面3个案例，都是小型车，而且，作秀、营销的效果超过了销售的效果。但是，从这个侧面也可以看出，第一，人们对于电商模式并不排斥，相反还是很接受；第二，厂商苦于传统经销模式成本太高，也对电商抱着明显的期望，只是，事关销售，不可等闲视之，所以只能先“试水”。类似于选点示范；第三，对于之后是否会做电商模式，有哪些车型会参与，没有后续；而更多数的厂商，都在探头探脑，之所以不敢进入，无非就是以上原因。但是，一旦吃螃蟹者尝到了美味，他们一定会蜂拥而入。

学习任务6

汽车特约服务站的保修索赔工作

【任务目标】

1. 知识目标：掌握保修索赔期和保修索赔范围；掌握保修索赔工作机构；掌握保修索赔工作流程；熟悉索赔旧件的管理；熟悉质量情况反馈的规定。

2. 能力目标：能够为客户详细地介绍保修索赔相关内容；能够严格按照汽车制造厂的保修索赔政策为每一位用户做好保修索赔服务。

3. 态度目标：通过出色的保修索赔工作树立品牌形象，为管理和售后服务赢得市场。

【任务描述】

汽车特约服务站是汽车制造厂面向用户的窗口，用户的保修索赔工作由特约服务站来完成。汽车制造厂为各特约服务站提供了便捷的保修索赔工作环境，特约服务站也应该严格按照汽车制造厂的保修索赔政策为每一位用户做好保修索赔工作。因此，作为一名特约服务站接待人员，必须掌握保修索赔期和保修索赔范围、保修索赔工作机构、保修索赔工作流程、索赔旧件的管理及质量情况反馈的规定等基本服务内容。本项目主要讨论在汽车特约服务站的保修索赔各流程的工作内容和方法。

【课时计划】

项目	项目内容	参考课时
6.1	保修索赔期和保修索赔范围	2
6.2	保修索赔工作机构	1
6.3	保修索赔工作流程	1
6.4	索赔旧件的管理	2
6.5	质量情况反馈的规定	1

项目 6.1　保修索赔期和保修索赔范围

情境导入

顾客陈先生的汽车已经购买两年半了，最近车辆的发动机出现故障，陈先生便和朋友一起来到汽车特约服务站要求保修索赔，作为售后服务人员的你该如何接待呢？

【任务分析】

作为售后服务人员，首先要了解车辆及相关部件的保修索赔期和保修索赔范围。接待顾客的时候才能更好地为顾客进行解释，以避免不必要的麻烦，更好地为顾客服务。

理论引导

各汽车制造厂保修索赔的具体规定尽管有些不同，但原则上没有大的区别。整车、配件的保修索赔期和保修索赔范围一般包括以下内容。

6.1.1 保修索赔期

1. 整车保修索赔期

①整车保修索赔期为从车辆开具购车发票之日起的 24 个月内，或车辆行驶累计历程 50 000 km 内，两个条件以先到达的为准。超出以上两个范围之一者，该车就超出了保修索赔期。

②整车保修索赔期内，特殊零部件依照特殊零部件保修索赔期的规定执行。

特殊零部件保修索赔期的规定，见表 6.1。

表 6.1　特殊零部件保修索赔期

特殊零部件名称	保修索赔期
控制臂球头销	12 个月或者 40 000 km
前减震器、后减震器	12 个月或者 40 000 km
等速万向节	12 个月或者 40 000 km
喇叭	12 个月或者 40 000 km
蓄电池	12 个月或者 40 000 km
氧传感器	12 个月或者 40 000 km
防尘套（横拉杆、万向节）	12 个月或者 40 000 km
各类轴承	12 个月或者 40 000 km
橡胶件	12 个月或者 40 000 km
喷油器	12 个月或者 40 000 km
三元催化转化器	12 个月或者 40 000 km

2. 配件保修索赔期

①在整车保修索赔期内有特约服务站免费更换安装的配件，其保修索赔期为整车保修索赔期的剩余部分，即随整车保修索赔期结束而结束。

②由用户付费并由特约服务站更换和安装的配件，从车辆修竣客户验收合格日和公里数算起，其保修索赔期为 12 个月或 40 000 km（两个条件以先到达为准）。在此期间，因为保修而免费更换同一配件的保修索赔期为其付费配件保修索赔期的剩余部分，即随付费配件的保修索赔期结束而结束。配件质量保证期限见表 6.2。

表 6.2　配件质量保证期限表

序号	部件名称	质量保证期（以先到为准）
1	空气滤清器	1 年/20 000 km
2	空调滤清器	1 年/20 000 km
3	机油滤清器	6 个月/5 000 km
4	燃料滤清器	1 年/20 000 km
5	火花塞	1 年/20 000 km
6	制动衬片	1 年/20 000 km
7	离合器片	1 年/20 000 km
8	轮胎	1 年/20 000 km
9	蓄电池	1 年/20 000 km
10	遥控器电池	1 年/20 000 km
11	灯泡	1 年/20 000 km
12	刮水器刮片	6 个月/5 000 km
13	保险丝及普通继电器（不含集成控制单元）	1 年/20 000 km
出租等营运类车辆的易损耗零部件种类范围及质量保证期执行原有质量担保政策		

6.1.2 保修索赔的前提条件

①必须是在规定的保修索赔期内。

②必须遵守“保修保养手册”的规定，正确使用、保养、存放车辆。

③所有保修服务工作必须由汽车制造厂设在各地的特约服务站实施。

④必须是由特约服务站售出并安装在车辆上的配件。

6.1.3 保修索赔范围

①在保修索赔期内，车辆正常使用情况下整车或配件发生质量故障、修复故障所花费的材料费、工时费属于保修索赔范围。

②在保修索赔期内，车辆发生故障无法行驶，需要特约服务站外出抢修，特约服务站在抢修中的交通、住宿等费用属于保修索赔范围。

③汽车制造厂为每一辆车提供两次在汽车特约服务站进行免费保养，两次免费保养的费用属于保修索赔范围。其中免费保养项目包括：

a. 2 000 km 免费保养项目：

（a）更换机油及机油滤清器。

（b）检查传动皮带。

（c）检查空调暖风系统软管和接头。

（d）检查冷却液。

（e）检查冷却系统软管及卡箍。

（f）检查通风软管和接头。

(g)清洗空气滤清器滤芯。

(h)检查油箱盖、油管、软管和接头。

(i)检查制动液和软管。

(j)检查、调整驻车制动器。

(k)检查轮胎和充气压力。

(l)检查喇叭、刮水器和洗涤器等。

b. 6 000 km 免费保养项目:

(a)更换机油及机油滤清器。

(b)检查冷却液。

(c)检查冷却系统软管及卡箍。

(d)检查通风软管和接头。

(e)清洗空气滤清器滤芯。

(f)检查油箱盖、油管、软管和接头。

(g)检查排气管和安装支座。

(h)检查变速器、差速器油。

(i)检查制动液和软管,必要时添加制动液。

(j)检查、调整驻车制动器。

(k)检查、调整前后悬架。

(l)检查、调整底盘和车身的螺栓和螺母。

(m)检查动力转向液,必要时添加。

(n)检查轮胎和重充气压力。

(o)检查灯、喇叭、刮水器和洗涤器。

(p)检查空调/暖风。

(q)检查空调滤清器。

6.1.4 不属于保修索赔范围

①汽车制造厂特许经销商处购买的每一辆汽车都随车配有一本保修保养手册,该保修保养手册须盖有售出该车的特许经销商的印章,以及购车客户签名后方可生效。不具有该保修保养手册,保修保养手册上印章不全或发现擅自涂改保修保养手册情况的,汽车特约服务站有权拒绝客户的保修索赔申请。

②车辆正常例行保养和车辆正常使用中的耗损件不属于保修索赔范围(质检总局规定易损件范围),如:

a. 空气油滤清器。

b. 空调滤清器。

c. 机油滤清器。

d. 燃油滤清器。

e. 火花塞。

f. 制动摩擦片。

g. 离合器片。

h. 轮胎。

i. 蓄电池。

j. 遥控器电池。

k. 灯泡。

l. 雨刮片保险丝及普通继电器(不含集成控制单元)。

③因不正常保养造成的车辆故障不属于保修索赔范围。汽车制造厂的每一位客户都应该根据“保修保养手册”上规定的保养规范,按时到汽车特约服务站对车辆进行保养。如果车辆因为缺少保养或未按规定的

保养项目进行保养而造成的车辆故障,不属于保修索赔范围(如未按规定更换变速器油,而造成变速器故障,特约服务站有权拒绝用户的索赔申请)。同时汽车特约服务站有义务在为用户每次做完保养后记录下保养情况(记录在用户的“保修保养手册”规定位置,盖章),并提醒用户下次保养的时间和内容。

④车辆不是在汽车制造厂授权服务站维修,或者车辆安装了未经汽车制造厂售后服务部门许可的配件不属于保修索赔范围。

⑤用户私自拆卸更换里程表,或更改里程表读数的车辆(不包括汽车特约服务站对车辆故障诊断的正常操作)不属于保修索赔范围。

⑥因为环境、自然灾害、意外事件造成的车辆故障不属于保修索赔范围(如酸雨、沥青、地震、冰雹、水灾、火灾、车祸等)。

⑦因为用户使用不当,滥用车辆(如用作赛车)或未经汽车制造厂售后服务部门许可改装车辆而引起的车辆故障不属于保修索赔范围。

⑧间接损失不属于保修索赔范围。因车辆故障引起的经济、时间损失(如租赁其他车辆或在外过夜等)不属于保修索赔范围。同时,特约服务站应当承担责任并进行修复。

⑨由于特约服务站操作不当造成的损失不在保修索赔范围。同时,特约服务站应当承担责任并进行修复。

⑩在保修索赔期内,用户车辆出现故障后未经汽车制造厂(或汽车特约服务站)同意继续使用而造成进一步损坏,汽车制造厂只对原有故障损失(须证实属产品质量问题)负责,其余损失责任由用户承担。

⑪车辆发生严重事故时,用户应保护现场,并应保管好损坏零件,但不能自行拆修故障车。经汽车制造厂和有关方面(如保险公司等)鉴定事故原因后,如属产品质量问题,汽车制造厂将按规定支付全部保修及车辆托运费用。如未保护现场或因丢失损坏零件以致无法判明事故原因,汽车制造厂不承担保修索赔费用。

6.1.5 其他保修索赔事宜

1. 库存待售成品车辆的保修

由汽车制造厂派出的技术服务代表定期(至少每3个月1次)对中转库和代理商(经销商)展场的车辆进行检查,各地特约服务站配合。对车辆因放置时间较长出现油漆变(褪)色、锈蚀、车厢底板翘曲变形等外观缺陷,由汽车制造厂索赔管理部批准后可以保修。保修工作由汽车制造厂设在各地的特约服务站完成。

2. 保修索赔期满后出现的问题

对于过了保修索赔期的车辆,原则上不予保修索赔。如确属耐用件存在质量问题,则由汽车制造厂技术服务代表和汽车特约服务站共同对故障原因进行鉴定,在征求汽车制造厂索赔管理部同意后可以按保修处理。因保养、使用不当造成的损坏或是易损件的损失不能保修。

3. 更换仪表

因仪表有质量问题而更换仪表总成的,汽车特约服务站应在“保修手册”上注明旧仪表上的里程数及更换日期。

4. 故障原因和责任难以判断的问题

对于故障原因和责任难以判断的情况,如用户确实按“使用说明书”规定使用和保养车辆且能出示有关证据(如保养记录,询问驾驶员对车辆性能、使用的熟练程度),须报汽车制造厂索赔管理部同意后可以保修。

任务实施

在本项目情境中,作为售后服务人员可以按下列步骤接待。

环　节	对应项目	具体程序
1	面对索赔	热情对待顾客，了解顾客诉求
2	保修索赔期	(1)明确整车保修索赔期和配件保修索赔期概念及时间范围 (2)熟悉与拓展常见品牌车型整车保修索赔期和配件保修索赔期
3	保修索赔的前提条件和保修索赔范围	(1)明确保修索赔的前提条件 (2)熟悉保修索赔范围内的保修项目 (3)熟悉不属于保修索赔范围内的作业项目 (4)根据案例分析作业项目是否属于保修索赔范围
4	其他保修索赔事宜	(1)熟悉其他保修索赔相关事宜 (2)拓展保修索赔注意事项及其他相关事项
5	处理问题	根据保修索赔期、保修索赔的前提条件、保修索赔范围，做出处理说明

项目 6.2　保修索赔工作机构

情境导入

客户陈先生在某4S店购置了一辆2012款全新迈腾，在保修期内提出索赔，4S店哪些部门人员会与此有关？

理论引导

6.2.1 保修索赔工作机构的组成

保修索赔工作机构由汽车制造厂索赔管理部和汽车特约服务站索赔员组成。

1. 汽车制造厂索赔管理部

汽车制造厂索赔管理部隶属于汽车制造厂的售后服务机构。售后服务机构负责收购业务，主管部门有：售后服务部、配件供应部和索赔管理部。售后服务部主要负责售后服务设备、培训、技术支持、资料手册编辑、特约服务站服务工作的协调监督等业务；配件供应部主要负责配件筹集、订单处理、库存管理、配件运送协调、配件价格体系制订、特约服务站配件工作协调与监督等业务；索赔管理部主要负责整车、配件保修索赔期内的保修索赔以及再索赔工作，主要有：索赔工时、故障代码的订制和校核、索赔单据的审核和结算、产品质量信息的手机与反馈、再索赔结算及协调等业务。

汽车制造厂在全国选建符合4S标准（集整车销售、汽车维修、配件供应、信息反馈为一体）的汽车特约服务站。汽车制造厂为特约服务站提供全面的技术支持，如信息系统的建设支持和运费的补偿。同时，汽车制造厂建立培训中心，为特约服务站进行技术、管理培训。成立CALL CENTRE（应答中心），及时提供信息咨询和意见反馈。

2. 汽车特约服务站索赔员

(1)对索赔员的具体要求

要求每个特约服务站必须配备一名专职索赔员，专职索赔员的主要工作是保修索赔、免费保养和质量信

息反馈。根据索赔的工作性质,对专职索赔员提出了以下具体要求:

①具有高中或相当于高中以上的文化程度。

②具有丰富的现场维修经验,有对汽车故障进行检查和判断的能力。

③有较强的语言表达能力,善于沟通。

④为人正直,工作仔细认真。

⑤具有计算机基本应用能力。

⑥通过汽车制造厂的专职索赔员培训,考核合格并授予上岗证书。

(2)索赔员的工作职责

每一位专职索赔员都是汽车制造厂保修索赔工作的代表,其工作职责如下:

①充分理解保修索赔政策,熟悉汽车制造厂保修索赔工作的业务知识。

②对待用户要热情礼貌、不卑不亢,认真听取用户的质量抱怨,实事求是做好每一辆提出索赔申请故障车的政策审核和质量鉴定工作。

③严格按照保修索赔政策为用户办理索赔申请。

④准确、及时地填报汽车制造厂规定的各类索赔表单和质量情况报告,完整地保管和运送索赔旧件。

⑤积极向用户做好宣传和解释保修索赔政策。

⑥积极协助用户做好每一次免费保养和例行保养。

⑦在用户的保修保养手册上记录好每一次保修和保养情况。

⑧严格、细致地做好售前检查。

⑨及时准确地向汽车制造厂索赔管理部提交质量信息报告。重大质量问题及时填写"重大故障报告单",传真至汽车制造厂索赔管理部。

6.2.2 各机构工作职责

1. 汽车制造厂的工作职责

①建立汽车特约服务站,对特约服务站的人员进行培训,帮助特约服务站提高技术水平和管理水平。

②向各区域派出汽车制造厂的技术服务代表,检查各特约服务站保修索赔的执行情况,评估各特约服务站索赔员的业务能力

③遇到疑难问题,汽车制造厂将通过函电指导或派代表及技术人员现场提供技术支持。

④特约服务站在保修索赔服务中如被发现有欺骗行为(如伪造索赔单等),汽车制造厂将拒付索赔费,并视情节给予罚款处理,直至取消其索赔资格。如造成了严重的社会影响,将追究其责任。

2. 汽车特约服务站工作职责

①特约服务站是被授权对汽车产品进行保修索赔服务的企业。特约服务站有责任向所有符合保修索赔条件的用户提供满意的保修索赔服务,不得以任何形式与理由拒绝用户提出的正当合理的保修索赔要求。

②特约服务站必须按汽车制造厂的规定配置相关的硬件(专用质量鉴定设备、索赔申请提交设备、专职人员、专用仓库等)和软件(电脑管理软件、专业培训、专业鉴定技术等)。

③贯彻汽车制造厂保修索赔政策,实事求是地为用户提供保修索赔服务,既不可推卸责任,也不可为用户提交虚假的索赔申请。

④特约服务站在进行保修索赔工作中,有效地调整和维修是首选的措施,当调整和维修无法达到应有的技术要求时,可以更换必要的零件和总成。

⑤特约服务站有责任配合汽车制造厂处理好用户的质量投诉,特约服务站作为汽车制造厂的代表之一,不可推卸用户对质量投诉的责任。

⑥为了提高产品质量,特约服务站应按规定向汽车制造厂索赔管理部提供有效的质量情况反馈。

3. 汽车经销商工作职责

①执行汽车制造厂的新车交付验收标准,出现疑问,及时向汽车制造厂反映。

②执行汽车制造厂新车仓库管理制度，按规定做好新车保养。

③及时向汽车制造厂技术服务代表或汽车制造厂索赔管理部反馈车辆库存中的质量信息，避免因延误处理而产生不应有的质量损失。

④如果因车辆移动造成的事故，或者因保管不善造成零部件丢失或损坏，经销商应负责将车辆恢复到符合技术标准的状态，不得向用户出售不合要求的车辆。

⑤及时向汽车制造厂反映用户的意见或要求，协助汽车制造厂处理市场反馈的产品质量信息。

⑥帮助汽车制造厂建立与用户的联络渠道，共同提高对用户的服务能力和水平。

任务实施

在本项目情境中，4S店可按下列步骤处理客户陈先生的索赔。

环　节	对应项目	具体程序
1	接待	热情接待，了解索赔具体情况
2	保修索赔工作机构	相关人员协调保修索赔工作机构：汽车制造厂索赔管理部和汽车特约服务站索赔员
3	保修索赔工作机构的组成	(1)明确保修索赔工作机构的组成 (2)熟悉汽车制造厂索赔管理部和汽车特约服务站索赔员等机构的工作性质及工作范围
4	保修索赔机构的工作职责	(1)明确保修索赔各工作机构的工作职责 (2)在实践过程中严格按照工作职责完成工作任务

项目6.3　保修索赔工作流程

情境导入

客户陈先生在某4S店购置了一辆2012款全新迈腾，在保修期内提出索赔，4S店应该按照怎样的流程处理问题？

理论引导

6.3.1 工作流程图

汽车特约服务站的保修索赔工作流程，如图6.1所示。

6.3.2 具体工作流程

①用户至特约服务站保修。

②业务员根据用户保修情况、车辆状况及车辆维护记录，预审用户的保修内容是否符合保修索赔条件（特别要检查里程表的工作状态），如不符合请用户自行付费修理。

③把初步符合保修索赔条件的车辆送至保修单位，索赔员协同维修技师确认故障点及引起故障的原因，并制定相应的维修方案和审核是否符合保修索赔条件。如不符合保修索赔条件则通知业务员，请用户自行付费修理。

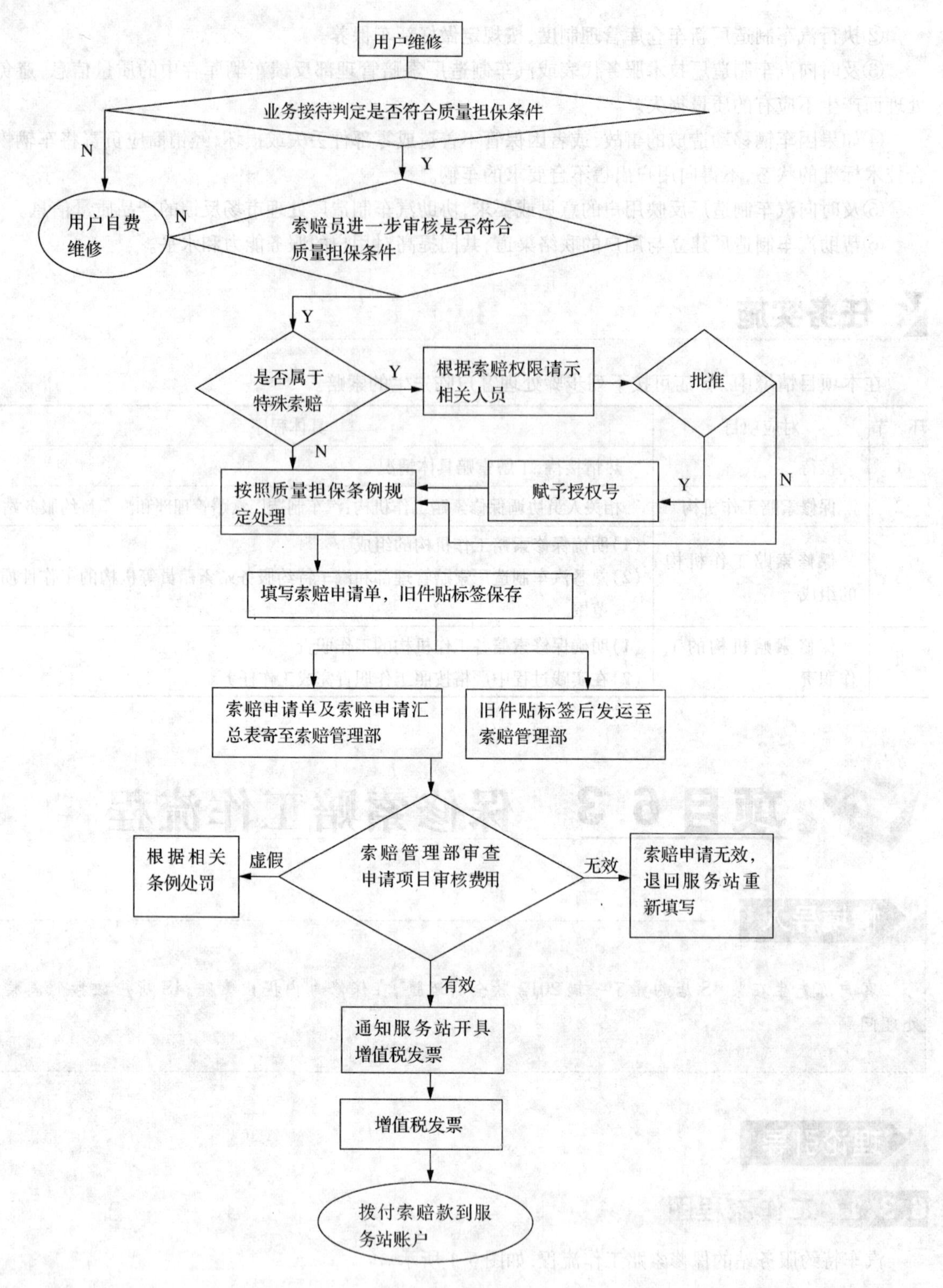

图 6.1　保修索赔工作流程

④索赔员在确认用户车辆符合保修索赔条件后，根据情况登记相关数据，为用户分类提交索赔申请。特殊索赔须事先得到汽车制造厂索赔管理部审批通过，然后及时给予用户车辆保修索赔。

⑤保修结束后，在索赔件上挂上“索赔旧件悬挂标签”，送入索赔旧件仓库统一保管。

⑥索赔员每天要统计当天的索赔申请，填写“索赔申请表”。

⑦每月一次在规定时间内向汽车制造厂索赔管理部提交“索赔申请表”。

⑧索赔员每月一次按规定时间，按规定包装索赔件（见索赔件处理规定）由第三方物流负责运回汽车制

造厂索赔管理部。

⑨经汽车制造厂索赔管理部初步核实不符合条件的索赔申请将予以返回，索赔员根据返回原因立即修改，下次提交索赔申请时一起提交，以待再次审核。

⑩汽车制造厂索赔管理部对符合条件的索赔申请审核完成后，将索赔申请结算单返给特约服务站，特约服务站根据结算单金额向汽车制造厂索赔管理部进行结算。

6.3.3 售前索赔

通过汽车制造厂检验的车辆，还要经过第三方物流、特许经销商、最终用户的各道接车检查，之间可能会检查出一些厂方检验遗漏的质量问题，这些质量缺陷的保修属于售前索赔。为了规范新车交接各方检验的程序，分清新车受损的责任方，一般有以下规定：

①物流商承接新车时，装车前必须认真做好新车交接检验程序，特别注意油漆、玻璃、外装饰件、内饰、轮胎及其外装饰、随车附件、工具资料等。如发现问题，及时请汽车制造厂销售公司解决。检验合格经双方签字确认后，物流商将负责运输全程新车的完好，运输途中造成的一切损失将由物流商承担。

②经销商承接新车时，必须认真做好新车交接检验程序，特别注意油漆、玻璃、外装饰件、内饰、轮胎及其外装饰、随车附件、工具资料等，检验合格后经双方签字确认。

③检验中，发现新车存在制造质量问题，记录在新车交接单上，经双方签字确认。其中发生的维修费用，由经销商提交售前索赔申请，经汽车制造厂索赔管理部审定后予以结算。

④检验中发现新车存在非制造质量问题，如人为损坏、碰撞、异物污染、酸碱侵蚀、附件遗失等，如属物流商责任，由经销商负责修复，维修费用由物流商当场支付，维修费用按索赔标准结算。交接双方如存在分歧，由当地区域销售经理和区域服务经理现场核定。如区域销售经理和区域服务经理无法及时到达现场，先在新车交接单上记录下问题（必要时拍摄照片），并经双方签字确认，事后由经销商提交给索赔管理部审定。

⑤检验中，发现新车存有不明原因的问题，在新车交接单上记录下问题（必要时拍摄照片）并经双方签字确认，事后由经销商提交给索赔管理部审定。

6.3.4 配件索赔

用户自行付费且在服务站更换的零部件或总成，在保修索赔范围内出现质量故障，这类索赔情况属于配件索赔。对于这类配件索赔，必须在索赔申请表后附带购件发票的复印件。换件修复后还需要在更换配件的付费发票备注栏内，如实写明当时车辆已经行驶的公里数。

任务实施

在本项目情境中，4S 店应该按照下面的流程处理问题。

环　节	对应项目	具体程序
1	接待	热情接待陈先生，了解情况
2	保修索赔工作流程	按照图 6.1 所示开展索赔工作

项目6.4 索赔旧件的管理

情境导入

客户陈先生在某4S店购置了一辆2012款全新迈腾，在保修期内提出索赔，索赔后，对于客户换下的旧件4S店应怎样处理？

理论引导

6.4.1 索赔旧件处理规定

①被更换下来的索赔旧件的所有权归汽车制造厂所有，各特约服务站必须在规定时间内按指定的方式将其运回汽车制造厂索赔管理部。

②更换下来的索赔旧件应挂上“索赔旧件悬挂标签”，保证粘贴牢固并按规定填写好该标签，零件故障处需要详细填写，相关故障代码和故障数据也须填写完整。索赔旧件悬挂标签由汽车制造厂索赔管理部统一印制，特约服务站可以向索赔管理部申领。

③故障件的缺陷、破损部位一定要用红色或黑色不易脱落的颜料或记号笔做出明显标记。

④应尽可能保持索赔旧件拆卸下来后的原始故障状态，一些规定不可分解的零件不可擅自分解，否则将视作该零件的故障为拆修不当所致，不予索赔。

⑤旧机油、变速箱油、刹车油、转向机用油、润滑油脂、冷却液等不便运输的索赔旧件无特殊要求不必回运，按当地有关部门规定自行处理(应注意环保)。

⑥在规定时间内将索赔旧件回运。回运前索赔员需要填写“索赔件回运清单”，注明各索赔旧件的装箱编号。索赔旧件必须统一装箱，箱子外部按规定贴上“索赔旧件回运装箱单”并把箱子封装牢固。

⑦汽车制造厂索赔管理部对回运的索赔旧件进行检验后，对存在问题的索赔申请将返回或取消。

⑧对于取消索赔申请的旧件，各特约服务站有权索回，但须承担相应的运输费用。

6.4.2 索赔旧件悬挂标签的填写与悬挂要求

①应在悬挂标签上如实填写所有内容，保证字迹清晰和不易褪色。

②如果遇到特殊索赔，在悬挂标签备注栏内一定要填写授权号。

③所有标签应该由索赔员填写并加盖专用章。

④保证一物一签，物和签要对应。

⑤悬挂标签一定要固定牢固。如果无法悬挂的，则用透明胶布将标签牢固粘贴在索赔件上，同时保证标签正面朝外。

6.4.3 索赔件的清洁和装运要求

①发动机、变速器、转向机、制动液罐等内部的油液全部放干净，外表保持清洁。

②更换下来的索赔旧件必须统一装箱，即相同索赔件集中装在统一包装箱内，并且每个包装箱外牢固贴上该箱索赔件的“索赔旧件回运装箱单”，注明装箱号与索赔件的零件号、零件名称和零件数量，在规定时间由物流公司返运到汽车制造厂索赔管理部。

③各个装箱清单上的索赔件种类和数量之和必须与“索赔件回运清单”上汇总的完全一致。

④“索赔件回运清单”一式三联，经物流公司承运人签收后，第一联由特约服务站保存，第二联由物流公司保存，第三联由物流公司承运人交索赔管理部。

任务实施

在本项目情境中，4S店可以这样处理旧件。

环　节	对应项目	具体程序
1	索赔旧件处理规定	明确索赔旧件处理规定
2	完善资料	(1)熟悉索赔旧件悬挂标签的填写与悬挂要求 (2)正确规范地进行标签填写及悬挂
3	索赔件的清洁和装运要求	(1)熟悉索赔件的清洁和装运要求 (2)根据要求严格执行索赔件的清洁与装运

项目 6.5　质量情况反馈的规定

情境导入

客户陈先生的发动机出问题后，4S店对其更换的所以环节都留有详细的记录，售后服务人员会及时将相关内容反馈给总部。大家思考一下，为什么要做这样的质量情况反馈呢？

理论引导

特约服务站直接面对客户，最了解客户的需求，掌握着第一手的客户信息、质量信息以及客户对汽车制造厂质量、服务评价的信息。所以特约服务站反馈的信息是汽车制造厂提高产品质量、调整服务政策的重要依据。

每一个特约服务站都应组织一个质量检查小组，由经理带领，会同索赔员、服务顾问、备件管理人员、车间主人和技术骨干，对进入特约服务站维修的所有车辆的质量信息进行汇总研究和技术分析，排除故障实验，并向汽车制造厂索赔管理部定期做出反馈。汽车制造厂售后服务将为提高汽车产品质量，提高各特约服务站的维修水平定期发布技术通信和召开质量、技术研讨会。同时汽车制造厂索赔管理部将把质量情况反馈工作作为对特约服务站年终考核的一项标准，并对此项工作做得出色的站点加以嘉奖。

为了让各特约服务站的质量研究工作统一有序地进行，各特约服务站应做好以下工作。

1. 重大故障报告

各特约服务站在日常工作中如遇到重大的车辆故障，必须及时、准确、详尽地填写“重大故障报告单”，立即传真至汽车制造厂索赔管理部，以便汽车制造厂各部门能及时做出反应。重大故障包括：影响车辆正常行驶的，如动力系统、转向系统、制动系统的故障；影响乘客安全的，如主、被动安全系统故障，轮胎问题，车门锁故障等；影响环保的故障，如排放超标、油液污染等。

2. 常见故障报告和常见故障避除意见

各特约服务站应坚持在每月底对当月进厂维护的所有车辆产生的各种故障进行汇总，统计出发生频率最高的故障点或故障零件。并对其故障原因进行分析，提出相应的故障避除意见。各站需在每月初向汽车制造厂索赔管理部提交上月的常见故障报告和常见故障避除意见。

3. 用户质量抱怨反馈表

各特约服务站应在用户进站维修、电话跟踪及与用户交流的过程中，积极听取用户对汽车制造厂的意见，并做相应记录。意见包括某处使用不便、某处结构不合理、某零件使用寿命过短、可以添加某些配备、某处不够美观等。各站需以季度为周期，在每季度末提交用户情况反馈表。

任务实施

在本项目情境中，售后服务人员会及时将相关内容反馈给总部，主要原因及步骤如下。

环　节	对应项目	具体程序
1	质量情况反馈的规定	特约服务站反馈的信息是汽车制造厂提高产品质量、调整服务政策的重要依据
2	特约服务站工作内容	(1)熟悉特约服务站的工作内容 (2)根据质量反馈的规定明确特约服务站的工作范围与职责
3	特约服务站应做的质量研究工作	(1)熟悉并完成重大故障报告及常见故障报告 (2)熟悉并完成常见故障避除意见 (3)熟悉并完成用户质量抱怨反馈表

评价体会

评价与考核项目		评价与考核标准	配　分	得　分
知识点	保修索赔期和保修索赔范围知识点	理论知识的掌握	10	
	保修索赔工作机构	工具使用正确满分；否则每次扣5分	10	
技能点	保修索赔的工作流程	工作流程正确满分；否则每次扣5分	20	
	索赔旧件的管理	索赔旧件的管理状况正确满分；否则每次扣5分	20	
	质量情况反馈	质量情况反馈工作流程正确满分；否则每处扣5分	10	
情感点	学习态度	遵守纪律、态度端正、努力学习者满分；否则0～1分	10	
	相互协作情况	相互协作、团结一致满分；否则0～1分	10	
	参与度和结果	积极参与、结果正确满分；否则0～1分	10	
合　计			100	

任务工单

<table>
<tr><td rowspan="3">学习任务6：汽车特约服务站的保修索赔工作
项目单元1：保修索赔范围及流程</td><td>班级</td><td colspan="3"></td></tr>
<tr><td>姓名</td><td></td><td>学号</td><td></td></tr>
<tr><td>日期</td><td></td><td>评分</td><td></td></tr>
</table>

一、内容

对前来4S店的顾客进行售后接待，判断其是否符合保修索赔范围。

二、准备

说明：每位学生应在工作任务实施前独立完成准备工作。

1. 整车保修索赔期和保修索赔范围有哪些？

2. 配件保修索赔期和保修索赔范围有哪些？

3. 保修索赔的前提条件有哪些？

三、实施

1. 准备好保修索赔的工具资料。
2. 整理自身仪容仪表。
3. 按照保修索赔工作流程接待客户。
4. 对索赔旧件进行处理。
5. 向制造厂商进行质量情况反馈。

任务工单

学习任务6：汽车特约服务站的保修索赔工作	班级			
	姓名		学号	
项目单元2：索赔旧件的管理	日期		评分	

一、填空

1. 更换下来的索赔旧件应挂上“________”，保证粘贴牢固并按规定填写好该标签，零件故障处需要详细填写，________和________也须填写完整。索赔旧件悬挂标签由________统一印制，特约服务站可以向索赔管理部申领。

2. 在规定时间内将索赔旧件运回。回运前索赔员需要填写“________”，注明各索赔旧件的装箱编号。索赔旧件必须统一装箱，箱子外部按规定贴上“________”并把箱子封装牢固。

3. “________”一式三联，经物流公司承运人签收后，第一联由________保存，第二联由物流公司保存，第三联由________交索赔管理部。

二、简答题

1. 简述索赔旧件处理规定。

2. 简述索赔旧件悬挂标签的填写与悬挂要求。

3. 简述索赔旧件的清洁和装运要求。

拓展与提升

汽车保修期小常识

汽车保修期是指汽车厂商向消费者卖出商品时承诺的对该商品因质量问题而出现故障时提供免费维修及保养的时间段。

现在大多汽车厂家都实行新的车辆保修期间，“两年或60 000 km，以先到者为准”。即保修期内的条件有两个，一是时间限制，行驶时间2年；第二个是里程限制，行驶公里数60 000 km。只要在这两个条件任意达到一个，就表明车辆的保修期已过，车辆再出现的正常维修保养都不在免费之列。

另外，在保修期间内，并不是车辆的所有维修费用都会免掉，而是要看厂家在保修期内所指定的免费项目。通常在车主手册和各汽车4S店售后部都有相关文字说明。所以车主要认真阅读手册，避免在保修期内多花冤枉钱。

1. 保修条件

近段时间，《缺陷汽车产品召回管理条例》经国务院常务会议通过并确定将自明年1月1日起正式施行，这意味着这项涉及车辆召回、关乎全国千千万万车主权益的部门规章终于上升为行政法规。此次《召回条例》的出台,被许多专家认为是多年难产的“汽车三包”出台的政策前奏。日前,质检总局相关人士透露,汽车“三包”政策很快就会出台,预计会在“十八大”后正式实施。

业内人士表示,新车主在认识汽车保修期方面可能都会存在着误差。所谓的汽车保修期,其实并不是车主想修就修,想换就换,在保修合同中其实有注明:重要部件保修期、大型零件保修期、综合保修和全面保修等不同的范围。

2. 保修期内:并非啥都保

汽车保修期内,只要是在规定的条件下正常用车时所发生的故障或零部件损坏,厂家都会无偿为车主提供维修或更换相应备件等服务。但这并不是说只要车子在保修期就可以“想修就修”,更不能简单理解为“什么都保”。

一般所说的5年100 000 km的保修,主要是针对汽车的核心部件,如发动机、变速箱、传动系统、底盘等,这些部件的故障概率比较低,维修成本也较高,5年中车主的车很少会在这些核心部件上出现问题。而轮胎、轮毂、大灯、刹车等耗损件,车商则只提供3~6个月或5 000 km保修。

3. 享受保修:是有条件的

除了明确车内各部件的保修期限外,几乎所有车系的“保养手册”中都对保修做了条件限制,若发生如下情况,车主就享受不到免费保修服务:

①未按规定进行保养。用户购买新车后,如果在规定里程内没有到指定4S店或厂家指定的特约维修站做定期保养维护,如果车子出现了问题,即便是在保修期内,用户也要支付一定的维修费用。

②私自对车辆进行改装。“不保改装车”几乎是所有厂家在保修期问题上的共识,甚至有些品牌的保修条款中还规定,如果用户擅自改变车辆的用途,用于出租、租赁或竞技比赛,也会视为自动放弃保修权利。

③使用不当造成损坏。汽车保修期只能在大的方面给客户保障,由于使用不当或交通事故造成的损坏,只能由用户或其保险公司承担责任。

学习任务 7

汽车配件经营分析

【任务目标】

1. 知识目标：掌握财务结算常识；掌握财务票据常识；掌握纳税的一般知识；熟悉汽车配件经营分析；熟悉汽车配件经营中的合同法常识。

2. 能力目标：能够通过基本的财务结算知识、票据知识、合同法常识以及纳税常识帮助企业进行简单的财务核算和经营分析；能够熟悉日常业务中购销合同的内容以及签订，帮助企业做简单的经营分析。

3. 态度目标：通过基础财务知识的学习和掌握，为企业日常业务财务核算提供帮助。

【任务描述】

经营分析包括了基础财务知识和相关财务分析知识，以及基础的经济法知识。对于汽车配件的销售人员而言，应该具备这些基础知识，才能更好地完成与销售有关的经营分析工作。通过财务结算、财务票据的知识帮助销售人员解决基本工作中遇到的财务问题，经营分析帮助销售人员在做经营决策等方面提供有利的信息，合同法常识主要帮助销售人员在进行业务洽谈过程中，能够合理正确地拟订和签订合同。

【课时计划】

项目	项目内容	参考课时
7.1	财务结算常识	1
7.2	财务票据常识	1
7.3	纳税的一般知识	2
7.4	汽车配件经营分析	2
7.5	汽车配件经营中的合同法常识	1

项目7.1 财务结算常识

情境导入

李明是一名刚毕业的大学生，在找工作时应聘新华汽车零部件经营公司的业务销售代表，在应聘时老板问李明，作为企业销售人员在洽谈业务时，在商讨如何支付货款时，可以选择哪些方式来结算？一般结算企业都是通过企业的财务结算中心来完成，那么你知道企业的财务结算中心的职能有哪些吗？

【任务分析】

通过了解财务结算的目的和流程，掌握财务结算的方式，以便日后在企业经营活动中处理相关业务。

理论引导

7.1.1 财务结算的目的及流程

1. 财务结算的概念

财务结算是指在经济活动中使用转账支票、本票、汇票、汇兑、现金等结算方式进行的资金给付的行为。主要是收款和付款工作，要求财务人员首先要细心，不能出错，一旦出错要自己承担相关责任，其次要进行严格的审查，审查结算凭证是否规范。

2. 财务结算的目的

为了满足企业发展，规范企业财务结算和相关单据流转与财务软件系统衔接中的一些业务流程，来促进企业高效稳定地发展。

3. 财务结算流程

针对不同的企业在财务结算流程上会略有不同，总地来说主要从以下几个环节着手设置各自的企业核算流程。下面就以商业企业中的汽车配件销售企业为例介绍具体的核算流程。

①根据业务的原始凭证（即为原始票据，如销售发票、采购进货单等）或者原始凭证汇总表填制记账凭证。

②根据收款、付款凭证登记现金日记账和银行存款日记账。

③根据记账凭证登记明细分类账。

④根据记账凭证汇总表，编制科目汇总表。

⑤根据科目汇总表登记总账。

⑥会计期末，根据总账和明细分类账编制财务报表（包括资产负债表、利润表或称损益表、现金流量表）。

上述程序在财务上称为科目汇总表账务处理程序，主要适用于规模较大、经济业务量较大的企业。如果企业的规模小、经济业务量少，则可以不设置明细分类账，直接根据记账凭证登记总账，在财务上称为记账凭证账务处理程序。

7.1.2 财务结算的方式

财务结算按照货币支付方式的不同,分为现金结算和转账结算。

现金结算是指购销双方直接使用现金进行财务结算;转账结算是指购销双方使用银行规定的票据和结算凭证,通过银行划账的方式进行财务结算。

在汽车配件经营企业,除小额配件销售采用现金结算以外,大多采用转账结算的方式。转账结算的主要信用工具有:支票、汇兑、委托收款、银行汇款、商业汇票、银行本票和信用卡等。这些信用工具盒结算方式就其使用地域来讲,有的在同城使用或者在异地间使用,有的既可在同城又可在异地间使用。转账结算按交易双方所处的地理位置分为同城结算和异地结算两种方法。同城结算,是指同一城镇内各结算单位之间发生经济往来而要求办理的转账结算。同城结算有支票结算、委托付款结算、托收无承付结算和同城托收承付结算等方法,其中支票结算是最常用的同城结算方法。异地结算是指不同城镇的各结算单位之间发生经济往来而要求办理的转账结算。异地结算有异地托收承付结算、信用证结算、委托收款结算、汇兑结算、银行汇票结算、商业汇票结算、银行本票结算和异地限额结算等方法,其中异地托收承付结算、银行汇票结算、商业汇票结算、银行本票结算和汇兑结算是最常用的异地结算手段。

7.1.3 财务结算中心的职能

财务结算工作在企业里主要由财务核算中心完成。财务核算中心即为企业的财务部,其主要职能如下。

1. 计划职能

财务结算中心在掌握好企业的资金需求及流向的基础上,在资金的流量、流速、流向、时间安排以及资金的平衡与调整等方面均做出详细的安排和计划。

2. 结算职能

处理企业内部各部门之间或者企业与外部企业之间由于商品交易、劳务供应及资金划拨等业务所引起的货币收款、付款、转账业务。

3. 监控职能

通过制定企业各项财务收支计划、结算制度、结算程序、内部结算价格体系、经济纠纷仲裁制度等,对结算业务中的资金流向的合理性和合法性进行监督,及时发现和解决问题,严格控制不合理的支出。

任务实施

在本项目情境中,李明可以从以下几个方面回答老板。

环　节	对应项目	具体程序
1	财务结算的目的	首先回答: (1)通过财务结算的概念,掌握财务结算的目的 (2)熟悉财务结算的流程
2	财务结算的方式	其次回答: (1)掌握财务结算的方式,能够灵活运用 (2)财务结算方式分为:现金结算和转账结算
3	财务结算中心的职能	然后回答: (1)熟悉财务结算中心的职能 (2)能够了解财务结算中心在企业中的作用,以及如何建立

项目 7.2 财务票据常识

情境导入

红星汽配厂采购员王某在外地出差回到公司，到财务部报销相关费用。财务人员要求其提供相关的报销凭证。王某直接将出差的所有票据拿给财务人员，财务人员要求他按照正规的要求填写报销单据。请问在进行日常报销业务中，财务结算的票据有哪些？报销费用时如何正规填写报销单和粘贴原始票据？

【任务分析】

通过学习财务票据的概念及特性，掌握财务票据的种类，能够在日常企业经营活动中正常处理相关票据。

理论引导

7.2.1 财务票据的概念及特性

1. 票据的含义

广义上的财务票据包括各种有价证券和凭证，如股票、国库券、企业债券、发票、提单等；狭义上的财务票据则仅指《票据法》中规定的票据，即仅指以支付金钱为目的的有价证券，即出票人根据票据法签发的，由自己无条件支付确定金额或委托他人无条件支付确定金额给收款人或持票人的有价证券。

在我国，企业中用于财务结算的票据主要包括支票、本票、汇票、提单、存单、股票、债券。一般是指商业上由出票人签发，无条件约定自己或要求他人支付一定金额，可流通转让的有价证券，持有人具有一定权力的凭证。下面简单介绍一下票据核算中的相关概念。

(1)票据

票据是出票人依法签发的，约定自己或者委托付款人在见票时或指定的日期向收款人或持票人无条件支付一定金额并转让的有价证券。

(2)出票

出票是出票人签发票据并将其交付给收款人的票据行为。

(3)汇票的转让

汇票的转让是指汇票的持有人以背书或仅凭交付的方式而将票据权利让予他人的一种票据行为。转让分为背书交付和单纯交付两种，单纯交付是指持票人未在票据上做任何转让事项的记载而直接将票据交予他人的一种法律行为。背书交付是指持票人以转让票据权利为目的，按法定的事项和方式记载于票据上的一种行为。

(4)承兑

承兑是指汇票付款人承诺在汇票到期日支付汇票金额的票据行为。

2. 财务结算票据中的关联方

(1)出票人

出票人指依法定方式作成票据并在票据上签名盖章，并将票据交付给收款人的人。

(2)收款人

收款人是指票据到期并经提示后收取票款的人。收款人有时又是持票人。

(3)付款人

付款人是指根据出票人的命令支付票款的人。

(4)持票人

持票人即指持有票据的人。

(5)承兑人

承兑人是指接受汇票出票人的付款委托,同意承担付款义务的人。

(6)背书人

背书人是指转让票据时,在票据背书签字或盖章,并将该票据交付给受让人的票据收款人或持有人。

(7)被背书人

被背书人是指被记名受让票据或接受票据转让的人。

3.票据的特性

①票据是具有一定权力的凭证,具有付款请求权、追索权。

②票据的权利与义务是不存在任何原因的,只要持票人拿到票据后,就已经取得票据所赋予的全部权力。

③各国的票据法都要求对票据的形式和内容保持标准化和规范化。

④票据是可流通的证券。除了票据本身的限制外,票据可以凭背书和交付而转让。

7.2.2 财务票据的种类

①商业汇票按承兑人的不同,分为商业承兑汇票和银行承兑汇票。承兑人可以为出票人也可以为开户银行。

②本票是出票人签发的,承诺自己在见票时无条件支付确定的金额给收款人或者持票人的票据。为见票即付票据,在同城范围内使用。

③支票是出票人委托银行或者其他金融机构见票时无条件支付一定金额给收款或者持票人的票据。为见票即付票据。依据支付票款方式将支票分为现金支票和转账支票,基本为同城范围内使用。另外,现在也有异地使用的特种转账支票。支票样本如图 7.1 所示。

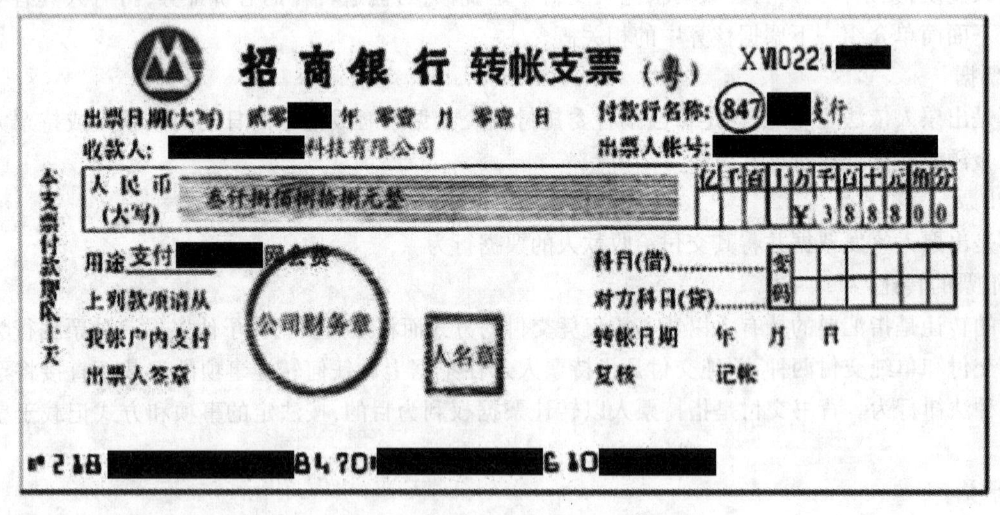
招商银行 转帐支票 (粤) XⅦ0221

出票日期(大写) 贰零 年 零壹 月 零壹 日　付款行名称:847 支行

收款人: 科技有限公司　出票人帐号:

本支票付款期限十天

人民币(大写) 叁仟捌佰捌拾捌元整

亿 千 百 十 万 千 百 十 元 角 分

¥ 3 8 8 8 0 0

用途 支付

上列款项请从我帐户内支付

出票人签章

公司财务章

人名章

科目(借)……

对方科目(贷)……

密码

转帐日期 年 月 日

复核 记帐

218 8470 610

图 7.1 支票样本

7.2.3 财务票据的期限

①商业汇票最长付款期限,最长不得超过 6 个月。

②本票自出票日起,付款期限最长不得超过两个月。

③支票的持票人应当自出票日起 10 日内提示付款(同城范围内使用)。

7.2.4 票据记载事项

①表明“汇票、支票”字样。

②无条件支付的委托。

③确定的金额。

④付款人名称。

⑤收款人名称。

⑥出票日期。

⑦出票人签字。

⑧支票需要填写开户银行及账号。

7.2.5 报销环节财务原始票据粘贴及填写规范

在日常报销工作中，我们经常发现有一些原始票据粘贴得不规范，例如一张纸上粘贴的原始票据太多、太乱、正反颠倒、很不整齐，这些都给会计报销的后续工作（合计金额、稽核、装订、会计档案保管等）带来很大的不便，尤其是耽误报账者的时间。鉴于上述情况，我们将财务原始票据粘贴要求规范如下。对于不合要求的票据，不予报销。

①原始票据在财务上也称为原始凭证，对于集中较多的票据按照内容进行分类，如办公用品、电话费、差旅费、招待费等，按照类别分别进行粘贴。其中差旅费在报销时应单独填写“差旅费报销单”。

②准备粘贴单。到财务处领取原始凭证粘贴单。

③将原始票据整理齐后，将胶水涂抹在原始票据左侧背面，沿着粘贴单装订线内侧和粘贴纸的上边依次均匀排开横向粘贴（此种粘贴方法称为“鱼鳞式”），且应避免将票据贴出粘贴单外。装订线左侧不要粘贴票据，不要将票据集中在粘贴纸中间粘贴，以免造成中间厚，四周薄，使凭证装订起来不整齐，达不到档案保存要求。

④如票据大小不一样，可以在同一张粘贴单上按照先大后小的顺序粘贴。

⑤票据比较多时可使用多张粘贴单。

⑥对于比粘贴单大的票据或其他附件，也应沿装订线粘贴，超出部分可以按照粘贴纸大小折叠在粘贴范围之内。

财务原始凭证填写规范及注意事项：

①所有经济业务均应提供正规合法的票据；发票要填写完整，字迹清晰，没有涂改、污染，发票专用章清晰可辨。假发票、空白发票和填写不规范的发票，不予报销。

②应使用黑色水笔或钢笔以规范汉字填写粘贴单，绝对不允许使用圆珠笔、铅笔或者红色的笔书写，并且绝对不得涂改，经办人、报账人、单据张数信息应如实完整填写。

③不要将票据倒置粘贴。

④不要用订书机订票据。

⑤粘贴票据只能用适量的胶水，用固体胶棒粘贴则要确保单据粘贴牢固，不易脱落。

⑥发票上未列清详细品名、数量、单价的（比如只写了“办公用品一批×××元”）以及各种购买物品的定额发票，无论金额大小，均必须附有加盖发票专用章的购货清单或小票。定额发票要用黑笔写上单位抬头，开具日期等信息，不得空白。

⑦如果票据过多过厚，可使用长尾票夹将票据和粘贴单夹在一起之后，再找主管领导签字。

⑧原始粘贴单上相关数据填写规范要求：

a. 阿拉伯数字前要加上人民币符号“¥”，如：报账金额为 1 234 元，则在阿拉伯数字栏内填写¥1 234.00 元。

b. 大写汉字栏内应按规范汉字在已经印刷的相应位数内填写数字大写，并在大写汉字前的每一空位“×”，在数字是 0 的位置填写汉字“零”。例如，报账金额为¥2 350.50 元，则大写数字栏内填写：

×拾×万贰仟叁佰伍拾元五角零分

c. 汉字的数字大写标准写法为：

壹 贰 叁 肆 伍 陆 柒 捌 玖 拾

佰 仟 万 元 角 分

票据粘贴单样本如图 7.2 所示。

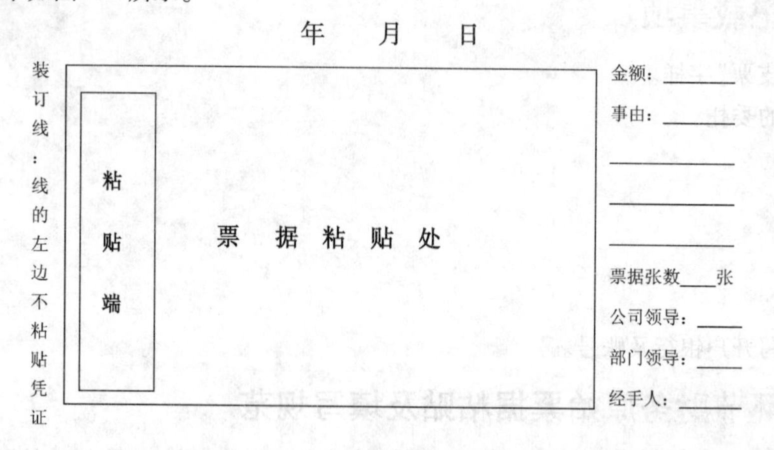
年 月 日
装订线：线的左边不粘贴凭证
粘贴端
票据粘贴处
金额：
事由：
票据张数____张
公司领导：
部门领导：
经手人：

图 7.2 票据粘贴单

任务实施

在本项目情境中，采购员王某经常进行日常报销业务，务必学习以下知识，掌握报销业务基本技能。

环节	对应项目	具体程序
1	财务票据概念及特征	(1)了解财务票据的广义与狭义概念，掌握实务操作中常见的财务票据 (2)熟悉财务票据的关联方
2	财务票据的种类	(1)掌握财务票据的分类 (2)能够区分汇票、支票、本票在实际经济业务中的使用范围
3	财务票据的期限及记载事项	(1)熟悉《汽车产品零部件编号规则》的适用范围 (2)掌握《汽车产品零部件编号规则》标准术语
4	报销环节财务票据粘贴及填写要求	(1)根据所学知识了解企业实际业务中存在原始凭证的种类 (2)能够正确粘贴原始凭证 (3)掌握报销凭证时的具体注意事项

项目 7.3 纳税的一般知识

情境导入

某地税务部门有关工作人员来到新近迁来的星光实业公司，由于星光公司改变了经营地址，要求公司按照有关规定到原税务主管机关办理相关手续，如期到现所在地税务部门缴纳税款，购买发票。公司王老板一听，顿时火冒三丈："我公司刚刚交过污水处理税、工商管理税……怎么还要缴税？到底有完没完？"

请问：王老板的说法对吗？企业在哪些时候需要到税务机关进行相关的登记？企业纳税的基本程序是怎样的？

【任务分析】

通过一般纳税知识的了解，熟悉我国税收的分类，能够在企业的基本经济业务中处理与纳税相关的业务。

理论引导

7.3.1 纳税知识准备

1. 税收的概念

税收是国家为了实现其职能，凭借政治权力，按照法律规范强制地、无偿地参与国民收入分配的活动。

税收的概念包含以下 4 个要素。

(1)税收的主体是国家

税收是国家强制地、无偿地将一部分国民收入转变为国家所有、归国家支配和使用的分配方式。在整个税收分配活动中，对什么征税、征多少税和如何征税都体现着国家的意志。

(2)税收的对象是国民收入

税收的对象是社会产品，但不是全部社会产品。税收一般不对资本征税，作为税收征税对象的通常是社会产品中的国民收入，主要是剩余产品价值。

(3)税收的依据是政治权力

国家取得财政收入的形式虽然多种多样，如税收收入、规费收入、罚没收入和国有企业利润上缴等，但其依据不外乎财产权力和政治权力。其中，国有企业利润上缴是国家生产资料所有者的身份，凭借财产权力参与国民收入的分配；税收则是国家以社会管理者的身份，凭借政治权力参与国民收入分配的活动。

(4)税收的目的是实现国家职能

税收的目的是满足国家实现其职能的需要，即社会公共需要。社会公共需要是指由政府向社会提供的安全、秩序、公民基本权利和经济发展的基本条件等方面的需要。国家满足社会公共需要必须要有大量的、稳定的财力作保障。国家取得财政收入的形式较多，但运用时间最长、范围最广、效果最佳的则是税收。

2. 税收的特征

税收与其他财政收入形式相比，具有无偿性、强制性和固定性的特征，习惯上称为税收的“三性”。

(1)无偿性

税收的无偿性是指国家取得税收收入不需直接向纳税人付出任何代价，也不再直接归还给纳税人。税收的无偿性是由国家财政支出的无偿性决定的。正如列宁所说：“所谓税赋，就是国家没有付任何报酬而向居民取得东西。”税收的无偿性体现了税收分配的本质特征，是税收“三性”的核心。

(2)强制性

税收的强制性是指税收分配是以国家政治权力为依托，表现为国家以颁布税收法律和制度等形式来规范、制约、保护和巩固这种分配关系。税收的强制性是由税收的无偿性决定的。我国《宪法》规定公民有依法纳税的义务，并且在《刑法》中设立了“危害税收征管罪”。

(3)固定性

税收的固定性是指国家通过法律形式，把对什么征税、征多少税和如何征税之前就固定下来。税收的固定性既包括时间上的连续性，又包括征收比例的限度性。

税收的“三性”相互依存，缺一不可。只有同时具备“三性”的财政收入形式才是税收。判断一种财政收入形式是不是税收，不在于它的名称是什么，主要看它是否同时具有税收的“三性”。

3. 税收的职能

税收职能是指税收固有的职责和功能。一般来说，税收具有财政职能、经济职能和社会职能。

(1)财政职能

组织财政收入是税收最原始、最基本的职能。税收作为强制、无偿参与国民收入分配的手段，能将一部分国民收入从社会成员手中转移到国家手中，形成国家财政收入。税收是财政收入的主要形式，是国家取得财政收入的主要手段。

(2)经济职能

税收作为调节经济运行的重要经济杠杆,在宏观调控方面具有十分重要的作用,已成为影响当代经济生活的经常性因素。国家通过征税,参与国民收入分配,可以对各类主体的实际收入及其运用产生重大影响,从而会影响投资和储蓄,影响资产结构和产业结构的调整,影响各类资源的配置。

(3)社会职能

税收是调节各类主体收入分配的重要工具。税收收入如果被更多地用作转移支付和其他公共产品支出,就能够促进社会分配公平,进而保障社会稳定。

7.3.2 税收制度的构成要素

税收制度简称"税制",是国家各种税收法令和征税办法的总称。从纳税人的角度来说,税收制度是纳税人履行纳税义务的行为规范;从征税机关来说,税收制度是征税的法律依据和工作规程。

1.纳税人

纳税人是"纳税义务人"的简称,是指税法规定的直接负有纳税义务的单位和个人,是纳税的主体。

2.纳税人的相关概念

(1)负税人

负税人是最终负担税款的单位和个人,也是间接有纳税义务的单位和个人。纳税人与负税人有时候一致,有时候不一致,这里有个税负转嫁的问题。

(2)扣缴义务人

扣缴义务人是指税法规定的负有代扣代缴义务的单位和个人。

(3)收缴义务人

收缴义务人是指税法规定的负有代收代缴义务的单位和个人。

3.征税对象

征税对象也称"课税对象",是税法规定的征税目的物,是征税的客体。

征税对象是划分不同税种、区别一种税与另一种税的主要标志。不同税种的名称和性质是由不同的征税对象所决定的。

4.征税对象的相关概念

(1)税目

税目也称"征税品目",是指税法规定的某一种税的具体征收项目,是征税对象在性质上的具体化,反映了征税的广度。税目的规定方法可分为列举法和概括法。

(2)计税依据

计税依据也称"计税标准"或"计税基础",是指征税对象的计算单位和征收标准,是征税对象在数量上的具体化。计税依据可以分为价值量和实物量。

5.税率

税率是指应纳税额与计税依据之间的比例,是计算应纳税额的尺度,反映了征收的深度。税率的高低直接关系到国家财政收入的多少和纳税人的负担能力,是税收制度的核心要素和中心环节。

税率可分为比例税率、累进税率和定额税率。

①比例税率。比例税率是指对同一征税对象,不论其数额多少,均采取同一比例的税率。它一般适用于对流转额的征税。比例税率可分为统一比例税率、差别比例税率和幅度比例税率。采用比例税率便于计算和征纳,有利于提高效率,但不利于保障公平。

②累进税率。累进税率是随征税对象数额的增大而逐级提高的税率,即把征税对象按数额的大小划分为若干个等级,并相应设置每一等级的税率。它一般适用于对所得额的征税。累进税率可分为全额累进税率、超额累进税率、全率累进税率和超率累进税率等。

③定额税率。定额税率又称“固定税额”或“单位税额”，是指按征税对象的一定计量单位，直接规定固定的应纳税额。它适用于从量计征的税种。定额税率可分为统一定额税率、差别定额税率和幅度定额税率。定额税率不受价格变动影响，计算简便。

6. 附加和加成

(1)附加

附加是“地方附加”的简称，是指地方政府在正税之外另行加征的一部分税或费。如城市维护建设税和教育费附加。

(2)加成

加成是“加成计征”的简称，是指按法定税率计算的税额加征若干成数。一成为10%。

无论附加还是加成，都将加重纳税人的负担。

7. 减免税

减免税是国家对某些特定的纳税人或征税对象给予鼓励和照顾的一种特殊规定，包括直接规定减税和免税的项目和数额，以及通过规定起征点和免征额进行减税和免税。

(1)直接减免税

①减税。减税是减征部分税款。如个人的稿酬所得就有减征三成的规定。

②免税。免税则是免征全部税款。绝大部分税种的税制都有免税条款。

(2)间接减免税

①规定起征点。起征点是指税法规定的对征税对象开始征税的数量界限。征税对象数额未达到起征点的，不征税；达到起征点的，则应按全额征税。如增值税和营业税就规定了起征点。

②规定免征额。免征额是指税法规定的征税对象中免于征税的数额。免征额部分不征收，只就超过免征额的部分征税。如个人所得税中工资薪金所得每月可扣除一定数额的费用。

8. 纳税环节

纳税环节是指税法规定的、在商品流转过程中和劳务提供活动中应该缴纳税款的环节。

商品从生产领域到消费领域，一般要经过工业生产、商业批发和零售等环节；进口商品一般要经过报关进口 商业批发和零售等环节。

依据纳税环节的多少，税收制度可分为一次课征制和多次课征制两种类型。消费税(除卷烟外)只在单一环节征收，属于一次课征制；增值税在多个环节征收，属于多次课征制。

9. 纳税期限

纳税期限是指纳税义务发生后，纳税主体依法向征税机关缴纳税款的期限。它是税收的强制性和固定性在时间上的体现。

纳税期限可分为按次和按期两种。如印花税一般实行按次征收；增值税既有按期纳税，又有按次纳税；企业所得税实行按年计算征收。

10. 纳税地点

纳税地点是税法规定的纳税主体向征税机关申报纳税的具体地点。

纳税地点一般为纳税人的所在地、经济活动发生地、财产所在地和报关地等。各种税制都有明确的纳税地点规定。

11. 违法责任

违法责任是指税收主体因违反税所应承担的法律责任。它是税收强制性特征的体现。

7.3.3 税收制度的分类

税收制度的分类是指按一定的标准,对具有相近或相似特点的税种进行归类。税收制度分类主要方式有以下几种。

1. 按征税对象分类

(1)流转税

流转税也称“商品(或劳务)税”,是以流转额(商品销售收入额和劳务收入额)为征税对象的一类税。它具有广泛的征收范围、以流转额为计税依据、税负容易转嫁和计算征收简便等特点,主要包括增值税、消费税、营业税和关税。流转税是我国的主体税类。

(2)所得税

所得税也称“收益税”,是指以各种所得额(或收益额)为征税对象的一类税。它具有税负较为公平、税负不易转嫁、计算征收难度大等特点,包括企业所得税和个人所得税。

(3)资源税

资源税是指对从事资源开发和占用的单位和个人征收的一类税。它具有主要依据级差收入设计税率、税额小、税负容易转嫁等特点,包括资源税、土地增值税、城镇土地使用税和耕地占用税。

(4)财产税

财产税是指以纳税人所拥有或支配的财产为征税对象的一类税。它具有税额小、税负不易转嫁和计征简便等特点,包括房产税、契税和车船税。

(5)行为税

行为税是指以纳税人的某些特定行为为征税对象的一类税。它具有特殊目的性、临时性和税额小等特点,包括印花税和车辆购置税。

按征税对象分类是税收制度最重要、最基本的分类。

2. 按计税依据分类

(1)从量税

从量税是指以征税对象的计量单位(重量、数量、面积、体积)为依据,按固定税额计征的一类税。如车船税、城镇土地使用税和耕地占用税等。

(2)从价税

从价税是指以征税对象的价格为依据,按一定比例计征的一类税。大多数税种为从价税,如增值税、营业税、企业所得税和个人所得税等。

在实际运用时,同一税种可同时采用从量计征和从价计征,如消费税。

3. 按税收与价格的关系分类

(1)价内税

价内税是指税款在应税商品价格内,作为商品价格一个组成部分的一类税。用公式表示为

$$价格 = 成本 + 利润 + 税金$$

如消费税和营业税等。

(2)价外税

价外税是指税款不在商品价格之内,不作为商品价格的一个组成部分的一类税。用公式表示为

$$价格 = 成本 + 利润$$

如增值税。

我国目前增值税税款普遍包含在商品价款中,这主要是考虑我国消费者的消费心理和习惯。商品的价税合一并不能否认增值税的价外税性质。

4. 按税收负担能否转嫁分类

(1)直接税

直接税是指纳税人本身承担税负,不发生税负转嫁的一类税。如所得税和财产税等。

(2)间接税

间接税是指纳税人本身不是负税人,可将税负转嫁与他人的一类税,如流转税和资源税等。税负转嫁是指纳税人通过一定的方式将税收负担转移给他人的现象。

5. 按税收的管理权限分类

(1)中央税

中央税是指由中央政府征收管理和使用或由地方政府征收后全部化解中央政府所有并使用的一类税,也称"国税",主要包括维护国家权益、实施宏观调控所必需的税种,如消费税、关税、车辆购置税、海关代征的进口环节增值税。

(2)地方税

地方税是指由地方政府征收管理和使用的一类税,简称"地税",主要包括收入较小、适合地方征收管理的税种,如土地增值税、城镇土地使用税、耕地占用税、房产税、车船税和契税。

(3)中央和地方共享税

中央与地方共享税是指税收的征收管理权和使用权属中央政府和地方政府共同拥有的一类税,简称"共享税",主要包括关系国计民生的主要税种,如增值税(不含海关代征的进口环节部分),中央政府分享75%,地方政府分享25%;企业所得税和个人所得税,铁道部、各银行总行及海洋石油企业缴纳的部分归中央政府,其余部分中央与地方政府按60%与40%比例分享。

6. 按征税对象是否具有依附性分类

(1)独立税

凡不需依附于其他税种而仅依自己独立的征税对象独立征收的税为独立税,也称"主税"。多数税均为独立税。

(2)附加税

凡需附加于其他税种之上征收的税为附加税。我国现行的城市维护建设税就是附加在增值税、消费税和营业税上,没有独立的征税对象。

7.3.4 纳税程序认知

1. 税务登记

税务登记是税务机关对纳税人的生产经营活动进行登记并据此对纳税人实施税务管理的一种法定制度。税务登记是纳税人必须依法履行的义务。

(1)开业税务登记

开业登记要求从事生产、经营的纳税人,应当自领取营业执照之日起30日内,持有关证件向生产、经营地或者纳税义务发生地的主管税务机关申报办理税务登记。

(2)变更税务登记

变更税务登记是纳税人税务登记内容发生重要变化向税务机关申报办理的税务登记手续。纳税人税务登记内容发生变化的,应当自工商行政管理机关办理变更登记之日起30日内,持有关证件向原税务登记机关申报办理变更税务登记。按照规定不需要在工商行政管理机关办理注册登记的纳税人,应当自有关机关批准或者宣布变更之日起30日内,持有关证件向原税务登记机关申报办理变更税务登记。

(3)停业和复业税务登记

停业登记是指实行定期定额征收方式缴纳税款的个体工商户,需要停业或者工商行政管理机关要求其停业,而向税务机关申请办理暂停营业和办理涉税事项的登记管理制度。复业登记是指实行定期定额征收方式缴纳税款的个体工商户,经税务机关核准并办理停业手续后,需重新恢复生产经营,而向税务机关申报办理恢复营业和办理涉税事项的一种登记管理制度。停业期限不得超过一年。纳税人申报办理停业登记时,应填写“停业申请登记表”,说明停业理由、停业期限、停业前的纳税情况和发票领、用、存情况,结清应纳税款、滞纳金、罚款,并向税务机关交存税务登记证件、发票领购簿、未使用完的发票和其他税务证件。

(4)注销税务登记

注销税务登记是纳税人税务登记内容发生了根本性变化,需终止履行纳税义务时向税务机关申报办理的税务登记手续。

①纳税人发生解散、破产、撤销以及其他情形,依法终止纳税义务的应当在向工商行政管理机关办理注销登记前,持有关证件向原税务登记机关申报办理注销税务登记;应当自有关机关批准或者宣告终止之日起15日内,持有关证件向原税务登记机关申报办理注销税务登记。

②纳税人因住所、经营地点变动而涉及改变主管税务登记机关的,应当在向工商行政管理机关申请办理注销登记前,或者住所、经营地点变动前,向原税务登记机关申报办理注销税务登记,并在30日内向迁达地主管税务机关申请办理税务登记。

③纳税人被工商行政管理机关吊销营业执照的,应当自营业执照被吊销之日起15日内,向原税务登记机关申报办理注销税务登记。

2.账证管理

账簿、凭证管理也是税务管理的重要内容之一。从事生产经营的纳税人应当自领取营业执照或者发生纳税义务之日起15日内设置账簿,根据合法、有效的凭证记账和进行核算。从事生产、经营的纳税人、扣缴义务人必须按照国务院财政、税务主管部门规定的期限(通常为10年)保管账簿、记账凭证、完税凭证及其他有关资料。上述需保管的资料不得伪造、变造或者擅自损毁。

账簿、会计凭证报表应当使用中文。名族自治地方可以同时使用当地通用的一种名族文字。外商投资企业和外国企业可以同时使用一种外国文字。

3.发票管理

(1)发票的种类和联次

自2011年1月1日起,全国统一只用新版普通发票,各地废止的旧版普通发票停止使用。原发票监制章和发票号码使用的统一红色荧光防伪油墨于2010年1月1日停止使用。

按照填开方式的不同,新版普通发票可分为通用机打发票、通用手工发票和通用定额发票。发票名称为“××省××税务局通用定额发票”“××省××税务局通用手工发票”“××省××税务局通用定额发票”。各省级国家税务局、地方税务局可根据本地实际情况,在通用发票中选择本地使用的票种和规格。

①通用机打发票。通用机打发票分为平式发票和卷式发票。

②通用手工发票。手工发票分为千元版和百元版两种,规格为190 mm×105 mm。手工发票基本联次为三联,即存根联、发票联和记账联。

③通用定额发票。定额发票按人民币等值以元为单位,划分为壹元、贰元、伍元、拾元、贰拾元、伍拾元和壹佰元,共7种面额。

(2)发票的印制和领购

发票的印制和领购是针对通用手工发票和通用定额发票而言的。

①发票的印制。发票由省级税务机关指定的企业印制。印制发票的企业应当按照税务机关批准的式样和数量印制发票,禁止私印、伪造、变造发票。

②发票的领购。依法办理税务登记的单位和个人,在领取税务登记证件后,可向主管税务机关申请领购发票。在提出购票申请时,应提供经办人身份证明、税务登记证件或者其他有关证明,以及财务印章或者发票专用章的印模。主管税务机关经审核合格后,向购票申请人发放发票领购簿,购票人可凭领购簿核准的种类、数量及购票方式领购发票。

(3)发票的保管和撤销

开具发票的单位和个人应当按照税务机关的规定存放和保管发票,不得擅自损毁。已开具的发票存根联和发票登记簿,应当保存5年。保存期满,报经税务机关查验后销毁。

使用发票的单位和个人应当妥善保管发票。如果发票丢失,应于丢失当日书面报告主管税务机关,并在报刊和电视等传播媒介上公告声明作废。

7.3.5 纳税申报

1. 一般纳税申报

纳税申报是指纳税人、扣缴义务人、代征人为正常履行纳税、扣缴税款义务,就纳税事项向税务机关提出书面申请的一种法定手续。进行纳税申报是纳税人、扣缴义务人、代征人必须履行的义务。

(1)纳税申报的主体

凡是按照国家法律、行政法规的规定负有纳税义务的纳税人或代征人、扣缴义务人(含享受减免税的纳税义务人),无论本期有无纳税、应缴税款,都必须按税法规定的期限如实向主管税务机关办理纳税申报。

(2)纳税申报的方式

一般来说,纳税申报主要有直接申报(上门申报)、邮寄申报、数据电文申报(电子申报)、简易申报和其他申报等方式。

其他方式是指纳税人、扣缴义务人采用直接办理、邮寄办理、数据电文以外的方法向税务机关办理纳税申报或者报送代扣代缴、代收代缴报告表。

(3)纳税申报应报送的有关材料

纳税人依法办理纳税申报时,应当向税务机关报送纳税申报表及规定报送的各种附表资料、异地完税凭证、财务报表,以及税务机关要求报送的其他有关资料。

(4)滞纳金和罚金

我国税法规定,纳税人未按规定纳税期限缴纳税款的,扣缴义务人未按规定期限解缴税款的,税务机关除责令限期缴纳外,从滞纳税款之日起,按日加收滞纳税款0.5‰的滞纳金。

2. 延期申报与零申报

(1)延期申报

纳税人、扣缴义务人因不可抗力原因需要延期申报的,应于其所延期申报税种的纳税期限终了之日前5日内向其主管税务机关提出延期申报的申请,并填写延期申报的申请审批表,经主管税务机关批准并向其发送核准延期申报通知书后,可以延期办理纳税申报。

(2)零申报

纳税人和扣缴义务人在有效时间内,没有取得应税收入或所得,没有应缴税款发送,或者已办理税务登记但未开始经营或者开业期间没有经营收入的纳税人,除已经办理停业审批手续的,必须按规定的纳税申报期限进行零申报。

3. 税款征收方式

缴纳税款是纳税义务人依税法规定的期限,将应纳税款向国库解缴的活动。它是纳税义务人完成纳税义务的体现,是纳税活动的中心环节。税款的缴纳按照税法规定的征收方式,我国实行的有以下6种。

(1)查账征收

查账征收是税务机关按照纳税人提供的账表所反映的经营情况,依照使用的税率计算缴纳税款的方法。

(2)查定征收

查定征收是由税务机关根据纳税人的生产设备、生产能力、从业人员数量和正常情况下的生产销售情况,对其生产的应税产品实行查定产量、销售量或销售额,依率计征的一种征收方法。

(3)查验征收

查验征收是税务机关对某些零星、分散的高税率货物,在纳税人申报缴税时,由税务机关派人到现场实地查验,并贴上查验标记或盖上查验戳记,据以计算征收税款。

(4)定期定额

定期定额是税务机关对一些营业额和所得额难以准确计算的纳税,采取由纳税人自报自议,由税务机关核定一定时期的营业额和所得税附征率,实行多税种合并征收的一种征收方式。

(5)代扣代缴、代收代缴

代扣代缴、代收代缴是指按照税法规定负有扣缴税款义务的法定义务人,负责对纳税人应纳的税款进行代扣代缴的方式。

(6)委托代征

委托代征是指受托的有关单位按照税务机关核发的代征证书的要求,以税务机关的名义向纳税人征收一些零散税款的方式。

任务实施

在本项目情境中,作为公司王老板为了更好地管理企业,他应该了解以下环节的知识要点。

环节	对应项目	具体程序
1	纳税知识准备	(1)了解税收的概念,掌握税收的特性和职能 (2)根据理论知识在实践中进行运用
2	税收制度的构成要素	(1)了解税收制度的构成要素 (2)熟知纳税期限、地点以及违法责任
3	税收的分类	(1)熟悉税收的多种分类方法,以及分类标准 (2)掌握按照纳税对象分类下的税收种类
4	纳税程序及纳税申报	(1)熟悉税务登记的4种形式 (2)熟知发票的种类 (3)掌握纳税申报的一般程序,了解零申报、延期申报的概念

项目 7.4　汽车配件经营分析

情境导入

某汽配有限公司,从事汽车配件经营多年,经营业绩一直不怎么好,现邀请会计师事务所给企业做年终审计,并提供相应的经营分析数据,帮助企业做出正确的经营决策。会计师事务所在给企业的分析报告中,要求企业要明确自身所处的外部环境是什么?存在哪些问题?汽配行业有哪些特点?财务部门平时多运用哪些财务分析的数据来帮助企业做出正确经营决策?

【任务分析】

通过了解汽车配件行业目前的发展状况,熟悉汽车配件财务分析指标,能够在日常业务中灵活运用。

理论引导

首先,伴随着我国经济和社会的发展,汽车消费特别是轿车消费日益大众化,作为汽车整车制造业的配套产业、汽车配件产品也飞速发展起来，这对全面提升汽车配件行业竞争力的定位，为我国汽车配件的发展带来了机遇。今后，汽车配件产品及配件行业将迎来一个发展的新时期。

7.4.1 汽车配件行业的发展概况

1. 欧美汽车配件行业发展现状

1885年德国人卡尔发明了汽车，让人们第一次认识到了“改变世界的机器”。而后1913年世界上第一条汽车生产流水线在美国的建立，使人类真正步入到了“汽车时代”。可以说，是欧美缔造了人类的汽车工业史。根据近几年欧洲汽配行业的调研分析，汽车配件生产企业已经连续几年负增长，发展前景很不乐观。

2. 日本汽车配件行业发展状况

相对于欧美来说，日本汽车工业起步较晚。自20世纪70年代，日本整车制造业才开始起步，配件行业也随之发展。从一开始规模有大有小的400余家企业，到如今已建立一整套设计、制造、研究的体系，专业化协作程度和自动化技术水平都已经达到国际领先水平。现在，日本汽车工业正逐步成为新的“世界汽车基地”。

3. 我国汽车配件近年发展现状

在中国的汽车工业初始阶段，汽车只在沿海的几个大城市才有，比如说上海和天津，修理所需配件主要从国外进口。后来随着汽车数量的增加，配件产业才慢慢起步。长春作为中国一汽的生产基地，是我国整车配套配件生产模式的摇篮。作为中国汽车产业合资模式的典型地区上海和广州，他们依靠地理优势和政策扶持，率先引入了国外的先进技术和管理经验。通过提高合资车型的国产化率，通过开发核心技术和自主创新能力，进一步使配件产业开始向高水平、大批量方向发展。汽车产业所带动的地方经济增长、就业与税收，甚至政绩功效等多方面原因形成了我国汽车配件产业的“地域性”发展特点。

7.4.2 汽车配件经营行业特点

1. 经营品种的多样性

目前国内近两百种不同型号的汽车，每辆汽车包括上万个零部件。据权威统计，在一辆汽车的整个生命周期中，零部件损坏和更换的可能次数约达3 000次。

2. 经营市场的分散性

我国幅员辽阔，汽配市场分布广，但其经营的总体规模偏小，产品需求零碎，市场地域分散。

3. 经营管理的专业性

现代汽车是融合了多种高新技术的集合体，每一个汽车零部件都具有严格的型号、规格、工矿和标准。要在成千上万的零部件品种和规格中为顾客快速精准地查找所需零配件，就必须以高度专业化的管理人员和计算机网络信息管理系统作为保障。

7.4.3 国内汽配市场经营存在的主要问题

1. 汽配经营效益低下

从目前情况来看，中国现有400多家零部件商分散在全国各地，但年销售总额仅为500亿元人民币左右，在BOSCH公司2000年全球销售总额达到近300亿元人民币，由此比较可以看出国内、外的汽配连锁经销商的经营效益还存在很大的差距。究其原因，则主要在于目前国内数量庞大的汽配经销商形成了各自独立的营销体系，在经营竞争中偏重于价格的恶性竞争，而忽视产品品牌、品质、售后服务、信誉等培养与保证，因此经营效益无法得到提高，这些都是中国汽车零配件经营行业目前亟待解决的瓶颈问题。

2. 汽配经营机构落后

据介绍，国外由于家庭轿车的普及、汽车零配件多在超市、便利店里销售，在我国汽车零售则大部分局限在专门的汽车维修和零配件销售店。与国外相比，我国汽车零部件部件经销商普遍持有传统的经营意识和管理模式，缺乏推动建立适应国际商业竞争机制的经营理念。

3. 汽配产品品质低劣

近段时期以来，假冒伪劣汽车配件在我国大规模泛滥，严重扰乱了汽配市场的正常经济秩序。据报道，不久前国家质检局所抽查的配件生产和经销企业的700种产品，抽样检查合格率仅为70%，其中部分汽车电器产品合格率尚不到50%。

7.4.4 汽配企业财务经营分析指标

企业财务经营分析按照分析的目的内容分为财务效益分析、资产运营状况分析、偿债能力状况分析和发展能力分析；按照分析的对象不同分为资产负债表分析、利润表分析和现金流量表分析。

1. 按照分析的目的内容分析

(1)财务效益状况

财务效益状况即企业资产的收益能力。资产收益能力是会计信息使用者关心的重要问题，通过对它的分析为投资者、债权人、企业经营管理者提供决策的依据。分析指标主要有净资产收益率、资本保值增值率、主营业务利润率、盈余现金保障倍数、成本费用利润率等。

(2)资产营运状况

资产营运状况是指企业资产的周转情况，反映企业占用经济资源的利用效率。分析主要指标有总资产周转率、流动资产周转率、存货周转率、应收账款周转率、不良资产比率等。

(3)偿债能力状况

企业偿还短期债务和长期债务的能力强弱，是企业经济实力和财务状况的重要体现，也是衡量企业是否稳健经营、财务风险大小的重要尺度。分析主要指标有资产负债率、已获利息倍数、现金流动负债比率、速动比率等。

(4)发展能力状况

发展能力关系到企业的持续生存问题，也关系到投资者未来收益和债权人长期债权的风险程度。分析企业发展能力状况的指标有销售增长率、资本积累率、三年资本平均增长率、三年销售平均增长率、技术投入比率等。

2. 按照分析的对象不同分析

(1)资产负债表分析

资产负债表分析主要从资产项目、负债结构、所有者权益结构方面进行。资产主要分析项目有现金比重、应收账款比重、存货比重、无形资产比重等。负债结构分析有短期偿债能力分析、长期偿债能力分析等。所有者权益结构是分析各项权益占所有者权益总额的比重，说明投资者投入资本的保值增值情况及所有者的权益构成。

(2)利润表分析

利润表分析主要从盈利能力、经营业绩等方面进行。其主要分析指标有净资产收益率、总资产报酬率、主营业务利润率、成本费用利润率、销售增长率等。

(3)现金流量表分析

现金流量表分析主要从现金支付能力、资本支出与投资比率、现金流量收益比率等方面进行。其分析指标主要有现金比率、流动负债现金比率、债务现金比率、股利现金比率、资本购置率、销售现金率等。

企业的经济活动是一个有机的整体，其各项经营理财活动、各项财务指标是紧密相连的，并且相互影响，不可分割。企业实务经营分析中常用的是杜邦财务分析体系，该体系是以盈利能力为企业的核心能力，以净资产收益率为核心财务指标，根据盈利能力比率、资产管理比率和债务管理比率三者之间的内在联系，将核心指标净资产收益率逐项推移分解为销售利润率、总资产周转率和权益乘数三者的乘积，以综合反映企业盈利能力、营运能力、偿债能力和资本结构的共同作用对净资产收益率的影响。

任务实施

在本项目情境中,该汽配公司要深入进行经营分析,相关人员必须掌握以下环节的知识要点。

环 节	对应项目	具体程序
1	汽车配件行业特点	(1)简单了解汽配行业的发展状况 (2)掌握目前汽车配件行业的特点
2	国内汽配市场经营存在的问题	(1)通过对汽配市场发展状况的了解,明确我国汽配市场经营存在的问题 (2)思考解决汽配市场经营存在的问题及解决方法
3	汽配企业财务经营分析指标	(1)熟悉财务分析的各种核算指标 (2)能够通过指标数据了解企业的实际经营状况

项目7.5　汽车配件经营中的合同法常识

情境导入

甲公司向乙公司发出购买货物的要约,乙公司经过论证在承诺期限内对于要约中的内容全部接受,并将承诺通知以特快专递的方式发给甲公司,该信件由甲公司的信件收发人员签收,但因该收发人员的工作疏忽,忘记将信件交给甲公司的总经理A。乙公司在承诺书交给甲公司签收后10天内,按照要约中所定的发货日期向甲公司发货。问:该合同是否已经成立?

【任务分析】

了解合同的概念、特征及分类掌握合同成立的条件以及合同的形式及内容,能够应用合同法的基本原理确定合同的效力。

理论引导

7.5.1 合同的概念及特征

1.合同的概念

合同是平等主体的公民、法人、其他组织之间设立、变更、终止民事权利义务关系的协议。

2.合同的特征

合同具有如下法律特征:

①合同的主体具有平等的法律地位。

②合同是双方或多方的民事法律行为。

③合同是以设立、变更、终止财产性民事权利义务关系为目的的民事法律行为。

7.5.2 合同的分类

1.单务合同与双务合同

根据合同当事人是否互负对待给付义务,将合同分为单务合同和双务合同。单务合同是指只有一方当事人承担给付义务的合同，如赠予合同、借用合同。双务合同是指当事人双方相互承担对待给付义务的合同，如买卖合同（购销合同）、租赁合同、借款合同等。

区分单务合同和双务合同的法律意义在于，双务合同当事人之间的权利义务具有对应和依赖关系，其中一方的义务恰为另一方的权利，而单务合同则不存在这一问题。

2. 诺成合同与实践合同

以合同的成立是否交付标的物为标准，将合同区分为诺成合同与实践合同。诺成合同是指当事人意识表示一致合同即为成立，而不需要以交付标的物为成立要件的合同。实践合同是指除当事人意思表示一致外，还须交付标的物才能成立的合同。

区分诺成合同与实践合同的意义主要表现在，交付标的物对于两类合同的法律意义不同。在诺成合同中，交付标的物不属于合同的成立要件，而是作为合同成立后履行的环节。在实践合同中，交付标的物则属于合同的成立要件。

3. 有名合同与无名合同

根据法律是否设有一个特定的名称为标准，将合同区分为有名合同与无名合同。《合同法》规定了买卖、赠予、借款、租赁、承揽等15种有名合同。无名合同随着社会经济生活的发展而不断出现，但并非典型。

区分上述两类合同的意义主要在于法律适用上存有差异。有名合同应该直接适用合同法分则关于该类合同的规定；而对于无名合同，《合同法》规定，其分则或者其他法律没有明文规定的合同，适用该法总则的规定，并可以参照该法分则或其他法律最相类似的规定。

4. 主合同与从合同

从合同之间存在的主从关系角度观察，能够独立存在，不以其他合同的存在为存在条件的合同为主合同；不具有独立性，而以其他合同的存在为存在前提的合同为从合同。

区分主合同与从合同的法律意义在于，主合同对从合同有决定性意义，而从合同对主合同则存在着补充及促进的意义。相对于主合同，从合同在成立、效力、消灭等环节上都依赖于主合同；而从合同的存在，则在确保主合同实现、补充主合同内容等方面发挥着作用。

7.5.3 合同订立

1. 合同的订立

当事人订立合同，采取要约、承诺方式。一般情况下，承诺生效时合同即为成立。

(1)要约

①要约的概念。要约是希望和他人订立合同的意思表示。

②要约生效的时间。要约生效时间是指要约从何时开始对要约人和受要约人产生法律上的约束力。

③要约的撤回和撤销。要约可以撤回，因为要约只有到达受要约人时才发生约束力。但撤回要约的通知应当在要约到达受要约人之前或者与要约同时到达受要约人处。

要约的撤销是指，要约人在要约生效后，将该项要约取消，是要约的法律效力归于消灭的意思表示。

④要约的失效。要约的失效是指要约丧失法律约束力，要约人和受要约人均不再受其约束。

(2)承诺

①承诺的概念。承诺是受要约人同意要约的意思表示，其效力体现在：一经承诺，合同即告成立。

②承诺的效力。我国合同法采取承诺到达生效的原则，即承诺通知到达要约人时生效。承诺不需要通知的，根据交易习惯或者要约的要求做出承诺的行为时生效。

2. 合同的内容

(1)合同一般应具备的条款

合同的内容即合同的条款，是合同权利义务的具体规定。《合同法》规定，合同的内容自当事人约定，一般包括以下条款：当事人的名称或者姓名和住所，标的，数量，质量，价款或者报酬，履行期限、地点和方式，违约责任,解决争议的方法。

(2)格式条款

格式条款是当事人为了重复使用而预先拟定,并在订立合同时未与对方协商的条款。

我国合同法对格式条款的规制主要表现在3个方面:一是规定格式条款提供一方的一般义务。二是规定了格式条款无效的情形。三是确立了格式条款的解释规则。

3. 合同的形式

合同的形式,又称合同的方式,是合同内容的外部表现。

(1)书面形式

书面形式是指合同书、信件和数据电文(包括电报、电传、传真、电子数据交换和电子邮件)等可以有形地表现所载内容的形式。

(2)口头形式

口头形式是指当事人只用语言不用文字为意思表示订立合同。

(3)其他形式

除了书面形式和口头形式外,其他形式包括作为推定和沉默等方式。

7.5.4 合同的效力

合同的效力,又称合同的法律效力,是指法律赋予依法成立的合同具有拘束当事人各方乃至第三人的强制力。

1. 有效合同

合同生效是指成立了的合同依当事人意思表示的内容而发生效力。依法成立的合同,自成立时生效。

2. 无效合同

合同无效是指当事人所缔结的合同因欠缺生效要件,在法律上不按当事人合意的内容赋予效力。合同无效并不一定是全部无效,有的只是部分无效,如该部分无效不影响其余部分效力时,其余部分仍然有效。

3. 可撤销的合同

可撤销的合同实质是指可撤销、可变更的合同,指合同欠缺生效要件,但一方当事人可依照自己的意思使合同的内容变更或者使合同的效力归于消灭的合同。

4. 合同无效或被撤销的法律后果

合同无效或被撤销只是不发生缔约当事人所追求的效果,但应当发生合同法所规定的法律效力。

(1)返还财产双方

合同无效或者被撤销后,因该合同取得的财产,应当予以返还;不能返还或者没有必要返还的,应当折价补偿。

(2)赔偿损失

合同无效或者被撤销后,有过错的一方应当赔偿对方因此所受到的损失,双方都有过错的,应当各自承担相应的责任。

7.5.5 合同的变更、转让及终止

合同的变更是指合同成立以后,尚未履行或尚未完全履行之前,合同当事人保持不变而合同内容发生改变的现象。与合同转让不同,合同变更乃是合同构成要素中内容的改变。

1. 合同变更的要件

①合同变更须依当事人协议。当事人协商一致,可以变更合同,当事人对合同变更的内容约定不明确的,推定为未变更。

②须有合同内容的变化。合同主体如果发生改变则属于合同转让,只有合同内容改变才是合同变更。

③须遵守法定的形式。当事人变更合同,应该依照约定。

2. 合同变更的效力

合同变更的目的在于为当事人之间确定合同的内容,因此,在合同变更的情况下,合同内容以变更后的内容为准,当事人应该按照变更后的内容履行,否则将构成违约。合同变更原则上在将来发生效力,未变更的权利义务继续有效,已经履行的债务不因合同的变更而失去法律依据。

7.5.6 违约责任

1. 概述

违约责任是指合同当事人因违反所应承担的民事责任。当事人一方不履行合同义务或者履行合同义务不符合约定的,应当承担继续履行、采取补救措施或者赔偿损失等违约责任。

2. 违约行为

(1)不能履行

不能履行又称给付不能,是指债务人由于某种情形,在客观上已经没有履行能力,导致事实上已经不可能再履行债务。

(2)拒绝履行

拒绝履行是指当事人一方明确表示或者以自己的行为表明不履行合同义务,它是违约的一种形态。《合同法》规定,当事人一方明确表示或者以自己的行为表明不履行合同义务的,对方可以在履行期限届满之前要求其承担违约责任。

3. 承担违约责任的方式

(1)继续履行

继续履行是指违反合同的当事人不论是否已经承担赔偿金或者违约金责任,都必须根据对方的要求,在自己能够履行的条件下,对原合同未履行的部分进行履行。

①金钱债务中的继续履行

《合同法》规定,当事人一方未支付价款或者报酬的,对方可以要求其支付价款或者报酬。由于金钱是一般等价物,无其他替代履行方法,因此金钱债务中不能适用免除继续履行义务。

②非金钱债务中的继续履行

当事人一方不履行非金钱债务或者履行非金钱债务不符合约定的,对方可以要求履行,但有下列情形之一的除外:第一,法律上或者事实上不能履行;第二,债务的标的不适于强制履行或者履行费用过高;第三,债权人在合理期限内未要求履行。

③延迟履行与继续履行

延迟履行属不完全履行的一种,是指债务人能够履行,但在履行期限届满时未履行债务的情况。《合同法》规定,当事人就延迟履行约定违约金的,违约方支付违约金后,还应当继续履行债务。

(2)补救措施

《合同法》规定,质量不符合约定的,应当按照当事人的约定承担违约责任。但违约责任没有约定或者约定不明确的,如果不能达成补充协议的,受损害方根据标的的性质以及损失的大小,可以合理选择要求对方承担修理、更换、重作、退货、减少价款或者报酬等违约责任。

(3)赔偿损失

当事人一方不履行合同义务或者履行合同义务不符合约定,给对方造成损失的,损失赔偿额应当相当于因违约所造成的损失,包括合同履行后可以获得的利益,但不得超过违反合同一方订立合同时预见到或者应当预见到的因违反合同可能造成的损失。

(4)违约金

违约金是指由合同约定的,在发生违约事实时,违约方支付的一定数额的货币。

(5)定金

当事人既约定违约金,又约定定金的,一方违约时,对方可以选择适用违约金或者定金条款。

4. 违约的类型

(1)单方违约

合同的双方当事人只有一方违约时,应由违约方向非违约方承担违约责任,但非违约方应负有减损义务,即当事人一方违约后,对方应当采取适当措施防止损失的扩大,没有采取适当措施致使损失扩大的,不得就扩大的损失要求赔偿。

(2)双方违约

当事人双方都违反合同的,应当各自承担相应的责任。

(3)因第三人原因造成的违约

当事人一方因第三人的原因造成违约的,应当向对方承担违约责任。当事人一方和第三人之间的纠纷,依照法律规定或者按照约定解决。

附合同样本如下:

产品购销合同

甲方:

法定代表人:

乙方:

法定代表人:

根据《中华人民共和国合同法》之规定,经甲乙双方充分协商,特订立合同,以便共同遵守。

第一条　产品的名称、品种、规格和质量

1. 产品的名称、品种、规格:

名称:______________________________

品种:______________________________

规格:______________________________

2. 产品的技术标准(包括质量要求),按下列第(________)项执行:

(1)按国家标准执行;(2)按部颁标准执行;(3)按企业标准执行;(4)有特殊要求的,按甲乙双方在合同中商定的技术条件、样品或补充的技术要求执行。

第二条　产品的数量和计量单位、计量方法

1. 产品的数量:______________________________。

2. 计量单位、计量方法:______________________________。

3. 产品交货数量的正负尾差、合理磅差和在途自然减(增)量规定及计算方法:____________________。

第三条　产品的包装标准和包装物的供应与回收

____。

(国家或业务主管部门有技术规定的,按技术规定执行;国家与业务主管部门无技术规定的,甲乙双方商定。)

第四条　产品的交货单位、交货方法、运输方式、到货地点(包括专用线、码头)

1. 产品的交货单位:______________________________。

2. 交货方法,按下列第(__________)项执行:

(1)乙方送货;

(2)乙方代运;

(3)甲方自提自运。

3. 运输方式:____________________。

4. 到货地点和接货单位(或接货人)____。

(甲方如要求变更到货地点或接货人,应在合同规定的交货期限(月份或季度)前40天通知乙方,以便乙方编月度要车(船)计划;必须由甲方派人押送的,应在合同中明确规定;甲乙双方对产品的运输和装卸,应按有关规定与运输部门办理交换手续,作出记录,双方签字,明确甲、乙方和运输部门的责任。)

第五条　产品的交(提)货期限____。

(规定送货或代运的产品的交货日期,以乙方发运产品时承运部门签发的戳记日期为准,当事人另有约定者,从约定;合同规定甲方自提产品的交货日期,以乙方按合同规定通知的提货日期为准。乙方的提货通知中,应给予甲方必要的途中时间,实际交货或提货日期早于或迟于合同规定的日期,应视为提前或逾期交货或提货。)

第六条　产品的价格与货款的结算

1. 产品的价格:按下列第(________)项执行:

(1)按物价主管部门的批准价执行;

(2)按甲乙双方的商定价执行。

(逾期交货的,遇价格上涨时,按原价执行;遇价格下降时,按原价执行。逾期提货或逾期付款的,遇价格上涨时,按新价格执行;遇价格下降时,按原价执行。)

2. 产品货款的结算:产品的货款、实际支付的运杂费和其他费用的结算,按照中国人民银行结算办法的规定办理。

(用托收承付方式结算的,合同中应注明验单付款或验货付款。验货付款的承付期限一般为10天,从运输部门向收货单位发出提货通知的次日起算。凡当事人在合同中约定缩短或延长验货期限的,应当在托收凭证上写明,银行从其规定。)

第七条　验收方法

1. 验收时间____________________

2. 验收手段____________________

3. 验收标准____________________

第八条　对产品提出异议的时间和办法

1. 甲方在验收中,如果发现产品的品种、型号、规格和质量不合规定,应一面妥为保管,一面在(________)天内向乙方提出书面异议。

2. 如甲方未按规定期限提出书面异议的,视为所交产品符合合同规定。

3. 甲方因使用、保管、保养不善等造成产品质量下降的,不得提出异议。

4. 乙方在接到需方书面异议后,应在10天内负责处理,否则,即视为默认甲方提出的异议和处理意见。

第九条　乙方的违约责任

1. 乙方不能交货的,应向甲方偿付不能交货部分货款的________%(通用产品的幅度为1%~5%,专用产品的幅度为10%~30%)的违约金。

2. 乙方所交产品品种、型号、规格、质量不符合合同规定的,如果甲方同意利用,应当按质论价。

3. 乙方逾期交货的,应比照中国人民银行有关延期付款的规定,按逾期交货部分货款计算,向甲方偿付逾期交货的违约金,并承担甲方因此所受的损失费用。

4. 乙方提前交货的产品、多交的产品和品种、型号、规格、质量不符合合同规定的产品,甲方在代保管期内实际支付的保管、保养等费用以及非因甲方保管不善而发生的损失,应当由乙方承担。

5. 产品错发到货地点或接货人的,乙方除应负责运交合同规定的到货地点或接货人外,还应承担甲方因此多支付的一切实际费用和逾期交货的违约金。乙方未经甲方同意,单方面改变运输路线和运输工具的,应当承担由此增加的费用。

6. 乙方提前交货的,甲方接货后,仍可按合同规定的交货时间付款;合同规定自提的,甲方可拒绝提货。

乙方逾期交货的，乙方应在发货前与甲方协商，甲方仍需要的，乙方应照数补交，并负逾期交货责任；甲方不再需要的，应当在接到乙方通知后15天内通知乙方，办理解除合同手续，逾期不答复的，视为同意发货。

第十条　甲方的违约责任

1. 甲方中途退货，应向乙方偿付退货部分货款（通用产品的幅度为1% ~5%，专用产品的幅度为15% ~30%）的违约金。

2. 甲方自提产品未按供方通知的日期或合同规定的日期提货的，应比照中国人民银行有关延期付款的规定，按逾期提货部分货款总值计算，向乙方偿付逾期提货的违约金，并承担乙方实际支付的代为保管、保养的费用。

3. 甲方逾期付款的，应按照中国人民银行有关延期付款的规定向乙方偿付逾期付款的违约金。

4. 甲方违反合同规定拒绝接货的，应当承担由此造成的损失和运输部门的罚款。

5. 甲方如错填到货地点或接货人，或对乙方提出错误异议，应承担乙方因此所受的损失。

第十一条　不可抗力

甲乙双方的任何一方由于不可抗力的原因不能履行合同时，应及时向对方通报不能履行或不能完全履行的理由，在取得有关主管机关证明以后，允许延期履行、部分履行或者不履行合同，并根据情况可部分或全部免予承担违约责任。

第十二条　其他

____。

按本合同规定应该偿付的违约金、赔偿金、保管保养费和各种经济损失，应当在明确责任后10天内，按银行规定的结算办法付清，否则按逾期付款处理。但任何一方不得自行扣发货物或扣付货款来充抵。

本合同如发生纠纷，当事人双方应当及时协商解决，协商不成时，任何一方均可请业务主管机关调解，调解不成，按以下第(________)项方式处理：(1)申请仲裁委员会仲裁。(2)向人民法院起诉。

第十三条　本合同自________年________月________日起生效，有效期至________年________月________日。合同执行期内，甲乙双方均不得随意变更或解除合同。合同如有未尽事宜，须经双方共同协商，作出补充规定，补充规定与本合同具有同等效力。本合同正本一式两份，甲乙双方各执一份；合同副本一式________份。

购货单位（甲方）：________（公章）
代表人：________
开户银行：________
账号：________
电话：________
________年________月________日

供货单位（乙方）：________（公章）
代表人：________
开户银行：________
账号：________
电话：________
________年________月________日

任务实施

在本项目情境中，判断合同是否已经成立，必须掌握以下环节的知识要点，按照下列步骤进行。

环 节	对应项目	具体程序
1	合同的概念、特征及分类	(1)了解合同的概念,掌握合同的特性 (2)掌握合同的分类
2	合同的订立和效力	(1)了解合同订立的方式和形式 (2)熟知合同的效力
3	合同的变更、转让及终止	(1)熟悉合同变更的要件 (2)掌握合同变更的效力
4	违约责任	(1)通过了解违约的概念,了解违约的行为和方式 (2)熟知承担违约责任的方式 (3)掌握违约的类型

评价体会

评价与考核项目		评价与考核标准	配 分	得 分
知识点	财务票据以及纳税的一般知识	理论知识的掌握	10	
	汽车配件经营分析	理论知识的掌握	10	
技能点	财务票据的开具和种类以及用途	独立开具票据,能够审核票据,掌握各种票据的使用及报销流程满分,否则每处扣3分	20	
	我国税收的分类以及企业纳税的一般程序	正确掌握税收的分类,能够正确区分企业纳税的种类以及企业纳税的基本程序满分;否则每处扣3分	20	
	汽车配件经营的财务分析指标	能够通过指标的计算结果做出正确的经营决策满分;否则每处扣5分	10	
情感点	学习态度	遵守纪律、态度端正、努力学习者满分;否则0~1分	10	
	相互协作情况	相互协作、团结一致满分;否则0~1分	10	
	参与度和结果	积极参与、结果正确满分;否则0~1分	10	
合 计			100	

任务工单

<table>
<tr><td rowspan="3">学习任务7:汽车配件经营分析
项目单元1:纳税的一般知识</td><td>班级</td><td colspan="3"></td></tr>
<tr><td>姓名</td><td></td><td>学号</td><td></td></tr>
<tr><td>日期</td><td></td><td>评分</td><td></td></tr>
</table>

一、单项选择题

1. 税收制度最重要、最基本的分类是(　　)。
A. 按税收负担能否转嫁为标准分类　　B. 按税收与价格的关系为标准分类
C. 按课税对象为标准分类　　D. 按税收的管理权限为标准分类

2. 税收最基本的职能是(　　)。
A. 财政职能　　B. 政治职能　　C. 经济职能　　D. 社会职能

3. 税收“三性”的核心是(　　)。
A. 有偿性　　B. 强制性　　C. 固定性　　D. 无偿性

4. 有权制定税收法律的是(　　)。
A. 全国人民代表大会及其常务委员会　　B. 国务院
C. 财政部　　D. 国家税务总局

5. 向税务机关申报办理税务登记的时间是(　　)。
A. 自领取营业执照之日起 15 日内　　B. 自领取营业执照之日起 30 日内
C. 自领取营业执照之日起 45 日内　　D. 自领取营业执照之日起 60 日内

二、多项选择题

1. 下列属于税收征税主体的有(　　)。
A. 地方税务局　　B. 财政部　　C. 海关　　D. 国家税务局

2. 下列各项中,有权制定税收规章的税务主管机关有(　　)。
A. 国家税务总局　　B. 财政部
C. 国家工商行政管理总局　　D. 海关总署

3. 税务登记的种类包括(　　)。
A. 开业登记　　B. 纳税登记　　C. 变更登记　　D. 注销登记

4. 发票的使用要求包括(　　)。
A. 不得转借、转让或代开发票　　B. 未经批准,不得拆本使用发票
C. 不得扩大专业发票使用范围　　D. 禁止倒买、倒卖发票

三、判断题

1. 判断一种财政收入形式是不是税收,不在于它的名称是什么,主要看它是否同时具有税收“三性”。(　　)
2. 国家税务总局有权根据税收法律制定税收行政法规。(　　)
3. 所得税是我国的主体税种。(　　)
4. 按税收与价格的关系,税收可分为从价税和从量税。(　　)
5. 享受减税、免税待遇的纳税人,在减税、免税期间可以暂不办理纳税申报。(　　)
6. 税务机关是发票的主管机关,负责发票的印制、领购、开具、保管和缴销。(　　)
7. 销售商品、提供服务以及从事其他经营活动的单位和个人,对外发生经营业务收取款项,均需由收货方开具发票。(　　)

四、案例分析题

税务机关在税务检查中发现某企业采取多列支出、少列收入的手段进行虚假纳税申报,少缴税款9 000 元,占其应纳税额的8%。

试分析:

(1)该企业的行为属于什么性质的违法行为?是否构成犯罪?

(2)该企业应承担的法律责任是什么?

任务工单

学习任务7:汽车配件经营分析 任务单元2:合同法常识	班级			
	姓名		学号	
	日期		评分	

一、单项选择题

1. 当事人采用书面形式订立合同的,以(　　)为合同成立地。

A. 当事人签约地　B. 要约人的主营业地　C. 承诺人的主营业地　D. 当事人谈判地

2. 根据《合同法》的规定,要约的生效时间是(　　)。

A. 要约人发出要约的时间　B. 要约到达受要约人的时间

C. 要约上注明的日期　D. 要约寄出的时间

3.《合同法》规定可撤销合同撤销权的时效期间是具有撤销权的当事人自知道或者应当知道撤销事由之日起(　　)。

A. 5 年内　B. 3 年内　C. 2 年内　D. 1 年内

4. 合同的一方当事人经合同他方同意将权利和义务一并转让第三方的行为属于(　　)。

A. 合同承受　B. 债务承担　C. 债权让与　D. 债权保全

5. 债务人放弃其到期债权或无偿转让财产,对债权人造成损害,且受让人知道该情形的,债权人可以请求法院(　　)债务人的行为。

A. 撤销　B. 处罚　C. 制止　D. 保全

二、多项选择题

1. 根据《合同法》规定,有下列情形之一的,要约失效(　　)。

A. 拒绝要约的通知到达要约人　B. 要约人依法撤销要约

C. 承诺期限届满,受要约人未做出承诺　D. 受要约人对要约的内容做出实质性变更

2. 根据《合同法》规定,承担违约责任的主要方式有(　　)。

A. 继续履行　B. 采取补救措施　C. 补偿损失　D. 支付违约金或者定金

3. 当事人在订立合同过程中有下列情形之一的,给对方造成损失的,应承担损害赔偿责任(　　)。

A. 假借订立合同,恶意进行磋商

B. 故意隐瞒与订立合同有关的重要事宜

C. 提供虚假情况

D. 有其他违背诚实信用原则的行为

4.《合同法》规定,应当先履行债务的当事人,有确切证据证明有下列情形之一的,可以中止履行(　　)。

A. 经营状况严重恶化　B. 转移财产、抽选资产,以逃避债务

C. 丧失商业信誉　D. 有丧失或可能丧失履行债务能力的其他情形

拓展与提升

有效的企业经营理念的基本要求

①企业对环境、使命与核心竞争力的基本认识要正确,绝不能与现实脱节。脱离实际的理念是没有生命力的。

②要让全体员工理解经营理念。经营理念创建初期,企业员工们比较重视,也很理解。等到事业发展了,员工们把经营理念视为理所当然,而逐渐淡忘,组织松懈、停止思考。虽然经营理念本质上就是训练,但

要切记经营理念不能取代训练。

③经营理念必须经常在接受检验中修改丰富。经营理念不是永久不变的。事物是发展变化和运动的，企业经营理念一定要随着外部和内部的环境的变化而变化。

事实证明，有些经营理念功效宏大而持久，可以维持数十年不动摇。在实践中，经营理念的实施既是最重要的，也是难度最大的。

经营理念示意图如图7.3所示。

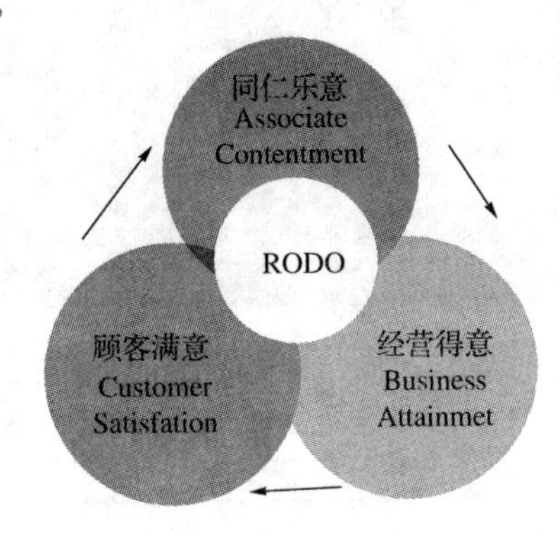

图7.3 经营理念示意图

学习任务 8

汽车配件计算机管理系统

【任务目标】

1. 知识目标：掌握汽车配件计算机管理系统的作用及效能；基本熟悉 1 ~2 款汽车配件计算机管理系统。

2. 能力目标：能熟练应用1 ~2 款汽车配件计算机管理系统管理配件。

3. 态度目标：信息化已经深入我们生产、工作、生活的各个方面，汽车配件管理要充分发挥信息技术的优势，汽车配件从业人员要用信息技术武装自己。

【任务描述】

汽车配件车型多，零部件种类繁杂，单靠手工作业管理难以达到科学、准确、快捷的目的，将计算机管理系统、网络技术应用于汽车配件营销与管理中，已经成为必然趋势和现实。

【课时计划】

项目	项目内容	参考课时
8.1	汽车配件计算机管理系统的作用及效能	2
8.2	汽修汽配计算机管理系统简介	2

项目 8.1 汽车配件计算机管理系统的作用及效能

情境导入

某省会城市一家综合汽车配件公司，涉及汽车配件车型多，零部件种类繁杂，发现单靠手工作业管理难度越来越大，经软件公司推荐，开始使用汽车配件计算机管理系统，避免烦琐手工作业，大大提高了工作效率，业务量不断攀升。

【任务分析】

配件行业经过多年的发展，汽车配件公司的高级管理人员逐步认识到汽车配件计算机管理系统的作用和效能，它是提升管理水平，实现信息化的必要手段；配件公司的中层管理人员及普通员工都体会到了汽车配件计算机管理系统为自己的工作带来的方便、快捷、高效。汽车配件行业发展和现实要求从业人员必须充分认识汽车配件计算机管理系统，了解系统种类、作用，掌握系统基本功能。

理论引导

8.1.1 汽车配件计算机管理系统概述

汽车配件车型多，零部件种类繁杂，单靠手工作业管理难以达到科学、准确、快捷的目的，将计算机管理系统应用与汽车配件企业，已经成为必然趋势。

汽车配件管理系统是针对汽配企业产品的购销、配件的进出、账款的结算等业务而专门开发的，包括配件销售管理、配件采购管理、配件仓库管理、应收应付管理等。从事汽车维修的企业，其业务中通常都包括配件管理业务，因此汽车维修管理系统也包含了汽车配件管理系统的功能。在实际运用中，大多数汽配企业也使用汽车维修管理系统，选取其中配件管理的相关功能。

8.1.2 汽车配件计算机管理系统种类

1. 汽车配件管理系统

汽车配件管理系统主要承担配件的流通管理，根据企业的性质不同，功能也有所区别。配件经销商所用的管理系统主要体现在销售管理、仓储管理以及账目管理 3 方面。

2. 汽车配件目录管理系统

任何一个零件都有其相对应的零件编号。零件编号就好比人的身份证一样，每个零件只有唯一的一个编号。我们在描述一个零件的时候，最准确的方法是用零件编号去描述。零件编号在订货、库存、销售等各个环节都需要用到。正因为零件编号如此重要，所以人们设计了零件编号目录管理系统。不同品牌的生产厂商都会提供给经销商不同的零件目录系统。

3. 汽车配件订购系统

当我们通过配件管理系统及配件目录系统生成订单后，我们就要向供应商订货，把正式的订单发给供应商。这就要用到配件订购系统。配件订购系统与互联网技术相结合，供应商在网上建立一个订购系统，实行实时订货。实时配件订购系统除了可以直接向供应商订购零件外，还可以实时查询供应商的库存数量，可以准确预测零件的到货日期。同时还可以查询零件替代状况、零件的价格以及订单的处理情况等。

目前国外已开发并使用的汽车配件综合管理系统,配件的检索与显示已经做到了三维立体视图,用户可以观察零件的各个细节,配件的目录管理与流通管理、定购管理相结合,功能十分强大。

8.1.3 汽车配件计算机管理系统的作用

1. 汽车配件计算机管理系统具有信息储存量大、信息处理准确的特点

汽车维修企业和汽配经营企业使用计算机管理系统之后,能充分地实现企业人、财、物和产、供、销的合理配置与资源共享;能加快库存周转,减少采购和运输费用;能减少由于物料短缺而引起的维修工期拖延,确保维修承诺期;能保证企业的财务数据反映实际的成本及企业状况。

2. 汽车配件计算机管理系统可以挖掘企业内部潜力

将汽车配件计算机管理系统用于汽车维修企业和汽车配件企业的库存管理,由于网络化的库存管理能够缩短进出货的周期并减少缺货的可能性,因此可以为按需库存提供准确的信息,减少因库存不当而造成的人力和财力浪费。

3. 实行汽车配件计算机管理系统有利于规范化管理企业

实行汽车配件计算机管理系统管理,各车型、故障、工种、技术熟练程度等都可以量化,使得在修理报价、竣工结算、工资分配、奖金提成等方面有据可依,既能充分调动员工的积极性,同时也为企业树立规范化管理的良好形象。

8.1.4 汽车配件计算机管理系统的基本功能

1. 生产经营管理

企业负责人和管理人员可以随时查询各部门工作情况,对企业内各个工作环节进行管理;对于网络运行环境进行设置,确定各个部门和环节使用权限及密码,保证未经过授权的人员不能使用不属于其范围的功能;对修理、价格及工艺流程进行监控;对竣工车辆及时进行车辆情况分析。

2. 配件管理

汽车配件计算机管理系统能完成订货入库、出库及库存管理,对修理车辆领用材料进行跟踪,科学分析各种材料使用量,确定最佳订货量,确定配件管理部门的应收、应付账款,保存准确的零部件存货清单等功能。

3. 接待报修

汽车配件计算机管理系统自动报出各项修理费用,记录顾客及维修汽车的信息,确定车辆的维修历史,迅速预报出初步的修理项目和总价,自动记录顾客及维修车辆的信息,确定车辆的维修历史,迅速预报出初步的修理项目和总价,自动记录各接待员的接修车辆。

4. 维修调度

生产调度中心诊断故障、确定具体的修理工艺及项目,安排工作给各个班组,且进行跟踪检验。在车辆修理过程中,汽车配件计算机管理系统跟踪记录各班组具体的维修工艺及材料、设备的使用情况。

5. 竣工结算

在竣工结算时及时提供结算详细清单,提供与客户车辆有关的各项修理费用、材料领用情况,生成、记录并打印修理记录单,处理修理费用的支付。修理车辆出厂后,车辆修理记录转入历史记录,以备今后使用。跟踪车辆竣工后情况,提供车辆保养信息。

6. 财务管理

能对生产经营账目方便灵活地查询、汇总,如提成工资、库存总占用;查询应收、应付账目,及时处理账款;生成当日的营业日报表等。

8.1.5 汽车配件计算机管理系统的效能

①对车辆维修和零配件销售实现明码标价,代替自由度较大的手工打价,便于企业的标准化管理。

②可以及时监控零配件的入库、出库、库存和销售情况,便于企业做好零配件销售管理,实现合理库存。

③可以详细准确地记录客户的基本情况和车辆的技术数据,便于企业做好客户服务管理和车辆维修管理。

④可以量化员工绩效,使员工工资和本职工作挂钩,提高员工的工作积极性。

⑤可以记录维修过程中的工艺流程,为车辆维修提供技术参考。

⑥利用互联网索取维修资料,接受维修培训,并可以在网上直接进行维修技术的求助及交流,解决维修资料缺乏、技术手段落后等难题。

任务实施

在本项目情境中,该综合汽车配件公司,能够大大提高工作效率,业务量不断攀升,是因为公司对以下环节的重视和应用,按照以下程序完成。

环　节	对应项目	具体程序
1	汽车配件计算机管理系统概述	(1)初步认识汽车配件计算机管理系统 (2)网络查询计算机管理系统相关知识,建立信息化意识 (3)公网下载免费汽车配件计算机管理系统,初步了解1~2款汽车修理配件管理信息系统
2	汽车配件计算机管理系统种类	(1)公网下载免费汽车配件计算机管理系统,熟悉1~2款汽车修理配件管理信息系统 (2)上机进行汽车配件计算机管理系统初步操作训练 (3)比较2~3款汽车配件计算机管理系统
3	汽车配件计算机管理系统的作用	(1)比较2~3款汽车配件计算机管理系统 (2)上机进行汽车配件计算机管理系统熟练操作训练 (3)深入理解:汽车配件计算机管理系统具有信息储存量大、信息处理准确的特点,汽车配件计算机管理系统可以挖掘企业内部潜力,实行汽车配件计算机管理系统有利于规范化管理企业
4	汽车配件计算机管理系统的基本功能	(1)上机进行汽车配件计算机管理系统熟练操作训练 (2)掌握如下基本功能:①生产经营管理;②配件管理;③接待报修;④维修调度;⑤竣工结算;⑥财务管理
5	汽车配件计算机管理系统的效能	(1)上机进行汽车配件计算机管理系统熟练操作训练 (2)深刻理解汽车配件计算机管理系统的各项实际效能

项目 8.2 汽修汽配计算机管理系统简介

情境导入

某汽车配件公司，与汽车制造厂合作，配备了“上海大众汽车配件计算机管理系统”，业务主管对新进公司的员工都要进行配件计算机管理系统业务培训。

【任务分析】

汽车配件业务主管首先学习汽修汽配计算机管理系统的使用，经过厂方（软件开发商）的培训，全面掌握系统的使用，公司的计算机信息管理员要学会系统的安装、调试、维护，并与厂方（软件开发商）保持联系沟通，配合软件后期的维护、升级等工作；汽车配件业务主管（计算机信息管理员）负责新员工配件计算机管理系统使用培训，让新员工掌握基础信息维护、配件采购模块、附件销售模块、仓库管理等部分的使用及日常维护。

理论引导

下面以“上海大众汽车配件计算机管理系统”为例，对汽车配件管理以及与汽车配件管理有关的功能进行简要介绍。

8.2.1 基础信息维护

系统基础信息维护模块包括：客户信息管理、配件主信息和仓库定义；经销商可在此定义管理店面的业务往来客户、查询获知大众下发的配件信息及价格策略以及店面内部仓库定义和库位维护。

1. 客户信息管理

业务解释：此模块由配附件经理维护，主要用于涉及配件出入库客户信息的维护，包括价格（折扣、加价率），协议信息、允许销售标志、销售有效期等，支持客户信息导出功能，如图 8.1 所示。

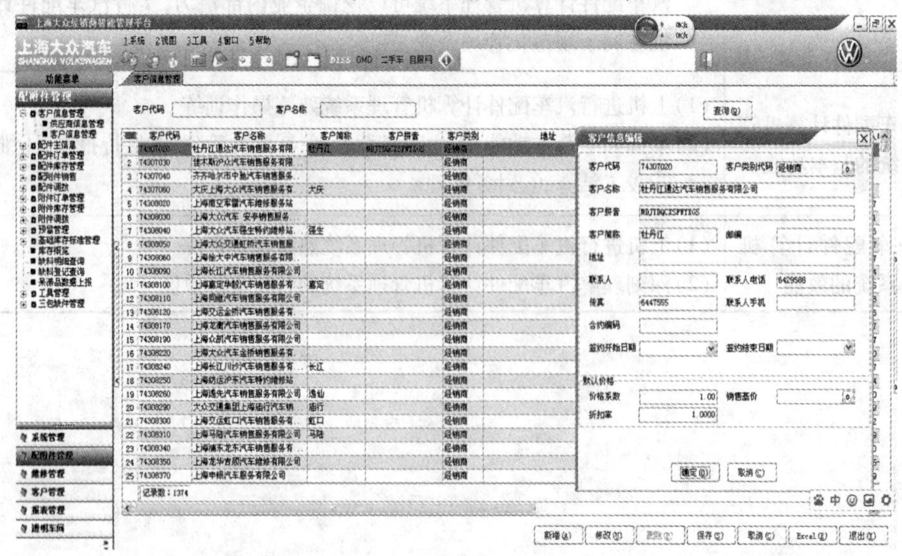

图 8.1 客户信息管理界面

功能描述：

（1）新建业务往来客户的类别包括：零售客户、批售客户、上海大众、经销商和直营店；上海大众、经销商和直营店的数据由主机厂 OEM 下发。

（2）新建非供应商客户信息，可定义客户的加价率和协议折扣信息，并且可维护此客户的销售基价，在配件出库时可依据客户的协议折扣打折。

2. 配件主信息

业务解释：此模块由配件经理查看维护，可查看由大众下发的配件主目录信息以及用户自定义配件的维护；配件最终用户价下发和价格策略查询以及是否可销售大众配件的查询获知，如图 8.2 所示。

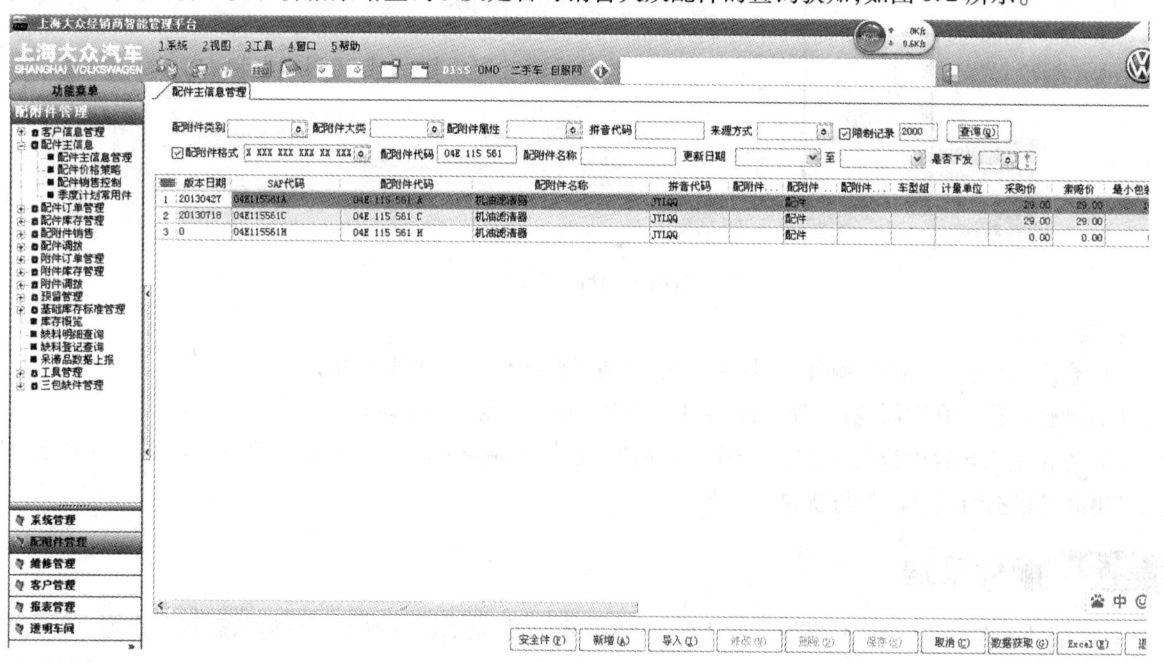

图 8.2　配件主信息界面

功能描述：

（1）大众标准配件目录的接受和查询、配件替代关系的接受查询以及主目录下配件的各种参数的获知查询。

（2）可维护非大众配件主信息、可新增和修改但保存完后不能删除。

（3）安全件主要是车灯、轮胎、刹车片、安全气囊等涉及安全问题的配件，由大众统一下发标识，安全件出库时需要两次输入安全件序列号。

（4）iCrEAM 系统中配件的价格信息包括：成本价、最新进货价、索赔价、最高最低限价和保险价。成本价即该配件的成本价（不含税），若配件订货成本价发生变更，系统会采用“加权平均法”重新计算配件成本价格；最新进货价即含税成本价（成本价 ×0.17）；索赔价即成本价，若配件发料时的收费区分为“质量担保”配件以索赔价出库。

（5）最高最低销售限价的价格策略由大众下发，配件出库的价格必须介于最高和最低限价之间。

（6）没有设定最高最低限价的配件将会根据大众规定的加价率策略以及经销商配件的库存成本价来计算对应的最高限价。配件加价率会根据配件采购价格而有所差异。

3. 仓库定义

业务解释：此模块由配件经理维护定义，用于经销商配件仓库的定义和属性设置（是否允许负库存、是否是礼品库），并可对具体仓库的库位进行定义，通过定义仓库和库位对物理仓库和配件的出入库进行管理，如图 8.3 所示。

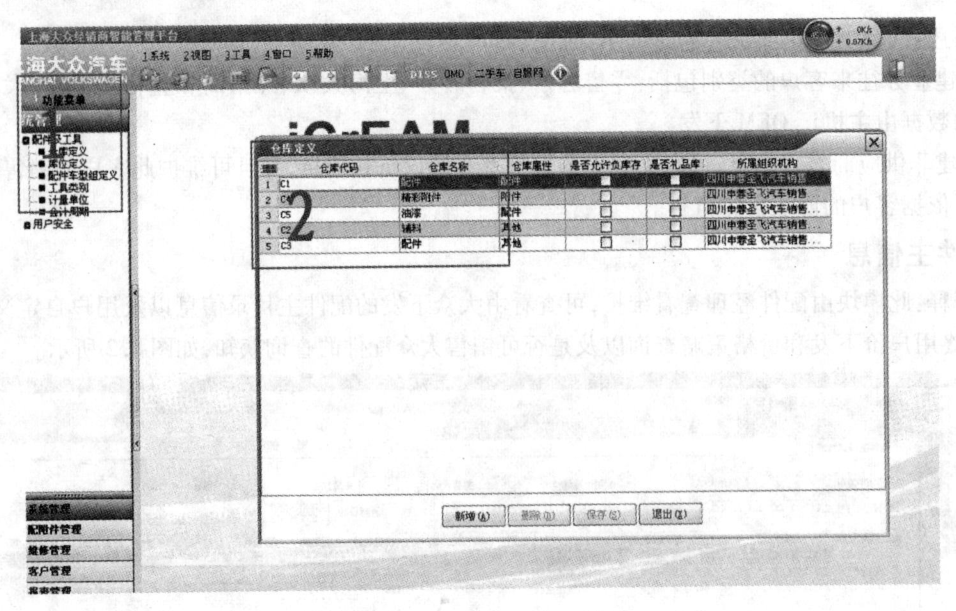

图 8.3　仓库定义界面

功能描述：

(1)仓库属性包括：配件、附件、工具和其他，可通过此区分仓库的具体用途。

(2)配件只能在仓库属性是配件的仓库中出入库，而附件则需要在附件仓库中出入库。

(3)库位定义包含库位代码，所属仓库，保存的库位不能删除（系统切换保留 SVW－2 系统中的原始库位，经销商可根据情况过渡参与新的库位定义）。

8.2.2 配件采购

系统配件采购模块包括：配附件订单计划、订单合并上报、延期配件取消和订单状态跟踪查询；经销商通过此模块可完成常规、紧急、定制和直送订单的制作、上报。通过系统接口与 POMS 的数据交互，可实时查询订单的反馈状态，了解单个订单配件的确认配货情况，以完成日常的配件补货储货计划。

1. 采购订单制作

业务解释：由配件计划员制作配件订单，可选择订单类型（常规订单、紧急订单、直送订单、定制订单）制作不同类型的订单，用户可通过多种方式添加订单配件。订单完成之前可重复编辑及作废。可将同类型的订单合并上报。配附件采购流程为：订单制作→高单价、高数量复核→订单完成（合并）→订单上报→状态跟踪。

(1)订单制作（多种方式添加订单配件）

①新增：常规配件添加方式，可即时参考添加配件的库存订货情况。

②缺料导入：导入缺料明细表中的配件（只紧急订单可用）。

③历史订单导入：导入历史订单中的订货配件（周期性订货补货配件）。

④订货范围：通过选定的订货范围添加配件（常规订单、紧急订单）。

⑤Excel 导入：导出订货格式后添加订单配件快速导入。

(2)高单价、高数量复核

①配件的高单价、高数量定义属性在基础参数中可定义设置。

②订单配件制作完毕后可通过“高单价、高数量”进行复核确认，防止订货出入，如图 8.4 所示。

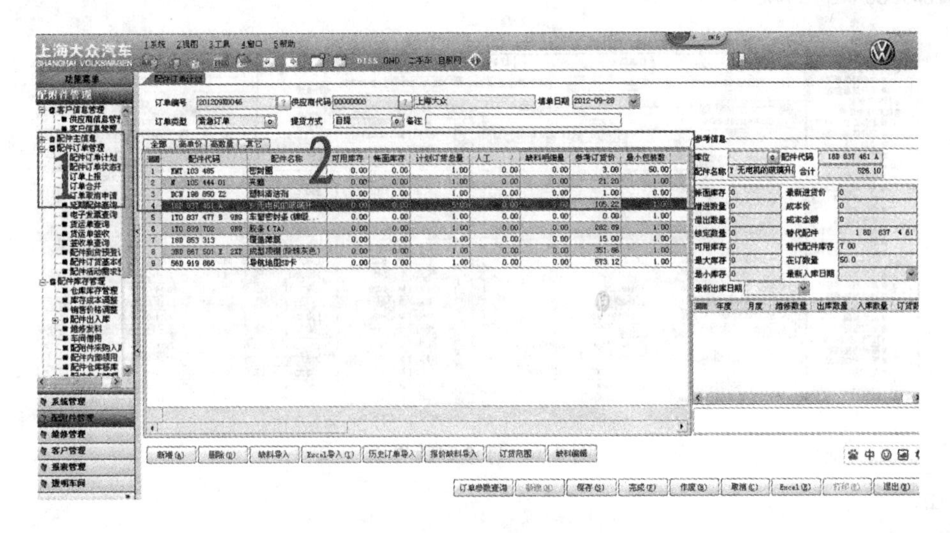

图 8.4　高单价、高数量复核界面

③可通过订货基本参数查询获知特殊订货配件、常规订单上报时间和订单基本参数，数据会定期下发更新，亦可点击数据获取主动获取。配件订货额度在此也可查询。

④所有订单配件必须在配件主目录信息中（参考配件主信息），其中常规订单配件不能包括特殊订货配件；紧急订单不能包括定制订单配件；直送订单和定制订单的订单配件必须是对应的特殊订货配件。

(3)订单完成（合并）、订单上报

如图 8.5 所示。

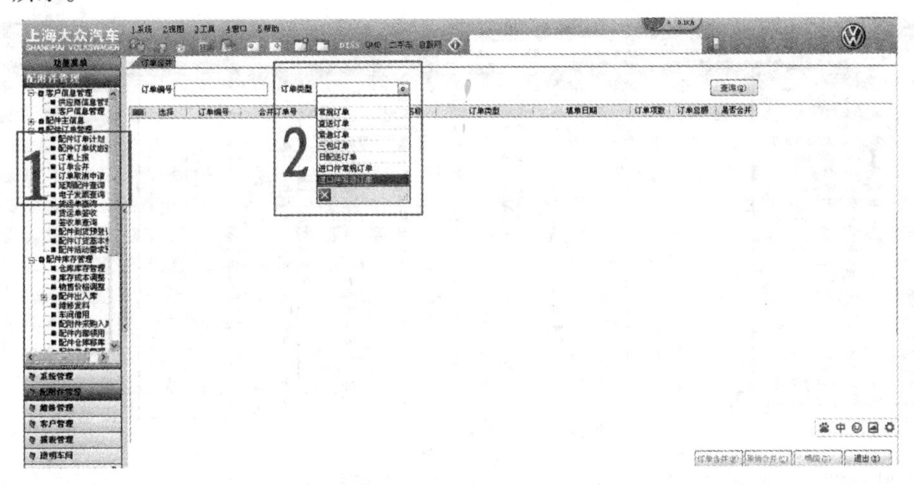

图 8.5　订单完成界面

①对于同种订单类型的订单，可将订单合并上报（配件及附件订单合并，并在同一订单上报时间内上报）。

②在店面网络或 POMS 异常的情况下可将上报文件导出邮件提交配件订单。

2. 采购订单跟踪

业务解释：配件计划员在此对上报的配件订单的处理状态进行跟踪，配件计划员通过订单状态查询，了解订单的处理配货情况，如图 8.6 所示。

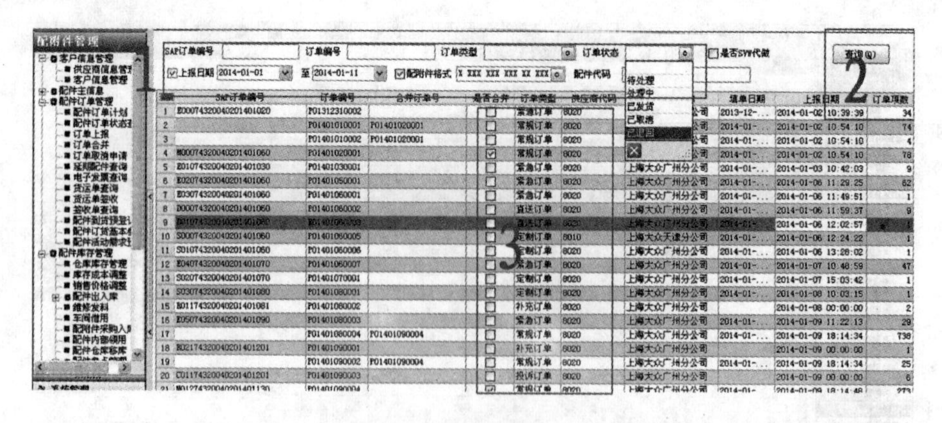

图 8.6　订单跟踪界面

功能描述：

(1)订单状态

订单状态包括：待处理、处理中、已发货、已取消和已退回，如图 8.7 所示。

①待处理：订单成功上报后状态，POMS 尚未确认接收，其中配件明细中的 SAP 确认数为 0。

②处理中：订单成功 POMS 接收，配件明细中的 SAP 确认数位配件的订货数量。

③已发货：配件仓库完成配货并发货的配件订单。

④已取消：经销商申请取消并且上端确认，同意取消的配件订单。

⑤已退回：配件订单不符合订单规格，被上端退回的配件订单。

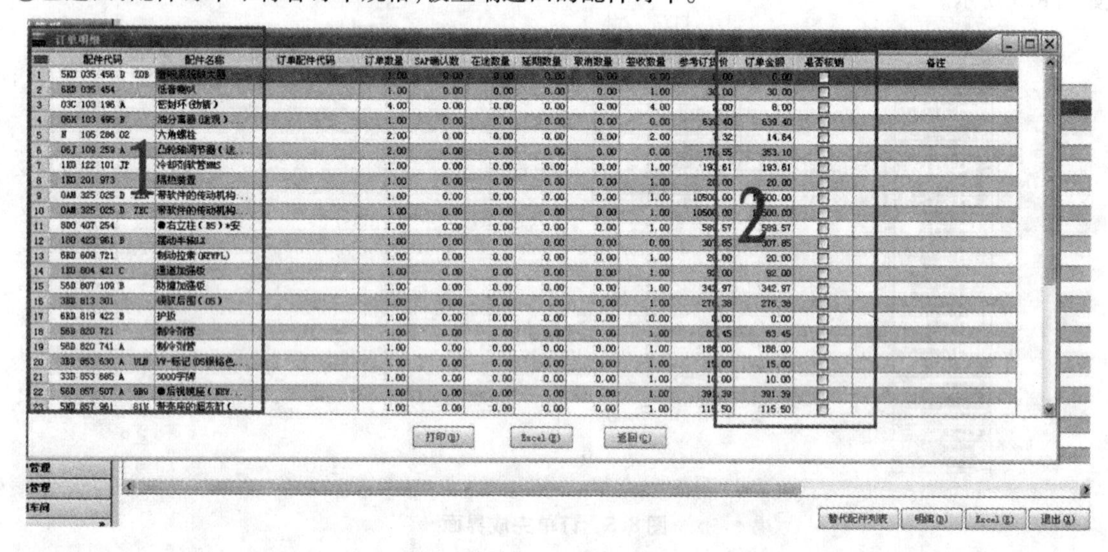

图 8.7　订单状态界面

(2)订单明细

订单明细可查询获知订单所属配件的数量信息，包括：SAP 确认数量、在途数量、延期数量、取消数量和签收数量。

①SAP 确认数量：POMS 上端接受处理的订单配件具体数量，一般与订单数量一致。

②在途数量：配件订单完成配货发货的具体数量。

③延期数量：配件订单无法按时配货，无法配货的配件会延期到下一个配货周期配货。延期数量为本期无法配货配件的数量(可在延期配件查询中查询取消)。

④取消数量：经销商延期配件申请取消，且经上端确认的数量。

⑤签收数量：订单配件的货运单签收数量(系统支持部分签收、按箱号签收)。

(3)替代配件列表

订单配件代码发生变更时可在此查询获知。

8.2.3 配附件销售

系统配附件模块主要为:配附件零售、批售;配附件销售退回和配附件销售综合查询。经销商可通过此模块完成配附件零批售单的制作、已入账的配附件销售退回、综合查询统计零批售业务模块的情况。(具体操作与 SVW-2 系统相似,本节主要简介流程和重点模块事项)

1. 配附件销售单制作

业务解释:此模块为配件经理或配件销售员制作配件销售单之用。

配附件零批售流程为:新建配附件销售单→完成申请出库→出库入账(配件出库)→结算(结算解释)→收款(应收账款管理),如图 8.8 所示。

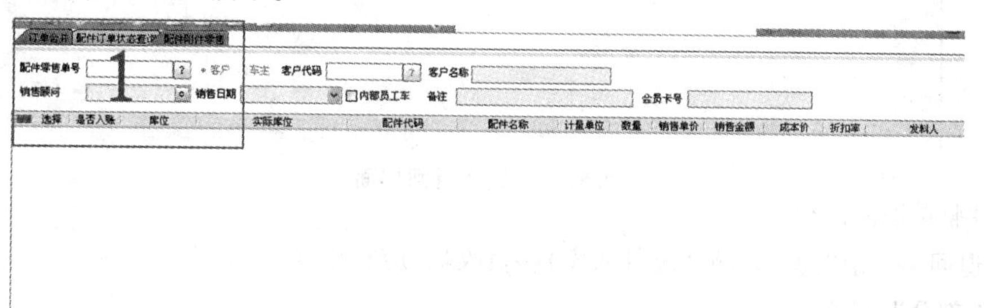

图 8.8　配附件销售单制作界面

业务描述:

①配件零批售必须指定零批售客户(参考客户信息管理),零售客户中车主信息也可以根据委托书进行销售。

②上海大众配附件零批售只能执行配件销售控制中的配件,严格执行配件价格策略,非大众配件没有此限制。

③配附件零批售中的销售基价、折扣率和价格系数都默认为维护客户信息中指定的价格信息(参考客户信息管理),如图 8.9 所示。

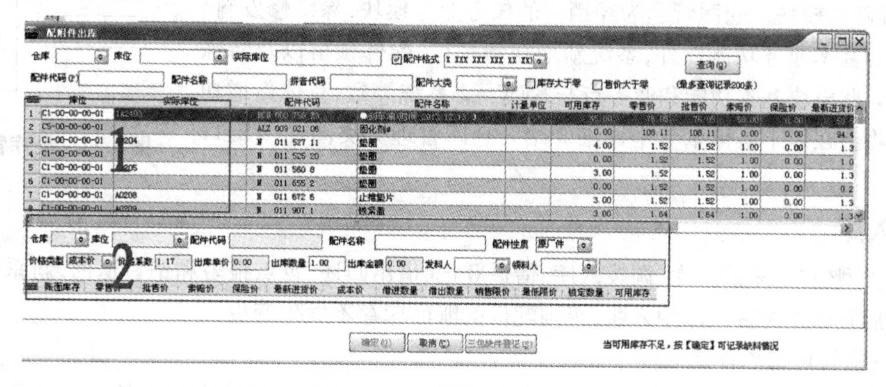

图 8.9　出库新增界面

④出库新增若要修改客户默认价格类型或价格系数,可双击"价格类型",弹出权限授予界面。输入权限授予人的账户和密码即可修改配件出库的价格类型。

2. 销售退回

业务解释:根据零售单或者批售单,销售配件退回入库申请,分“整单退回”和“部分退回”,如图 8.10 所示。

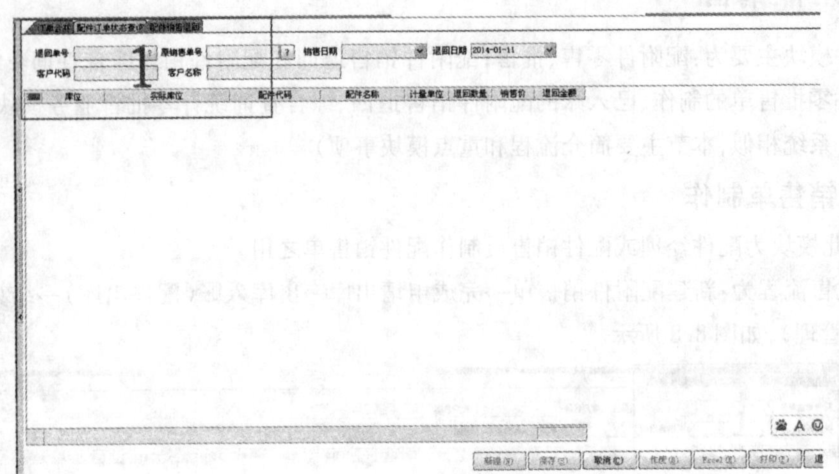

图 8.10　销售退回界面

(1)配附件整单退回流程

新建销售退回单→销售退回入账(配件入库)→负收款(应收账款)→负结算

(2)配附件部分退回流程

负收款→负结算→原销售单号(点击?)→取消申请出库→取消完成→重新编辑(新建或退料)→保存完成→申请出库→出库入库(配件出库入库)

业务描述:

①销售退回单只能退回相关联的配件零售单或者批售单中的配件。

②销售退回必须有关联零售单或者批售单。

③退回数量不得大于销售数量出库。

8.2.4 仓库管理

系统仓库管理模块包括:配附件库存管理、配附件调拨、预留管理以及缺料、库存概览等新增模块。仓库管理为经销商的核心业务模块,除维修发料、配附件出入库等基本业务功能以外,系统新增缺料登记、配件预留以及特殊配件流行跟踪。此模块基本功能和业务点与 SVW-2 系统一致,具体新增功能和业务亮点将会在以下具体章节中详细介绍。仓库管理分类图如图 8.11 所示。

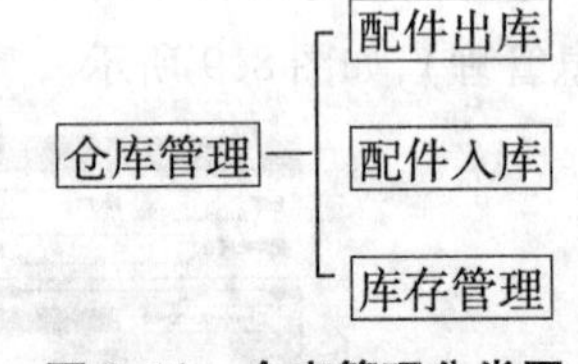

图 8.11　仓库管理分类图

1. 配件入库

配件入库类型包括:采购入库、调拨入库、借进登记、借出归还、盘点报溢和销售退回,新系统中涉及入库的单据保存完后必须在配件入库中入账,否则配件的账面库存不发生变更。

(1)电子发票与货运单查询

业务解释:配件发货后 POMS 会下发对应的货运单和电子发票。经销商在配件未到货前就可以预先查看到配件货运单和电子发票。可通过订单号、货运单号等信息,查询收到的货运单和电子发票信息。查看货运单的装箱明细,以及电子发票的发票明细。如图 8.12 所示。

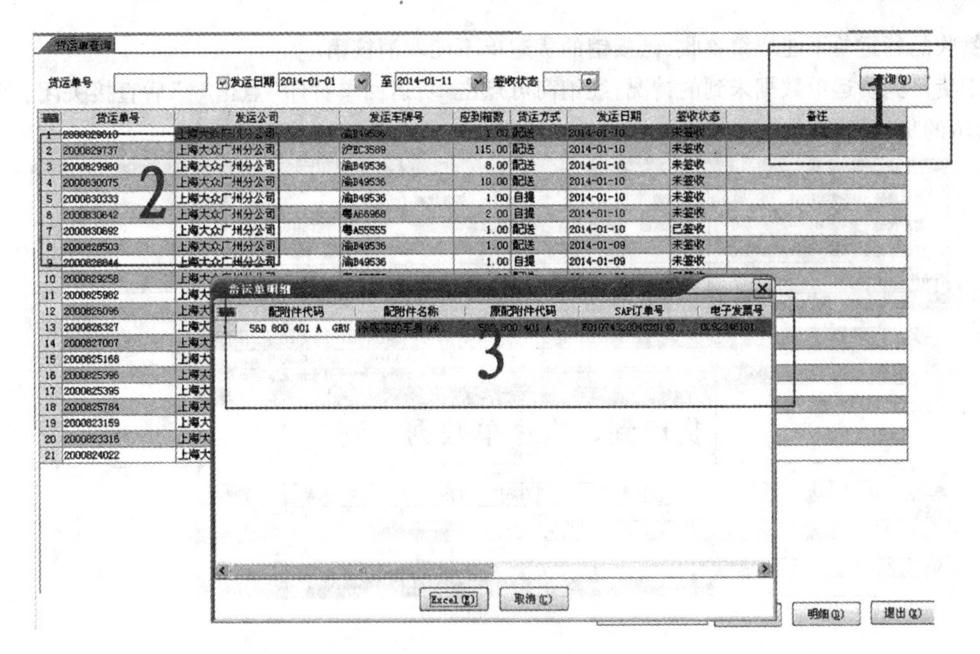

图 8.12　电子发票与货运单查询界面

业务描述：

①货运单明细中包含此批次货运单的具体配件，对应的 SAP 订单号和电子发票号。

②电子发票号明细中有该配件的开票信息，配件到货后可打印对照货运单签收入库。

(2)货运单签收

业务解释：货物到货以后，根据下发的批次货运单进行签收，签收后的货运单可通过采购入库功能入库。

业务描述：配件计划员对货运单 2000362834 进行签收、采购入库，签收中存在少发货现象，配件经理做物流理赔操作，如图 8.13 所示。

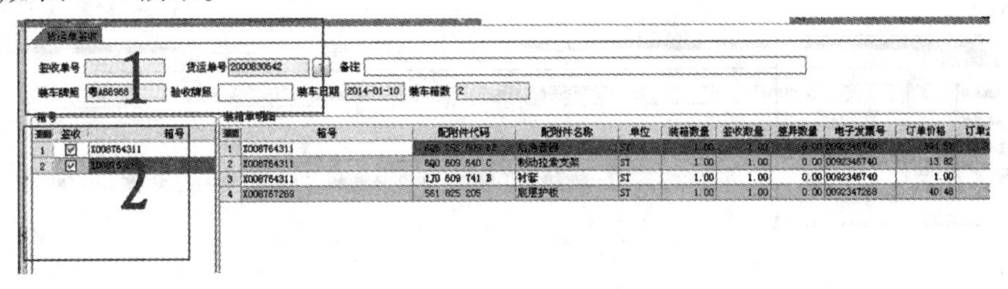

图 8.13　货运单签收界面

①点击“?”选中具体的货运单号。

②清点到货的配件，并根据实际情况填写签收数量，如图 8.14 所示。

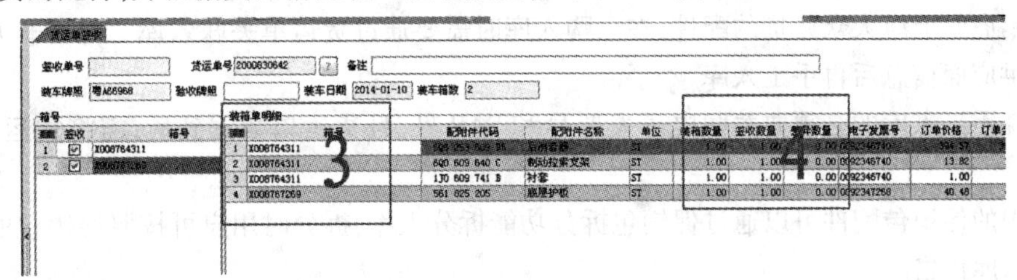

图 8.14　货运单签收界面

③系统支持根据箱号，对周期性配货配件进行分箱号分批次签收入库。

④自动记录差异数量，作为物流理赔的依据。

⑤签收完成后打印货运回单，货运单签收信息上报至上海大众。

⑥已签收的货运单入库可以核销，核销表示和货运单相关联的业务(采购入库、物流理赔)都已完成。

⑦已签收的货运单不能取消签收,已核销的货运单不能取消核销。

⑧对于货已到货运单数据未到的情况,经销商可点击"货运回单打印"点击"?"后直接关闭,即可打印如图8.15所示的货运回单。

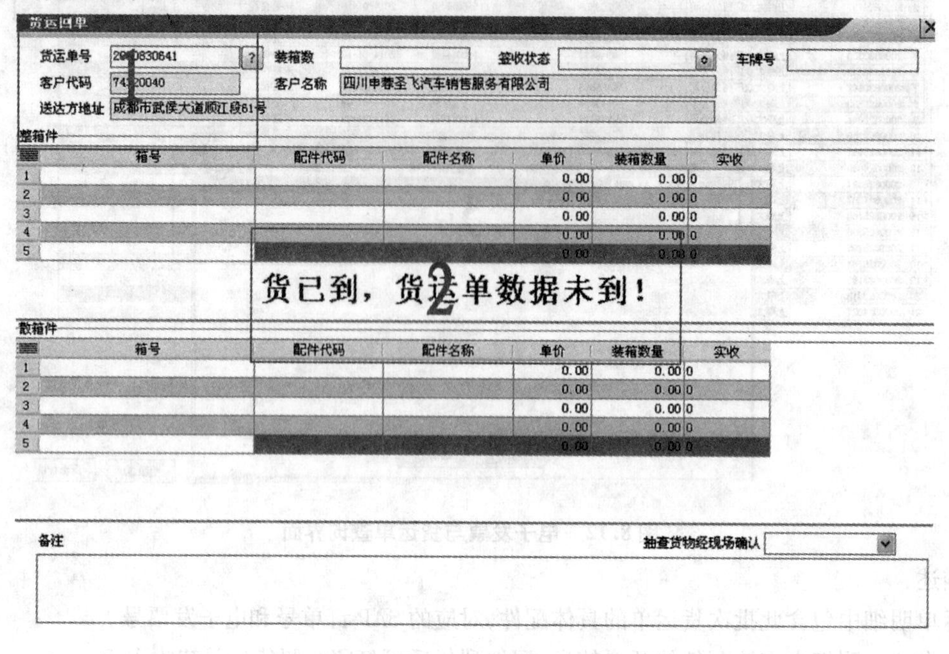

图8.15 货运单签收界面

(3)采购入库

业务解释:采购入库入账,入账更改库存数量、成本金额,按照移动加权平均计算成本价。采购入库主要是将签收单转化为采购入库单。采购入库分:手工入库、签收单入库、特殊活动和召回活动4种入库类型。如图8.16所示。

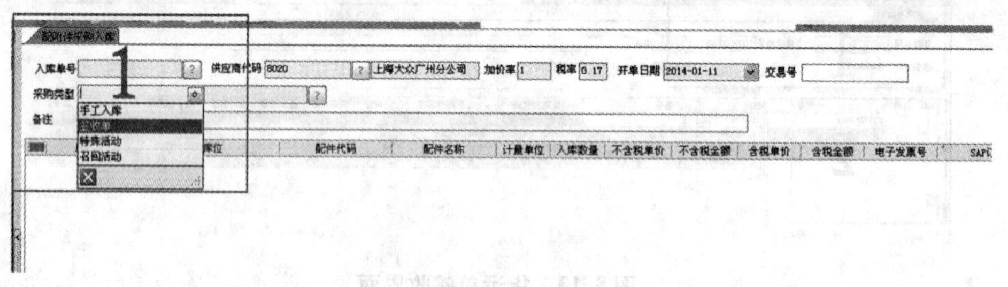

图8.16 采购入库界面

业务描述:

①对于经销商向上海大众订货的配件,在采购入库时需要通过货运单关联入库。对于非大众配件,经销商需先行维护供应商信息后再手工入库。

②大众配件手工入库的必须要关联电子发票号和SAP号,且货运单数据到后,需将货运单签收后手工核销。

③货运单中的促销包配件可以通过促销包拆分功能拆分入库,拆分时用户可按照促销包的价格,更改促销包中配件的入库价格。

④手工入库大众配件时,可手工维护"返利",也可根据电子发票号信息进行尾数调整,如图8.17所示。

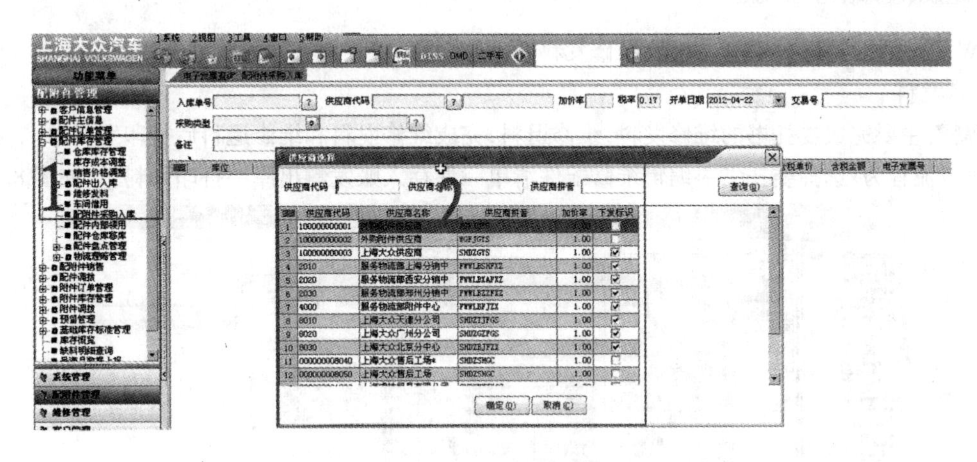

图 8.17　采购入库界面

⑤若配件无具体库位，保存时会弹出提示框，双击提示框维护此配件的仓库和库位即可保存。

⑥入库后，系统会按照移动加权平均的方式重新计算成本价，并且可以打印入库单。

⑦已采购入库入账的配件需要退货，通过采购入库数量为负数的配件实现退库。退货时需要选择退货的入库单选择配件添加，系统会自动按照负数量添加到采购入库明细中去。入账之后即可完成退货出库。

(4)绿色通道

业务解释：欠发配件登记上报，状态跟踪。维修过程中出现配件缺料或者欠发的情况下，可在此功能页面中新增一个欠发配件申请单，申请单为一单一件，并且需要填写相关联的维修车辆信息，如图 8.18 所示。

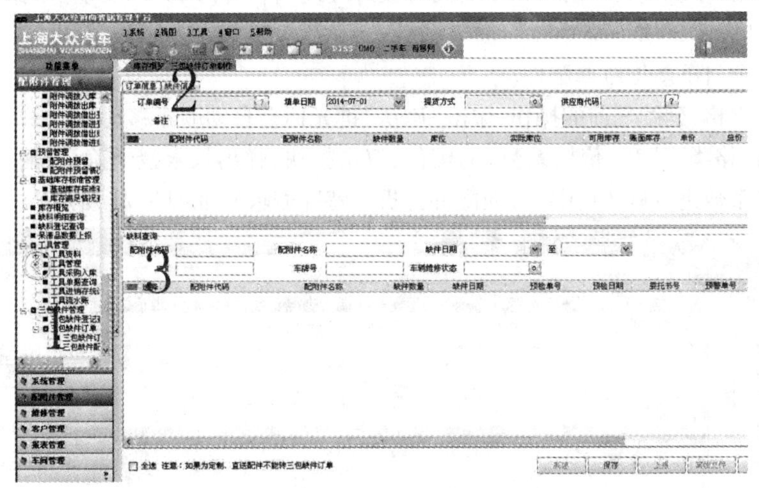

图 8.18　欠发配件申请单界面

业务描述：

①因欠发的导致维修发料时的缺货，可在此新增一个欠发配件申请单。必须关联具体的 SAP 号和参考单据号(委托书号)。

②如果申请的配件在配件主目录中不存在，申请人在欠发申请中可以手工填写，并且标识配件目录中不存在。

③填写完成后上报至 POMS，POMS 会处理此类欠发配件的情况，如果满足绿色订单的条件，在 POMS 中可以转化为代做订单提交 SAP。

④系统会根据一定的校验规则校验用户新建的欠发申请是否有效，并且在保存或者更改时更新有效的表示。

2. 出库

配附件出库类型包括：维修发料、内部领用、车间借料、零批售、调拨出库、借出登记、借进归还、盘点报损。其中除维修发料可直接保存入账外，其他业务类型的出库必须在配件出入库中的出库入账。整体业务类型与 SVW－2 系统一致，以下基本模块维修发料做大体介绍。

(1)维修发料

业务解释：主要完成委托书的维修发料，维修退料，完成维修发料和维修退料后打印发料单。

维修发料流程为：选择委托书→编辑维修配件清单→保存入账发料出库→打印发料单，如图 8.19 所示。

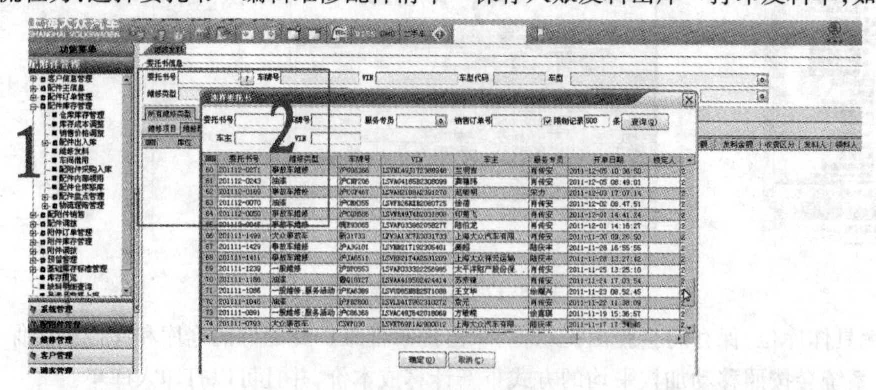

图 8.19　配件入库界面

业务描述：

①可通过看板一键选中调出需要发料的委托书，也可输入委托书号回车调出委托书的相关信息。

②系统支持多种维修类型开同一张工单，为方便店面统计业务数据，请将配建对应添加。

③为保证业务安全，系统不支持同一张单据同时被打开编辑，业务人员常发生“单据被锁”现象，可在单据解锁中进行修改，如图 8.20 所示。

④在对应的维修项目下新增维修配件。

⑤配件代码前有空格，延续之前的操作，敲击“确认”键光标会自动顺序移动。

⑥对于需修改“价格类型”和“价格系数”的配件，双击模块，弹出权限授予确认，输入权限人的密码，即可对价格类型和价格系数进行修改(主要方便配件打折等特殊需求)，如图 8.21 所示。

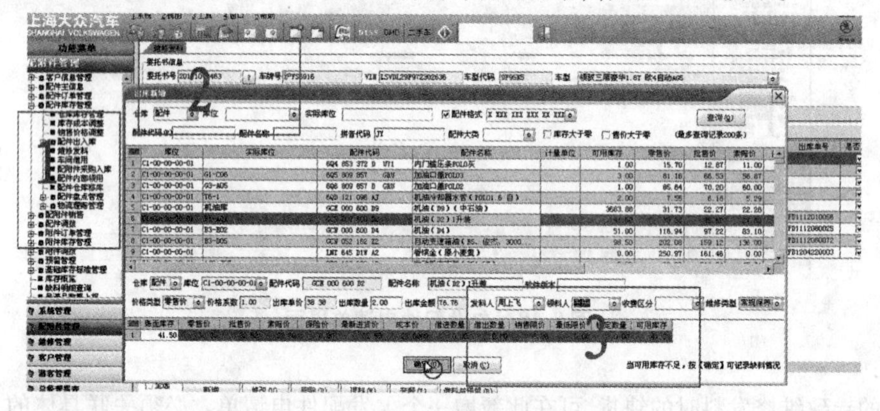

图 8.20　维修发料界面

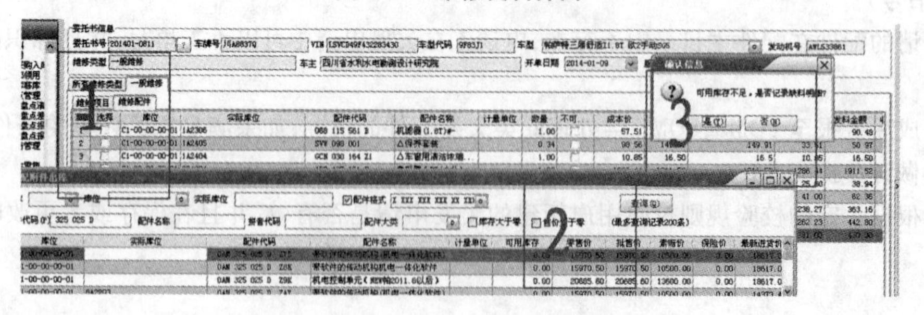

图 8.21　库存不足界面

⑦若配件的可用库存不足,系统会弹出提示,继续添加会自动记录到缺料明细中。

⑧若此车做了“车间借料”与“预留”,在打开维修发料界面时,系统会自动提示。可以在维修发料界面一键转发料。

⑨每次编辑维修发料单,系统会自动产生本次新增配件的流水号,打印发料单时可根据配件流水号具体打印配件。

注:若因发料错误或者其他原因需退料的,详细操作如下:

①需选择具体需要退料的配件,点击退料。

②选择退料数量,确认退料项目。

③确认后会显示发料数量为“-1”,点击入账后,退料操作完成,如图 8.22 所示。

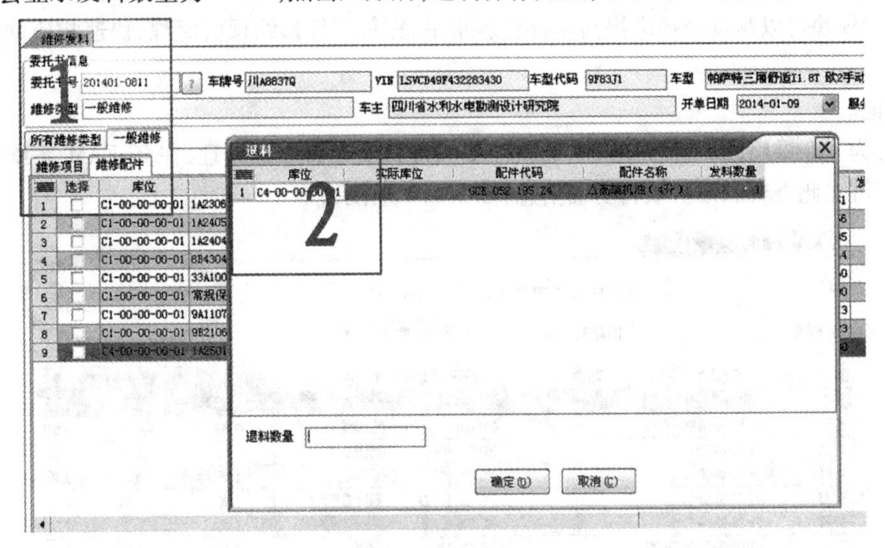

图 8.22　维修退料界面

维修发料界面的权限控制界面如图 8.23 所示。

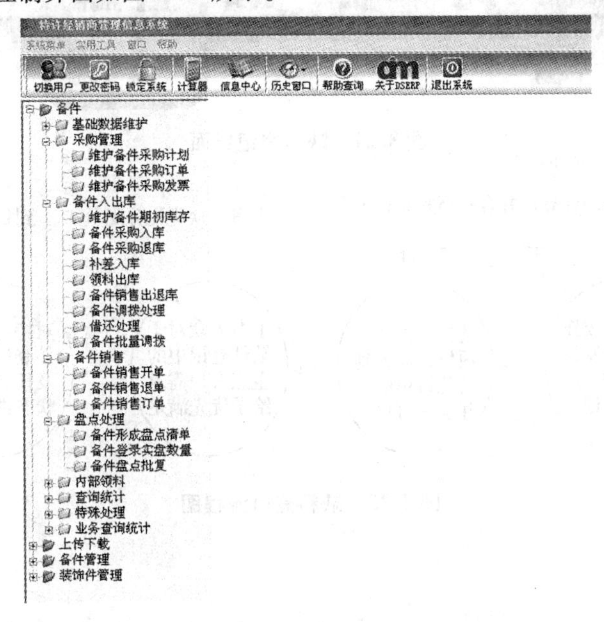

图 8.23　维修发料界面权限控制界面

配件经理可以收放权限,对于价格和收费区分等涉及金额的变更加以控制,同时业务人员进行金额变更时,会弹出提示,业务完成后自动记录到系统操作日志中。

(2)配附件调拨

业务解释:主要满足经销商之间、经销商企业内部部门之间以及经销商和其他业务往来客户之间的配件借用调拨业务。

①配附件调拨中维护业务往来客户信息参照 8.2.1 基础信息维护 - 客户信息维护,业务往来客户类别只有“上海大众、经销商和直营店”,具体操作步骤与 SVW - 2 系统一样。

②配附件借进借出不影响配件的账面库存,只会减少可用库存量。

③配附件调拨、借进借出都必须在配附件出入库中出库入库。

(3)库存管理

库存管理模块包括:库存管理、成本调整、价格调整、缺件登记、配件盘点、呆滞品处理、配附件预留和特殊配件跟踪。此模块可以帮助经销商提高库存管理水平、完善配件预约预留流程、快速响应缺货提高配件一次性满足率。

①缺件登记。

业务描述:为了在维修发料过程中产生的缺件能够得到及时的跟踪处理,在 iCrEAM 系统中引入缺件登记模块,经销商可在此查看和维护缺料明细信息,如图 8.24 所示。

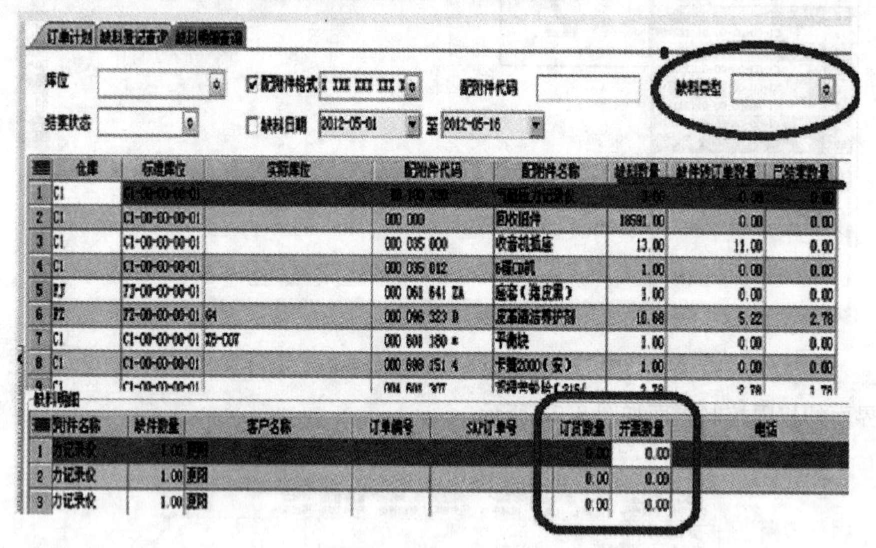

图 8.24　缺料登记界面

a. 缺料登记流程如图 8.25 所示。

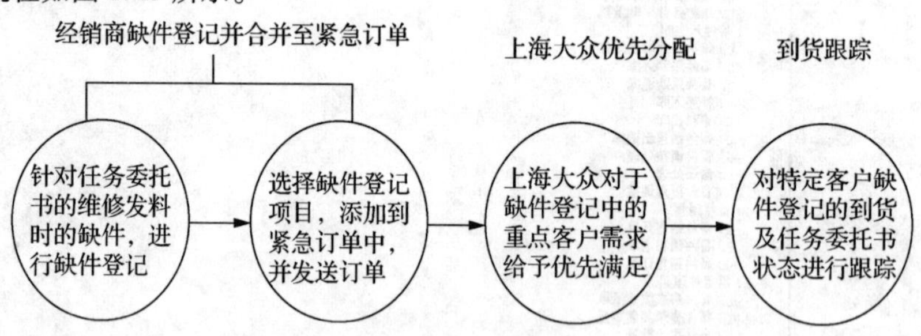

图 8.25　缺料登机流程图

b. 缺料反馈流程如图 8.26 所示。

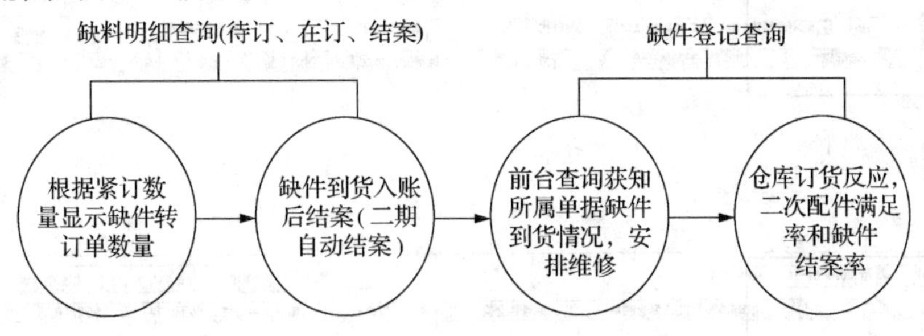

图 8.26　缺料反馈流程图

缺料信息不能删除，只能结案，缺料转紧急订单可优先响应、优先配货。车间报损需要在配件出库功能中出库入账。

②配件预留。

业务解释：配件预留的作用主要是：保证车辆维修，配件销售等业务中配件出库申请单的申请出库数量在仓库入账出库时有足够的可用库存数量，避免在出库申请单保存和配件出库这段时间之内，因其他出库业务造成可用库存不足情况的发生。配件预留界面如图 8.27 所示。

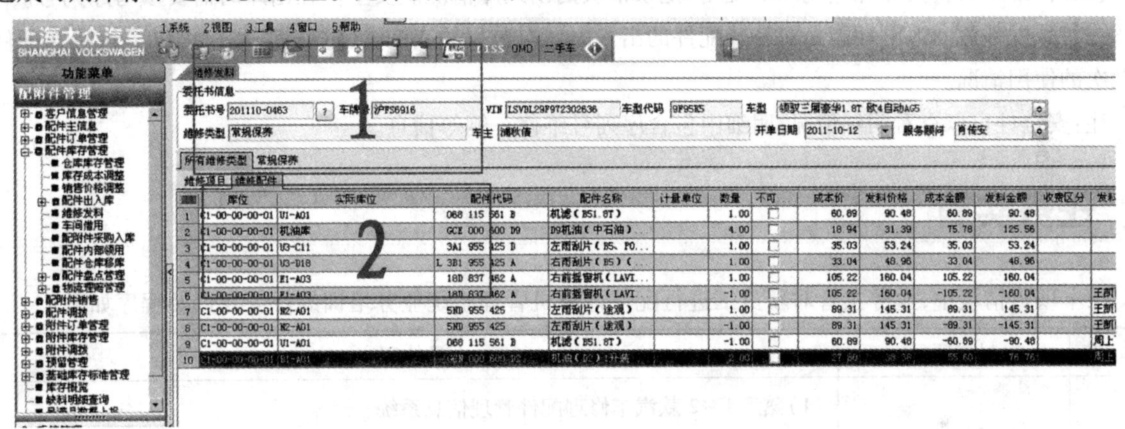

图 8.27　配件预留界面

a. 预留配件只改变此配件的可用库存，账面库存不变。

b. 预留配件可关联具体的委托书号，并可在维修发料时直接预留转发料。

c. 客户查询报价、确认配件有货并预约到店维修后，也可直接开具预留单，防止配件库存不足，影响客户满意度。

d. 配件预留查询可查询当前库存的预留情况，若单据过期或紧急配件需求，可解除预留状态。

8.2.5 特殊配件跟踪

业务解释：对于诸如“安全件”“流失件”，可通过特殊配件流向跟踪查询配件出库的具体单据记录，方便店面的流程规范和业务监控。查询批次管理的配件的批次信息，管理批次配件的出入库记录如图 8.28 所示。

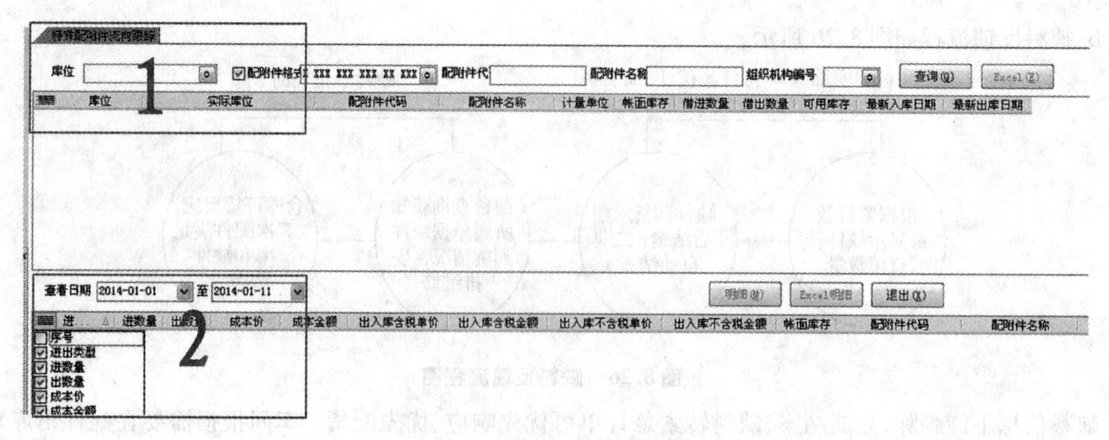

图 8.28　特殊配件跟踪界面

业务描述：

①对于高单价、保质期、安全件配件这类特殊配件，在入库时会自动生成入库的批次信息，包括批次号、数量、已用数量、剩余数量等。

②配件出库时会按照先进先出的规则，记录批次的出入库情况。安全件在出库时需要填写序列号。

③特殊配件流向追溯功能是对特殊配件的出入库情况数据的查询，通过查询，用户可以了解特殊配件各个批次的使用情况。

注：安全件可以查看明细情况，明细中包含序列号维修车辆等信息。

任务实施

在本项目情境中，业务主管对新员工进行配件计算机管理系统业务培训的任务要点及程序如下。

环　节	对应项目	具体程序
1	基础信息维护	(1)熟悉1~2款汽车修理配件管理信息系统 (2)了解信息系统模块设置 (3)认识基础信息维护模块 (4)上机进行基础信息维护操作训练
2	配件采购	(1)认识配件采购模块 (2)上机进行配件采购操作训练
3	配附件销售	(1)认识配附件销售模块 (2)上机进行配附件销售操作训练
4	仓库管理	(1)认识仓库管理模块 (2)上机进行仓库管理操作训练

评价体会

评价与考核项目		评价与考核标准	配 分	得 分
知识点	汽车配件计算机管理系统种类	熟悉系统种类	10	
	汽车配件计算机管理系统的基本功能	掌握基本功能	10	
技能点	汽车配件计算机管理系统	初步运用	20	
	基础信息维护	能进行信息维护	10	
	配件采购	能基本使用配件采购模块	10	
	配附件销售	能基本使用配附件销售模块	10	
	仓库管理	能基本使用仓库管理模块	10	
情感点	科学的信息化意识	具有较好的信息化管理意识,正确区分网络管理与痴迷网络	10	
	计算机工作健康常识与网络安全意识	具有正确的计算机工作健康常识,具有网络安全意识	10	
合 计			100	

任务工单

学习任务 8:汽车配件计算机管理系统 项目单元 1:汽车配件计算机管理系统的作用及效能	班级			
	姓名		学号	
	日期		评分	

一、内容

某汽车配件销售公司新安装一套汽车配件计算机管理系统。

二、任务

说明:每位学生应在工作任务实施前独立完成准备工作。

1. 汽车配件管理系统是针对汽配企业产品的购销、________、账款的结算等业务而专门开发的,包括配件________、配件采购管理、配件________、应收应付管理等。

2. 配件经销商所用的管理系统主要体现在________、________以及________3 方面。

3. 简述汽车配件计算机管理系统的作用。

4. 简述汽车配件计算机管理系统的基本功能。

5. 简述汽车配件计算机管理系统的效能。

任务工单

学习任务8:汽车配件计算机管理系统	班级			
项目单元2:汽修汽配计算机管理系统简介	姓名		学号	
	日期		评分	

一、内容

某汽车配件销售公司新安装一套汽车配件计算机管理系统。

二、任务

说明:每位学生应在工作任务实施前独立完成准备工作。

1. 熟悉新系统界面。
2. 初步使用新系统。
3. 熟练使用新系统。
4. 及时反馈新系统存在的问题。
5. 根据使用反馈情况与开发商一道完善新系统。
6. 能熟练使用新系统进行工作。

拓展与提升

我国信息技术的发展比发达国家晚得多,在压力巨大的世界经济和政治时空背景下,我国在管理信息系统方面还存在着很多的问题。现如今,随着信息时代的席卷,我国信息系统的建立从无到有的过程发展迅速而且效果非常显著。计算机管理系统是管理现代化中非常实用的一个先进应用科技。计算机的发展极大地提高了知识的更新速度以及信息共享速度。

汽配管理软件在市场经济的推动下应运而生,账本式的管理已经越来越不能满足汽配经销商对汽车配件管理的需求,科学技术已经应用到了生活中的各个领域,当然汽配销售行业也不例外。汽配软件是实时反映客户欠款、历时往来业务过程,对进货、销售、库存、应收款和应付款等进行有效管理,帮助管理人员进行销售决策,自动生成经营报表的一款软件产品。

习总担纲网络安全小组长　中国打响网络安全保卫战

2014年2月27日,中央网络安全和信息化领导小组宣告成立,在北京召开了第一次会议。中共中央总书记、国家主席、中央军委主席习近平亲自担任组长,李克强、刘云山任副组长,再次体现了中国最高层全面深化改革、加强顶层设计的意志,显示出在保障网络安全、维护国家利益、推动信息化发展方面的决心。

参考文献

[1] 宓亚光. 汽车配件经营与管理[M]. 北京:机械工业出版社,2011.

[2] 李刚. 汽车配件经营与管理[M]. 北京:化学工业出版社,2010.

[3] 彭国晖,倪红. 汽车备件管理[M]. 北京:人民交通出版社,2010.

[4] 李幸福,王怀玲. 汽车及配件营销[M]. 西安:西北工业大学出版社,2012.

[5] 刘振楼,李莉. 汽车及配件营销[M]. 北京:人民交通出版社,2004.

[6] 梁伟祥. 企业纳税实务[M]. 北京:清华大学出版社,2009.

QICHE PEIJIAN GUANLI YU YINGXIAO ZIYUANKU

汽车配件管理与营销资源库

全国汽车类情境·体验·拓展·互动「1+1」理实一体化规划教材

主　编　张思杨

副主编　吴炳理　贾利军　唐中然

王小晋

编　者　周少璇　高晓倩　徐玉强

邵雨露　王心俣　李慧敏

谭　柯　杨祖刚

哈爾濱工業大學出版社

HITP

目录

CONTENTS

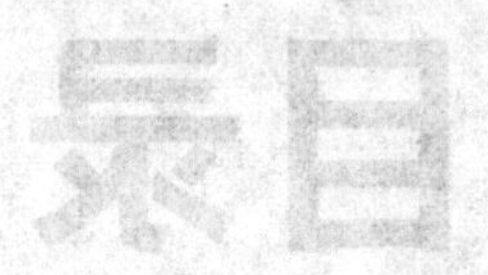

经典案例

一、4S 店在配件管理中的隐忧

张先生于2010年12月26日在成都众合华晨中华汽车4S店购买了一辆2010款中华骏捷轿车。2012年3月14日，张先生发现变速器换挡发卡，到该4S店维修手动变速器，维修师傅初步诊断为3挡同步器组件故障，因在2年的保修期内，4S店答复免费维修。4S店告诉张先生因订购配件时间要近1个月，约定1个月后免费更换配件维修。

4月13日张先生如约到4S店维修变速器，因为等用车张先生就到维修车间看师傅维修。维修师傅很快拆解了变速器，简单检查，更换3挡同步器组，然后开始组装，到最后盖变速器盖时师傅才发现无法装配到位，只好又拆解，重新检查更换的3挡同步器组件，发现新齿轮比换下的旧齿轮多出1齿，齿轮的结构也有差异。师傅马上到配件库房重新领料，发现配件规格都不对。维修师傅反映到售后经理处，经理找到张先生商议把车留下等配件，张先生急用车回家，没有同意。经理安排到红牌楼汽车配件市场调货，1个多小时后反馈信息没有现货。时间已经到下午4点多了。在张先生的要求下维修师傅将旧配件装回变速器，第一次维修没有成功。双方约定1个月后再更换变速器配件。4S店售后经理为了表示歉意，主动给了张先生100元维修工时费代金券。

张先生是一所高职院校汽车专业的老师，发现4S店的维修人员会犯如此低级的错误，便多了一份心思，用相机拍下了新旧齿轮，进行对照。1个月后4S店来电话通知张先生配件到了，可以来维修。4S店师傅再次拆解变速器，准备更换齿轮。在更换配件之前，张先生要求维修师傅把新旧齿轮认真对照，对照发现这次新旧齿轮齿数、结构都一样了，但张先生发现新旧齿轮的编号、加工精细程度等明显不同。张先生把自己对新齿轮的怀疑告诉售后经理，并告诉涉嫌非正品货，经理无话可说。

两次保修不成功，张先生要求更换变速器总成，但联系华晨中华厂家，10多天的周折后，被厂家无理拒绝。4S店只好安排旧件装复，重新订货。

又是1个月之后，4S店电话通知张先生配件到了。张先生要求4S店把新齿轮拍成照片发过来，经过认真比对看出，新旧齿轮基本一致。双方经过“谈判”，4S店承诺延迟变速器总成1年保修期，赔偿张先生误工费、变速器反复拆装的消磨等800元，用维修工时费代金券抵充。到2012年12底，2年保修期截止前几天，张先生的中华汽车变速器终于修复。如图1所示为汽车维修记录图。

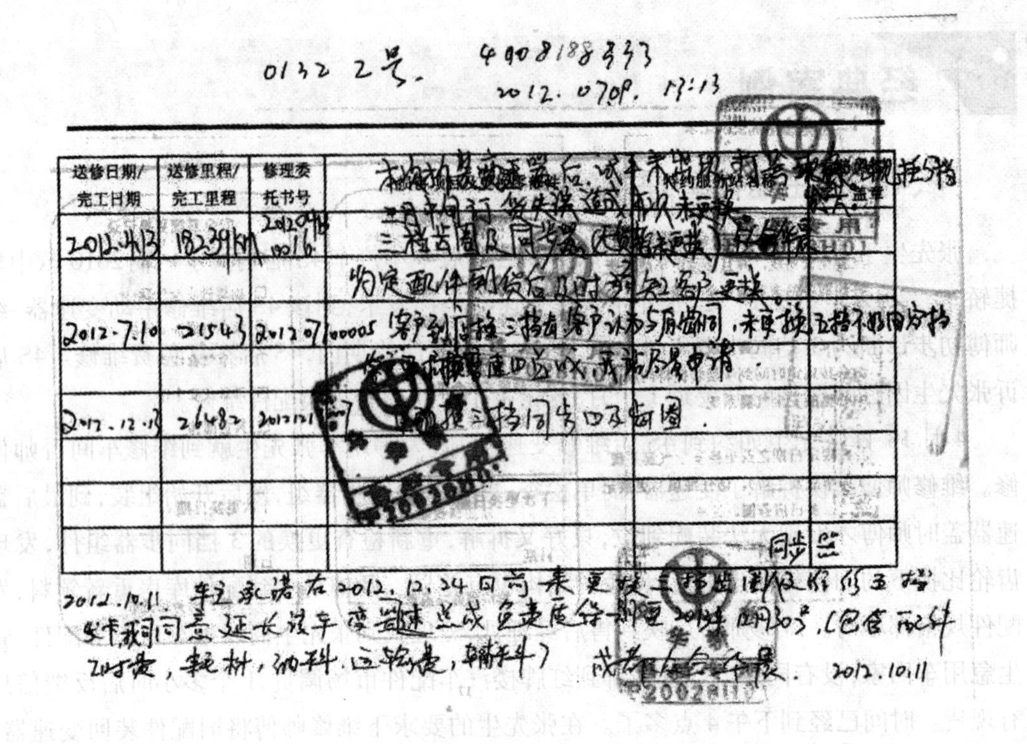

送修日期/完工日期	送修里程/完工里程	修理委托书号
2012.4.13	18239 km	
2012.7.10	21543	
2012.12.13	26482	

图1 汽车维修记录图

案例分析

本案例反映出当前我国部分汽车售后服务机构在配件管理中存在管理不善,对顾客服务责任心不强,在配件的使用方面涉嫌以次充好,部分汽车制造厂家对产品质量管理及顾客的利益重视不够,严重影响民族品牌汽车及4S店在客户心中的形象。

同时,本案例也暴露出部分配件管理人员对配件的相关知识缺乏,部分维修人员对配件缺乏专业检测手段和能力,对客户存在"忽悠",也显露出由制造厂主导下的4S店在保修中的无奈以及责任的相互推诿。

本案例也说明,汽车维修企业和配件经营企业一般没有完备的检测手段,但只要我们熟悉汽车结构、制造工艺和材质等方面的知识,正确运用检验标准,凭借积累的经验和一些简单的检测方法,也能识别出配件的优劣。

二、江铃汽车连续三年位列中国上市公司百强

江铃汽车股份有限公司由1968年成立的江西制造厂发展而来,从一家濒临倒闭的地方小厂起步,江铃以开放的理念和富于进取性的发展战略从市场中脱颖而出,1993年11月,在深圳证券交易所上市,成为江西省第一家上市公司,并于1995年在中国第一个以ADRS发行方式引入美国福特汽车公司结成战略合作伙伴,成为中国商用车领域最大的企业之一,连续三年位列中国上市公司百强,在中国所有汽车制造商中位列第十四位,2005年被评为中国最具竞争力的汽车类上市公司第一名。

江铃于20世纪80年代中期在中国率先通过引进国际上最新的卡车技术制造五十铃汽车,成为中国主要的轻型卡车制造商。公司目前的主要任务是生产和销售轻型汽车以及相关的零部件,主要产品包括JMC系列轻型卡车和匹卡以及福特品牌全顺系列商用车。通过

吸收外国的先进技术，江铃提高自主开发能力，并将具有性能价格比优势的汽车打入国际市场，在海外销售网络已经延伸到中东、中美洲的许多国家，出口量大幅增长，其中轻型柴油卡车出口量在中国企业中位列第一位。全顺商用车 2003、2004、2005 年连续荣获福特全球顾客满意金奖。

那么江铃汽车股份有限公司是如何做到这么好的业绩和如此高的认可度呢？像这样的汽车及零配件销售企业在竞争激烈的市场中又需要如何应对各方面的危机呢？表 1 从财务的角度给大家简单分析一下，江铃汽车能够连续三年位列中国上市公司前百强的原因。

表 1　2008～2010 年三年的报表数据得出相关财务指标

财务指标	2008	2009	2010
销售毛利率	34.32%	36.74%	37.85%
销售净利率	9.13%	10.12%	10.86%
总资产报酬率	12.98%	14.81%	17.53%
净资产收益率	19.35%	21.8%	27.93%
股东权益增长率	14.85%	19.17%	26.20%
销售收入增长率	18.71%	34.66%	62.0%
净利润增长率	3.31%	34.66%	62.06%
存货周转率	6.91%	7.28%	9.37%
应收账款周转率	40.26%	89.1%	135.21%
总资产周转率	1.42%	1.46%	1.61%
流动比率	193%	170%	170%
速动比率	128%	136%	139%
资产负债率	30.39%	40.36%	44%

案例分析

销售毛利率 =（销售收入 － 销售成本）/销售收入 × 100%，销售毛利率是用来反映企业每一元营业收入中含有多少毛利额，该指标越高，企业的获利能力越强，企业扣除各项支出以后的利润也就越高。销售毛利率越高的商品，定价就更为灵活，在国内的价格战中就容易占据有利地位。销售净利率 ＝ 净利润/销售收入 × 100%，销售收入是企业的主营业务收入与其他业务收入的合计。销售净利率是企业销售的最终获利能力指标，此比率越高，说明企业的获利能力越强。从表 1 我们可以看出企业的销售毛利率、销售净利率连续三年保持稳定增长，说明江铃汽车的盈利能力不错，企业的发展前景好，但是增长速度不够快，有可能受社会大环境的影响，主要是指金融危机的影响。总资产收益率和净资产收益率也连续三年稳步增长，表明该公司的总资产获利能力高，经济效益好。企业的股东权益增长率、销售收入增长率和净利润增长率这三个比率主要用来分析企业的发展能力。江铃汽车的股东权益增长率、销售收入增长率和净利润增长率都有长足的增长，特别是在 2009 年和 2010 年，增长幅度提高较大，可见该公司的增长能力较强，未来一段时间更具备良好的增长趋势和增长能力。我们再看江铃汽车的营运能力，其存货周转率在这三年都有较大幅度的增长，说明该公司存货管理的水平上升较快，市场销售情况良好，究其原因应该是随着中国经济的快速增长和国际金融危机的缓慢减压,汽车市场表现不错。应收账款周转率反映的是企业赊销业务形成的应收账款收回的速度,这三年在不断地加快,说明企业资金运转正常,营运能力优良。总资产周转率稳步增长,说明公司的资产管理能力有所增强,营运能力良好。我们最后看企业的偿债能力分析,江铃汽车股份有限公司连续三年的流动比例都接近2,速动比率大于1,按照经验标准来判断,该公司的短期偿债风险较小,短期偿债能力较强,同时资产负债率较低,说明公司偿债能力强。债权人的利益能够得到有效保证。

江铃汽车虽连续三年效益较好,但是面对市场的激烈竞争,如何能够在竞争对手中脱颖而出占领先机呢?首先,应当捍卫已有的市场份额,加大营销力度以及支持现有产品和新产品;其次,持续降低零部件的采购成本,对可控费用实施严格管理,确保稳定的现金流,强化公司治理,健全风险评估和控制机制。

三、配件管理经典小实例集锦

(一)应聘配件销售代表

李明是一名刚毕业的大学生,在找工作时应聘新华汽车零部件经营公司的业务销售代表,在应聘时老板问李明:“你作为企业销售人员,在商讨如何支付货款时,可以选择哪些方式来结算?一般结算企业都是通过企业的财务结算中心来完成的,那么你知道企业的财务结算中心的职能有哪些吗?”

案例解析

作为企业销售人员,在与客户商讨如何付款时,一般可以选择现金结算和转账结算。

企业的财务结算中心的职能包括:

1. 计划职能

财务结算中心在掌握好企业的资金需求及流向的基础上,在资金的流量、流速、流向、时间安排以及资金的平衡与调整等方面均做出详细的安排和计划。

2. 结算职能

处理企业内部各部门之间或者企业与外部企业之间由于商品交易、劳务供应及资金划拨等业务所引起的货币收款、付款、转账业务。

3. 监控职能

通过制定企业各项财务收支计划、结算制度、结算程序、内部结算价格体系、经济纠纷仲裁制度等,对结算业务中的资金流向的合理性和合法性进行监督,及时发现和解决问题,严格控制不合理的支出。

(二)财务结算

红星汽配厂采购员王某在外地出差回到公司,到财务部报销相关费用。财务人员要求其提供相关的报销凭证。王某直接将出差的所有票据拿给财务人员,财务人员要求他按照正规的要求填写报销单据。请问在进行日常报销业务中,财务结算的票据有哪些?报销费用时如何正规填写报销单和粘贴原始票据?

案例解析

企业在日常经营活动的报销业务中,为了财务结算方便,很多时候会用财务票据来进行结算,这样可以避免过多的现金交易。

常见的财务票据类型有:商业汇票,可分为商业承兑汇票和银行承兑汇票;本票;支票,可分为现金支票和转账支票。

同时,不管是财务人员还是企业部门的其他员工,在报销费用时,都应该按照规定正确填写相关的票据以及粘贴原始票据。

(1)原始票据在财务上也称为原始凭证,对于集中较多的票据按照内容进行分类,如办公用品费、电话费、差旅费、招待费等,按照类别分别进行粘贴。其中差旅费在报销时应单独填写差旅费报销单。

(2)准备粘贴单。到财务处领取原始凭证粘贴单。

(3)将原始票据整理齐后,将胶水涂抹在原始票据左侧背面,沿着粘贴单装订线内侧和粘贴纸的上边依次均匀排开横向粘贴(此种粘贴方法称为"鱼鳞式"),且应避免将票据贴出粘贴单外。装订线左侧不要粘贴票据,不要将票据集中在粘贴纸中间粘贴,以免造成中间厚、四周薄,使凭证装订起来不整齐,达不到档案保存要求。

(4)如票据大小不一样,可以在同一张粘贴单上按照先大后小的顺序粘贴。

(5)票据比较多时可使用多张粘贴单。

(6)对于比粘贴单大的票据或其他附件,也应沿装订线粘贴,超出部分可以按照粘贴纸大小折叠在粘贴范围之内。

(三)企业纳税

某地税务部门有关工作人员来到新近迁来的星光实业公司,由于星光公司改变了经营地址,要求公司按照有关规定到原税务主管机关办理相关手续,如期到现所在地税务部门缴纳税款、购买发票。公司王老板一听,顿时火冒三丈:"我公司刚刚交过污水处理税、工商管理税……怎么还要缴税?到底有完没完?"

请问:王老板的说法对吗?企业在哪些时候需要到税务机关进行相关的登记?企业纳税的基本程序是怎么样的?

案例解析

王老板的说法是不正确的。

企业成立时需要先办理工商登记,在领取工商营业执照后30天内到主管税务机关办理税务的开业登记,开业登记完成后税务机关会给企业发税务登记证的正本和副本。在未来期间报税的时候,填写申报表都需要税务登记证上的编码,也就是企业的纳税人识别号。

企业纳税的基本程序为:①税务登记;②填写申报表;③纳税申报;④缴纳税款。

(四)合同事务

甲公司向乙公司发出购买货物的要约,乙公司经过论证在承诺期限内对于要约中的内容全部接受,并将承诺通知以特快专递的方式发给甲公司,该信件由甲公司的信件收发人员签收,但因该收发人员的工作疏忽,忘记将信件交给甲公司的总经理A。乙公司在承诺书交给甲公司签收后10天,按照要约中所定的发货日期向甲公司发货。

问:该合同是否已经成立?合同的订立条件是什么?合同的效力及违约责任是什么样的?

案例解析

该合同成立。

因为承诺通知到达要约人时生效,并不以要约人知悉承诺内容为要件。

合同成立的条件是:①要有合同的当事人;②合同的订立必须经过要约和承诺两个阶段;③合同当事人必须对合同的主要条款达成合意。

合同的效力:①有效合同;②无效合同;③可撤销的合同。

合同的违约责任:违约责任是指合同当事人因违反所应承担的民事责任。当事人一方不履行合同义务或者履行合同义务不符合约定的,应当承担继续履行、采取补救措施或者赔偿损失等违约责任。

违约行为主要表现为:

(1)不能履行,又称给付不能,是指债务人由于某种情形,在客观上已经没有履行能力,导致事实上已经不可能再履行债务。

(2)拒绝履行,是指当事人一方明确表示或者以自己的行为表明不履行合同义务,它是违约的一种形态。《合同法》规定,当事人一方明确表示或者以自己的行为表明不履行合同义务的,对方可以在履行期限届满之前要求其承担违约责任。

实践演练

一、配件采购与库房管理

(一)根据配件企业实际情况设计配件采购计划

根据某配件企业实际情况,应用所学知识,设计配件采购计划。参考步骤如下(图2)。

(1)收集缺料信息。

(2)分析、汇总缺料信息。

(3)根据库存和销售情况,编制期货计划或临时计划,交由配件主管审核。

(4)配件主管审定签字后,计划员出具一式三联计划单。一联计划员留存,验货用;一联交采购员,采购;一联交内勤,附付款通知书进行付款审批。

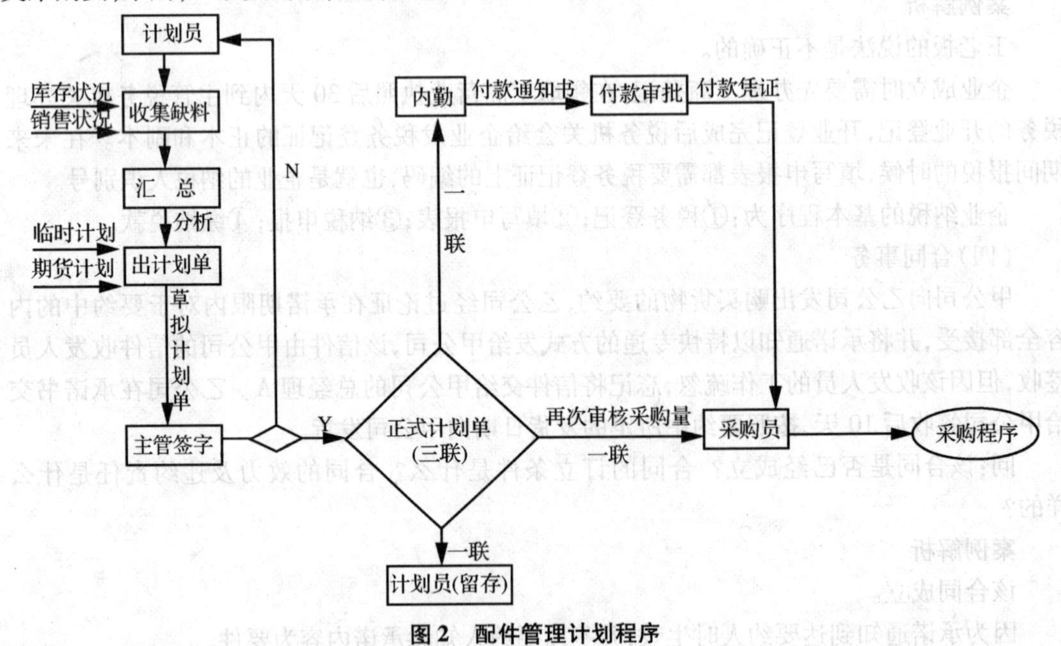

图2 配件管理计划程序

（二）设计配件采购流程

根据设计的采购计划编制配件采购流程。参考步骤如下（图3）。

（1）采购员依据计划单进行采购。

（2）市内现金采购：通知内勤，内勤依据计划单、付款通知书进行付款审批，办理相关手续。

（3）市内赊购：供货商送货的，货物由保管员验货接收并开出收货二联单进入入库程序。

（4）采购员自提：需自提的采购员到供货商处提货进入提货程序。

（5）市外现金采购：依据进货计划单、付款凭证联系供货商发货。完成后，付款凭证及时交回计划员。

（6）市外赊购：依据进货计划单联系供货商发货。

（7）到货后由采购员提货进入提货程序。

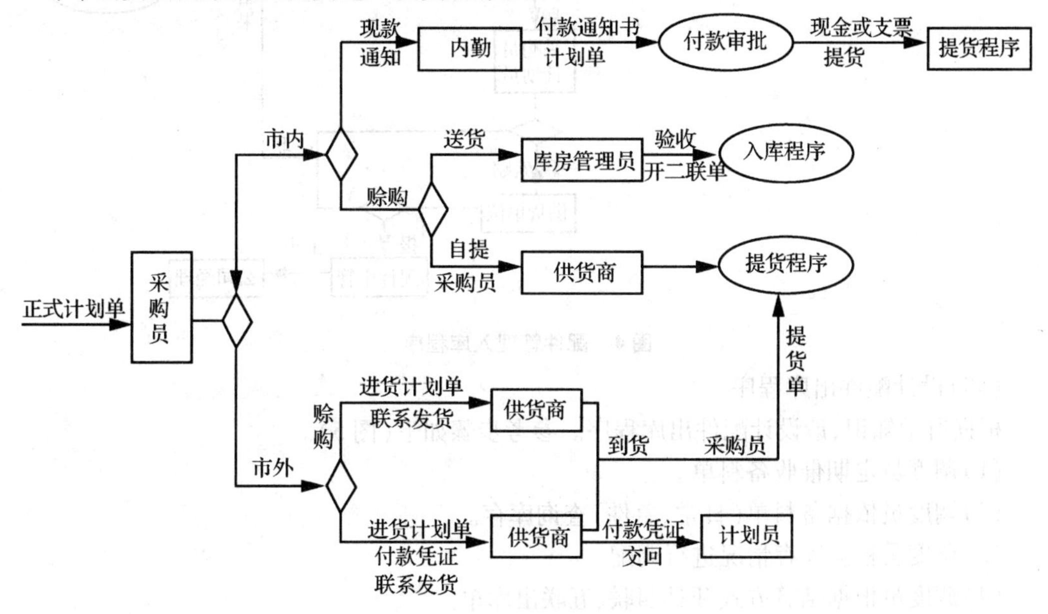

图3　配件管理采购程序

（三）设计配件入库流程

假定配件运抵库房，应该如何入库，请设计入库流程。参考步骤如下（图4）。

（1）库管员、采购员持发货清单、装箱单，计划员持计划单，共同进行配件的第二次验货。

（2）供货单位送货上门，库管员开具一式两联收货单，一联留存、一联交计划员打印入库单。

（3）采购员自提，验收后，计划员依据验货单打印入库单。入库单一式五联，一联交保管员登账进入库房管理程序；其他四联由计划员分配，一联计划员留存进行账务处理，一联交财务，两联配发票也交财务进入记账程序。

（4）货物验收不合格，计划员制一式两联差损单，一联交计划员、一联交采购员。

（5）采购员依据差损单进行异常处理。

（6）予以索赔：计划员将索赔结果（附差损单）上交财务。

（7）不予索赔：整理书面报告上交配件主管/经理，配件主管/经理上报服务经理。

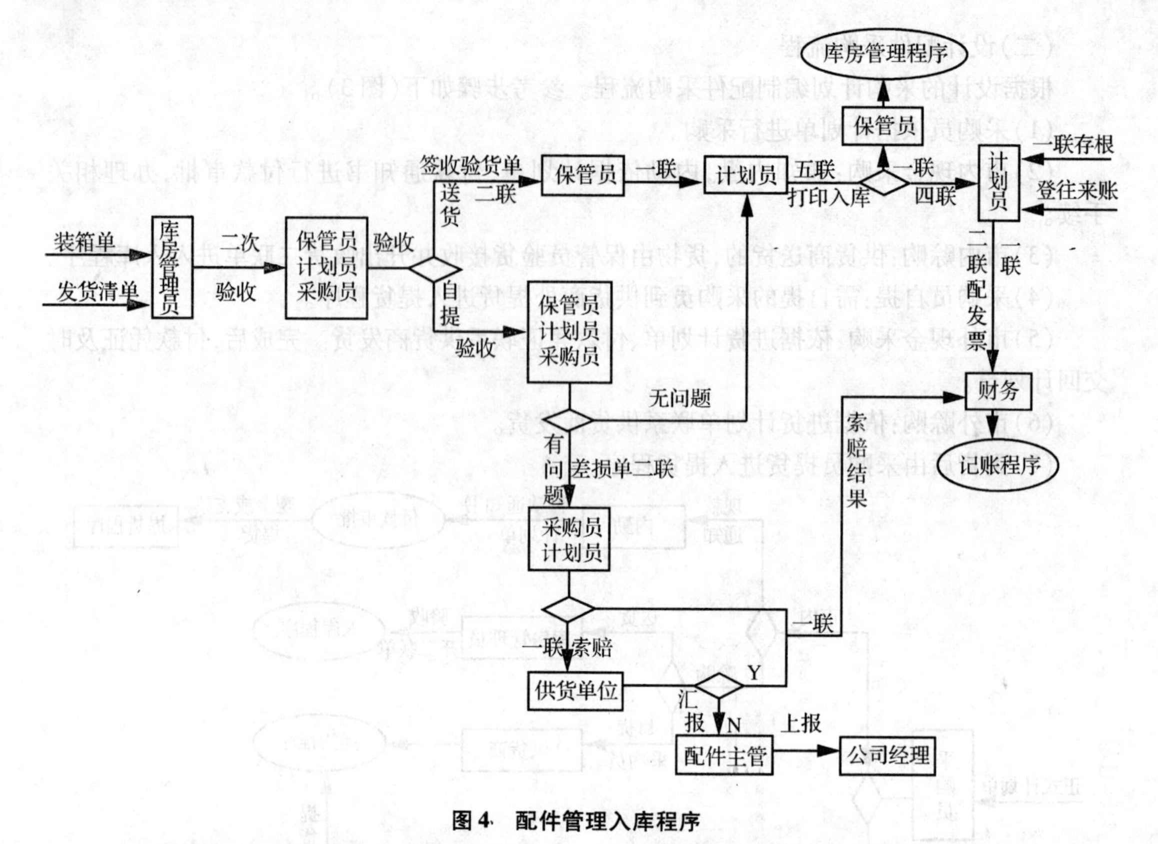

图 4　配件管理入库程序

(四)设计配件出库程序

根据所学知识,请设计配件出库程序。参考步骤如下(图 5)。

(1)调度员定期催收备料单。

(2)调度员依据备料单(日常、急件)查询库存。

(3)调度员根据库存情况进行调配。

(4)调度员根据结算方式开具四联、五联出库单。

现金结算:开具四联出库单。

一联交库管员提货并留存下账;一联交提货人;一联调度员留存作账目处理。

一联交收款员收款后,连同款项转财务。

挂账方式:开具一式五联出库单。

一联交库管员提货并留存下账;一联交提货人;一联调度员留存作账目处理;一联交财务做账务处理;一联用于结账。

(5)调度员整理缺料单递交计划员。

(6)发往外地货物,配送员在发货后要通知收货人,将运单事后转交收货人。

(7)挂账单位回款:

转账回款:调度员持结账联填写报销单经挂账单位签字确认后转财务。

现金回款:收款员收款后填写日报表交财务。

银行汇款:调度员及时与财务联系,确认后索要相关单据销账。

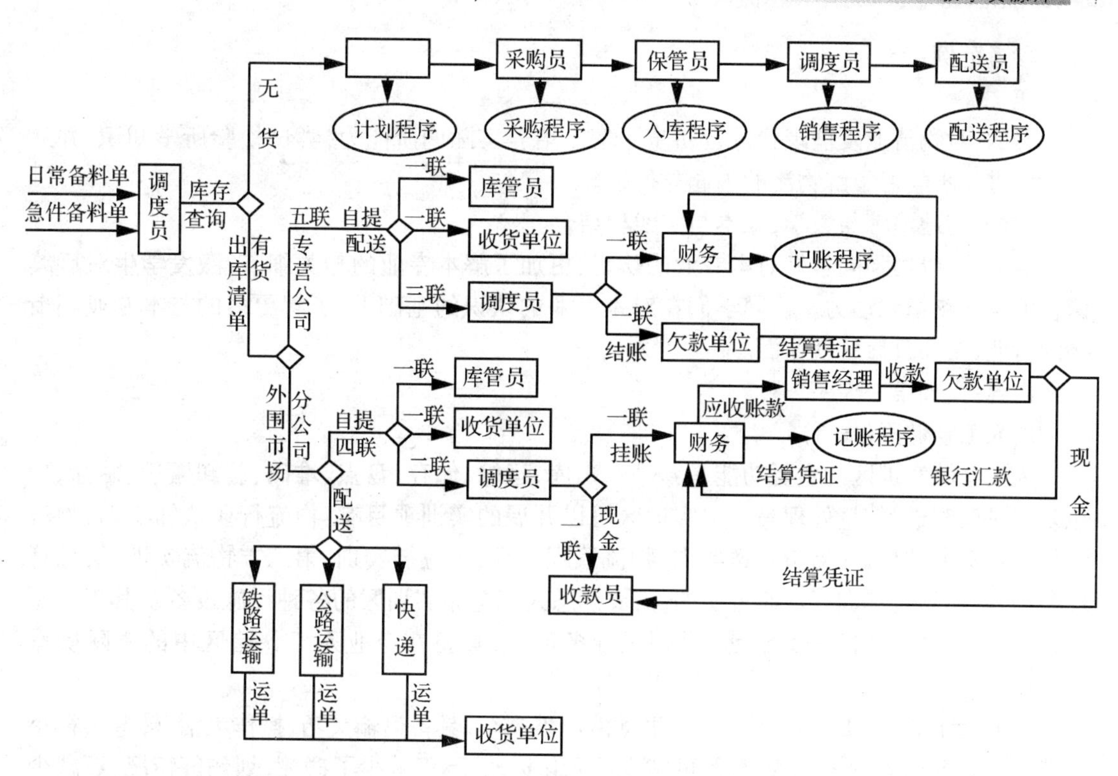

图 5　配件管理仓库程序

二、物流管理实训报告

请写一份物流管理实训报告。报告含以下内容。

目　　录

1. ………………… 目的…………………
2. ………………… 方法…………………
3. ………………… 意义…………………
4. ………………… 内容…………………
5. ………………… 感悟…………………
6. ………………… 我最感兴趣的区域与最后的总结…………

参考范例：

正文：

目的：对物流业发展现状进行初步了解。培养实际调研能力，尝试检验所学知识，并从实际中进一步学习了解物流的内涵与外延。

方法：实地演练与教学，课本与实践相结合。

意义：可以增强同学们对本专业的认识，更加了解本专业的相关细节，激发学生对后续课程的学习热情和动力。让同学们在对本专业的认识的基础上，了解更多的与本专业相衔接的行业，增加日后的就业面。

内容：实训第一天

1. 人工仓储区（图6）。

人工仓储实训区的主要功能是：入库、出库、运输、储存、盘点、堆码、装卸搬运、贴标签、包装、分拣、配送、信息处理等。本实训区可以开展的实训项目有：物流行业认知实训、物流岗位综合实训、物流仓储与配送实训、物流管理实训、供应链实训、第三方物流实训、信息管理实训、国际物流实训等。通过实训，需要熟悉人工仓储实训区的各种设施设备及其工作原理，体会人工仓储区的强大优势，掌握其业务流程，具备在企业人工仓储区中的实际操作能力。

（1）手动堆高车是一种无污染的手动液压堆高车，具备运输灵巧、操作灵活、转弯半径小等特点。配合托盘货箱、集装箱等可实现单元化运输，不仅减少了碰撞、划伤等情况，更减少了工作量及堆放面积，大大提高了工作效率，如图7所示。

图6　人工仓储区

图7　人工仓储操作图

（2）半电动堆高车的主要作用就是起到升降的功能，行走、转向都是人力操作，主要用于装车卸货、仓库堆货架、高空取料等只需要小范围移动的操作。它操作简单、价格便宜、适用范围较广、保养维护方便、对通道宽度要求比较低。

2. 人工包装实训区

人工包装实训区的主要功能是:进行包装。本实训区可以开展的实训项目有:物流行业认知实训、物流岗位实训、物流仓储与配送实训、物流管理实训、供应链实训、第三方物流实训、国际物流实训等。

通过实训,需要熟悉人工包装实训区的各种设施设备及其工作原理,体会人工包装区的强大优势,掌握其业务流程,具备在企业人工包装区中的实际操作能力。

(1)手动打包机是一种常用的打包机械,广泛用于食品、医药、五金、化工、服装、邮政等行业,适用于纸箱打包、纸张打包、包裹信函打包、药箱打包、轻工业打包、五金工具打包、陶瓷制品打包、汽车配件打包、日化用品打包、文体用品打包、器材打包等各种大小货物的自动打包捆扎,但是打包量比较小,如图 8 所示。

(2)自动打包机可以实现自动打包,其原理是使用塑料打包带缠绕产品或包装件,然后收紧并将两端通过热效应熔融连接。打包机的功用是使塑料带能紧贴于被捆扎的包件表面,保证包件在运输、贮存中不因捆扎不牢而散落,同时还应捆扎整齐美观。

实训第一天小结:实训第一天,上午老师让那 24 位助教先下去学习他们所负责的区域,我们 18 人在教室看实训书,了解一下大概情况,下午去实训区操作训练。我最先选择的是人工仓储区,助教腾老师很细心地给我指导如何正确使用手动堆高车和半电动堆高车,如何把货物运到该放的位置,整个过程很愉快。其次我去的是包装实训区,手动包装很容易,电动包装就不是那么轻松了,刚开始碰的时候还有点小小的害怕,我在操作的时候老是出现卡机状况,最后在我不懈努力下终于顺利完成任务。这一天实训很快就结束了,剩下的区域在接下来的日子,我一定会顺利完成。

实训第二天

1. 超市模拟区(图 9)

超市模拟区的主要功能是:商品采购、入库、商家、陈列、标价、防损、理货、储存、盘点、POS 扫描、商品销售、连锁超市经营管理、财务报表、信息管理等。本实训区可以开展的实训项目有:物流行业认知实训、连锁行业认知实训、连锁经营岗位综合实训、物流岗位综合实

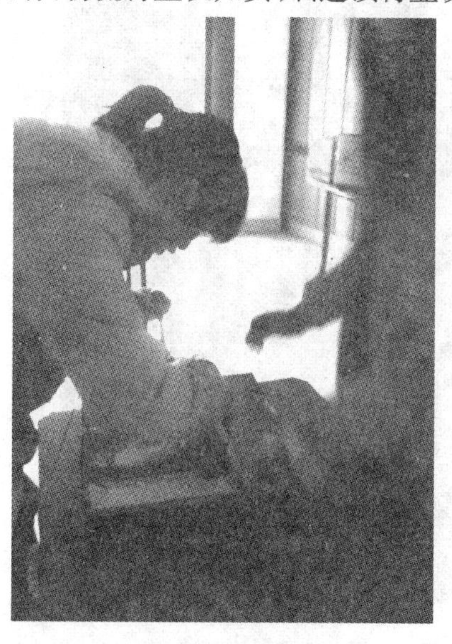

图 8　手动打包

图 9　超市模拟区

训、物流仓储与配送实训、物流管理实训供应链实训、第三方物流实训、信息管理实训、会计技能实训、市场营销实训、国际物流实训等。通过实训,需要熟悉连锁经营超市的各种设施设备及其工作原理,需要对连锁门店超市的进、销、存管理进行真实演练,体会连锁门店超市的强大优势,掌握其物业流程,具备在连锁经营超市中的实际操作能力。

(1)作为与现金直接打交道的收银员,必须遵守超市的作业纪律。

(2)认真做好商品装袋工作。

(3)注意离开收银台时的工作程序。

2. 电子标签拣货区(图10)

电子标签拣货实训区的主要功能是:入库、出库、储存、分拣、盘点、理货、补货、配货、信息查询等。本实训区可以开展的实训项目有:物流行业认知实训、物流岗位综合实训、物流仓储与配送实训、物流管理实训、供应链实训、第三方物流实训、国际物流实训、信息管理实训等。

图10　电子标签拣货区

(1)无须打印出库单,出/入库信息通过中央计算机直接下载到对应的电子标签。

(2)电子标签发出光、声音指示信号,指导拣货员完成拣货。

(3)拣货员完成作业后,按动电子标签按键,取消光、声音指示信号,将完成信息反馈给中央计算机。

(4)拣货员按照其他电子标签指示继续进行拣货。

3. 港口实训区(图 11)

国际集装箱港口实训区的主要功能是:装船、卸船、入场、出场、运输、国际货运代理、报价报检、国际贸易、信息管理等。本实训区可以开展的实训项目有:物流行业认知实训、物流岗位综合实训、物流仓储与配送实训、物流管理实训、供应链实训、第三方物流实训国际物流实训、报关报检实训、国贸实务实训、信息管理实训等。

通过实训需要熟悉国际集装箱港口的各种设施设备及其工作原理,体会国际集装箱港口的强大优势,掌握其物业流程,具备在国际集装箱港口中的实际操作能力。

我国集装箱装卸桥的制造开始于 1978 年,上海港机制造厂为天津港制造了我国的第一台装卸桥。随着国际航运业的发展,对集装箱船舶以及装卸桥提出更高的要求,集装箱岸桥的起升高度、起升重量不断增加。进入 21 世纪后,随着超巴拿马型集装箱船只的投入运营,超巴拿马型桥吊成为世界主要港口主要设备。超巴拿马型桥吊的主要参数都发生了很大的变化。起重量增加到 65 ~ 100 t,前伸距增加到 65 ~ 70 m,起升高度增加到 38 ~ 45 m。

岸桥的基本参数描述了岸桥的特征、能力和主要技术性能。基本参数主要包括几何尺寸、起重量、速度、控制与供电、防摇要求和生产率等。

门式起重机是桥式起重机的一中变形。在国际集装箱港口,主要用于室外的货场、料场货、散伙的装卸作业。它的金属结构像门形框架,承载主梁下安装两条支脚,可以直接在地面的轨道上行走,主梁两端可以具有外伸悬臂梁。门式起重机具有场地利用率高、作业范围大、适应面广、通用性强等特点,在国际集装箱港口货场得到广泛使用。

图 11　港口实训区

4. 自动仓储区(图 12)

自动化立体仓库实训区主要作业内容有:入库、出库、移库、调库、存库、盘库等。主要功能是:收货、存货、取货、发货、信息查询等。本实训区可以开展的实训项目有:物流行业认知实训、物流岗位综合实训、物流仓储与配送实训、物流管理实训、供应链实训、第三方物流实训、国际物流实训、信息管理实训等。

图12 自动仓储区

通过实训，需要熟悉自动化立体仓库实训的各种设施设备及其工作原理，体会其强大优势，掌握货物入库、出库、移库、调库、存库和盘库等业务流程，具备在企业自动化立体仓库中的实际操作能力。

自动化仓库是由电子计算机进行管理和控制的，由堆垛机进行搬运不需要人工作业而实现收发作业的仓库。它充分实现了仓储作业的机械化、智能化，大大提高了仓储作业的效率，有效地节约了成本。由于采用货架储存，并结合计算机管理，可以容易地实现先入先出、发陈储新的出入库原则防止货物自然老化、变质、生锈等现象的出现，降低对人工需求的依赖，特别是降低特殊仓储环境中的人力资源成本。由于采用了自动化技术，自动化仓储能适应黑暗、有毒、低温等特殊场合的需要。

实训第二天小结：今天是学习剩下六种操作流程的最佳时期。因为之前专业课学习过收银，所以对超市模拟区的工作流程比较熟悉。其次我又去了同学负责的电子标签拣货区，经过他们的耐心指导我很快掌握要领，熟悉了相关的工作流程。然后我又分别去了港口实训区和自动仓储区，这两个区域需要学习的有龙门吊、岸桥还有进货与出货整个流程。这两个区域的三种工作流程都很相似，只要掌握其中一个工作流程其余的两个就不是很难。这一天我过得很充实，很有意义，因为我学到了之前从未接触过的知识。

图13 操作叉车

实训第三天

我在练习如何熟练掌控叉车的前进与转弯，还有装货与卸货，如图13所示。

实训第三天小结：经过前两天的实训，我已经把所有的工作流程都学了一遍，大概了解了所有的工作流程，也都经过了助教的考核。今天的主要任务就是巩固之前学过的操作流程，由于昨天在生产加工区有点小差错得了一个良。所以今天我又去重新考核了一次,拿了一个优。然后又去了不同的区域把有些忘了的操作步骤重新都复习了一遍。下午,老师帮我们总结了一下哪些地方我们做得很好,哪些地方我们还需要改进。之后就让我们所有人把手动堆高车和半电动堆高车推出去,并让男生把托盘和货物放在上面分组练习。这样更有利于我们练习操作机器。

实训第四天——考核(图 14)

实训第四天小结:时间过得很快,转眼间一周的实训已经快接近尾声,有成功也有失败。今天是我们接受老师考核的日子,也是见证我们这几天努力的成果。刚开始我还担心我会做不好,可是真正考核的时候我一点也不紧张,把这几天学的所有的操作都发挥得很好。考核结束后老师又让我们把机器进行 5S 管理,把自己所考核的区域都进行清洁。天很冷,水也很凉,可是我们还是很认真地完成了任务。这次的考核不仅考验了我们的操作、责任心,还考核了我们的团队协作能力。由于大家的努力,考核进行得一直都很顺利。

图 14　考核

实训第五天——PPT 汇报

现在的我已经站在讲台上进行我一周实训的感悟与对于所学知识的汇报。

我最感兴趣的区域

人工仓储区:人工仓储实训区主要由工业级电动叉车、工业级手动液压托盘车、工业级手动液压托盘堆垛车、电瓶堆高叉车、计算机、电子标签、手动搬运车、托盘货架、中型货架、轻量型货架、塑料托盘、木托盘、纸箱和系统软件等设备。只有掌握其中的工作原理并努力地学习它,才能把每一个操作环节熟练地做好。

在实训中我很喜欢推叉车,能够熟练地掌控它也是一种成功,如图 15 所示。

图 15　推叉车

实训结束的总结与感悟

经过一周的实训,我学会了很多。对于每个区域的操作认真地努力完成的程度及所学知识如何运用到现实工作和生活中去。

三、4S 店的仓库布局设计

请同学们按照所学内容为某个 4S 店设计面积约为 400 m^2 的仓库规划。要求如下：

(1)按要求分区域规划。

(2)要求配件的位置有序,方便拣货、运输。

(3)汽车配件的位置符合先进先出原则、符合安全搬运。

(4)各种配件能妥善保管,做到“四防”。

(5)所有配件编码规整,查找方便。

四、汽车配件市场调查

请设计一份汽车配件市场调查表,可以设计为表格的样式。

以下范例仅供参考。

尊敬的女士/先生:

您好!

我是北京××汽车配件有限公司的市场调查员,我们对有车一族日常使用配件及采购的情况进行调查,希望得到您的支持,很抱歉占用您约 10 分钟的时间,麻烦您协助我们完成此次的问卷调查,以便我们掌握真实的汽车配件市场信息。

1. 您的年龄是(　　)

A. 18 ~25 岁　　B. 26 ~30 岁　　C. 31 ~35 岁

D. 36 ~40 岁　　E. 40 岁以上

2. 您经常看到汽车用品实体店吗?(　　)

A. 常见　　B. 少见　　C. 不知道

3. (多选)您主要通过以下哪些途径了解汽车产品?(　　)

A. 电台广播　　B. 杂志　　C. 网络媒体

D. 户外广告牌　　E. 车商及商家推荐　　F. 朋友介绍

G. 其他

4. 当今社会离不开汽车的说法您同意吗?(　　)

A. 同意　　B. 不同意

5. 您或身边的朋友有车吗?(　　)

A. 有　　B. 没有

6. 您或身边的朋友喜欢改装自己的爱车吗?(　　)

A. 喜欢　　B. 不喜欢

7. 在您看来,什么价位的汽车配件更新频率快?(　　)

A. 低档汽车　　B. 中档汽车　　C. 高档汽车

8. 您或您的家人会首选购买的汽车用品是(　　)。

A. 给汽车使用的产品(例如,坐垫、脚垫、擦车布、玻璃机油等)

B. 自己和乘坐人使用的(例如,头枕、杯架、防滑垫、指南球等)

9. 您在购买汽车用品时注重的是(　　)。

A. 品牌质量　　B. 安全性　　C. 价格　　D. 售后保障

10. (多选)您经常到哪里购买汽车配件?(　　)

A. 4S 店　　B. 美容养护连锁店　　C. 汽配城、装饰城

D. 家周边的无名小店　　E. 修理厂、维修店　　F. 其他

11. 您是否有过网上购买汽车用品的经历?(　　)

A. 有　　B. 没有　　C. 没有但可以考虑

12. 您到配件店买的配件是否免费安装?(　　)

A. 是　　B. 没有　　C. 偶尔

13. 您所到过的汽车配件店或汽贸城服务态度怎么样?(　　)

A. 很好　　B. 一般　　C. 很差

14. 您在本地更换的配件次数多还是外地多?(　　)

A. 本地　　B. 外地　　C. 都差不多

15. 在您开车过程中觉得哪几个部分的配件最容易损坏?

感谢您的合作!祝您身体健康!工作顺利!

调查员:　　　　调查时间:

五、合同分析

案例:

乙天生两手臂不等长,购买合身的上衣非常困难。一天,他到甲商店去购买衣服,发现模特身上穿的衣服属于款式中的次品,即两衣袖不等长,乙试穿后恰好合体。但该上衣价格为 500 元,而乙随身仅带 300 元。于是乙提出先向甲交付 300 元定金,待次日带齐 500 元钱再来购买,甲同意并接受定金。第二天,乙带足 500 元来到甲商店,求购模特身上的上衣。但是甲却将该上衣卖给了他人,于是向乙交付该款式中的正品。问:甲的履行行为是否符合履行原则?

请对以上案例进行分析。

参考分析:甲的履行行为违反了适当履行原则中的实际履行。实际履行约束当事人按照有效合同约定的标的履行合同义务,不能擅自用其他标的加以代替,以满足合同中债权人一方对特定合同标的的需求。该实例中乙求购的为模特所穿的上衣,为特定物。甲提供的物品虽然质量好于约定交付的物品,但是没有实际履行合同。

合同履行是指合同当事人按照合同约定或者法律的规定,全面适当地完成各自承担的合同义务,使债权人的权利得以实现的过程。合同履行是合同法的核心制度,也是当事人设定合同的主要目的。合同履行是当事人全面适当完成合同义务的行为。当事人不仅要按照合同约定履行给付义务,也要基于诚实信用原则的要求,履行法定性的义务。

合同适当履行原则是指当事人按照合同约定的标的及其质量、数量,由适当的主体在适当的履行期限、履行地点,以适当的履行方式,全面完成债务的履行原则。其包含实际履行及全面履行两个层面,实际履行约束当事人按照有效合同约定的标的履行合同义务,不能擅自用其他标的加以代替,以满足合同中债权人一方对特定合同标的的需求;全面履行则要求合同中的当事人按照合同约定的数量、质量、期限、地点、方式等各方面来履行合同。

六、配件质量鉴别

1. 根据照片鉴别以下配件真伪，并说明鉴定方法。

（1）制动摩擦片（图16）

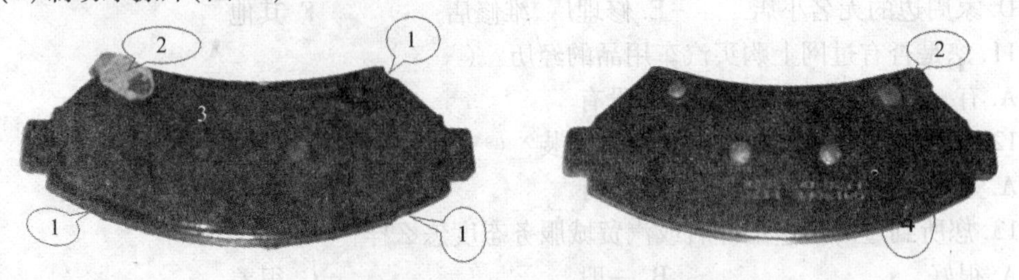

图16　制动摩擦片的不同观察部位

（2）中华骏捷2010款汽车手动变速器3挡同步齿轮（图17）

图17　中华骏捷2010款汽车手动变速器3挡同步齿轮

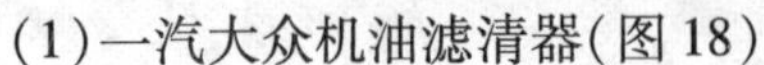

2. 根据照片鉴别并判断以下配件属于正厂件、副厂件还是伪劣件，并说明鉴定方法。

（1）一汽大众机油滤清器（图18）

图18　一汽大众机油滤清器

(2)长安铃木机油滤清器(图 19)

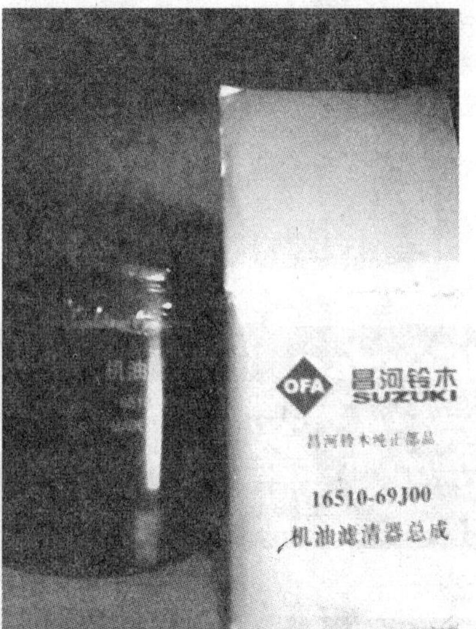

图 19　长安铃木机油滤清器

(3)一汽大众汽油滤清器(图 20)

图 20　一汽大众汽油滤清器

(4)空调滤芯(图21)

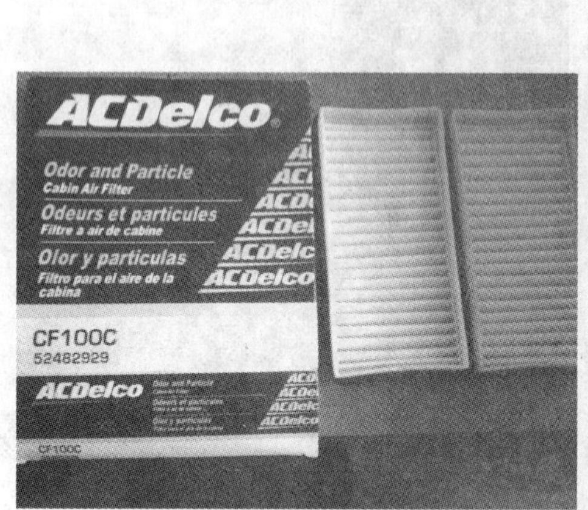

图21　空调滤芯

(5)捷达从动盘(图22)

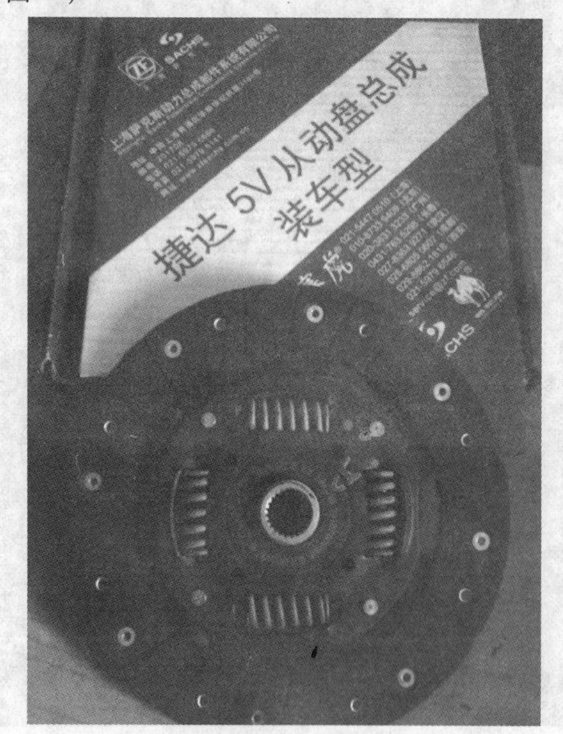

图22　捷达从动盘

(6)博世火花塞(图23)

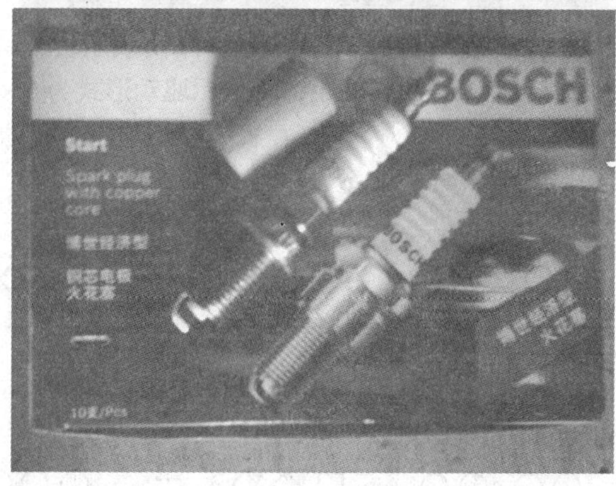

图23 博世火花塞

(7)一汽大众原装机油(图24)

图24 一汽大众原装机油

任务解析

任务工单1.1

一、填空题

1. 原厂件、副厂件、假冒伪劣件;零件、组合件、总成件
2. 2911、ABS 电控单元及传感器
3. 书本配件手册、电子配件目录(CD 光盘)
4. 向用户索取、通过底盘号查询
5. 车门固定玻璃密封件

二、简答题

1. 东风轿车2.0L第二代产品豪华轿车、CA表示一汽,1表示货车,25表示总质量25 t,P表示平头,K表示柴油发动机,L表示长轴距,T1表示驱动形式为6×4。

2. (略)。

3.

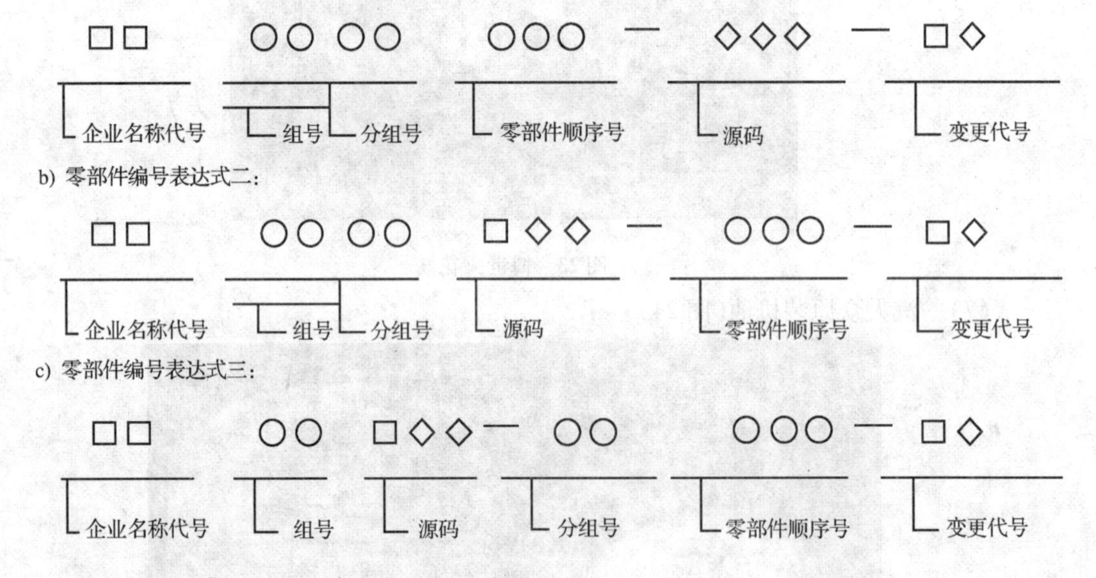

注:□表示字母;○表示数字;◇表示字母或数字

4. (略)。

5. (略)。

6.

(1)在车辆接线盒标签上标有该车的方案号。

(2)在整车线束标签上也有该车的方案号。

(3)通过对该车装备与附表对应也能够获取该车的方案号。

7. ①车型(销售代码),款式,规格;②正确的备件名称;③底盘号;④发动机型号、输出功率、发动机代码;⑤变速箱规格、变速箱代码;⑥制造厂家代码及生产日期;⑦选装件(如中

央门锁)/内部装备材料(PR 号)及色调(内饰组合码);⑧车体外部颜色等。

8. ①须知最基本参数;②确定零件所在的大类;③确定零件所在的小类;④确定显示备件的图号;⑤根据备件名称找到插图,确认备件号/根据车型、款式、备注说明确认备件号。

9.

(1)车辆标牌——位于发动机机舱右围板处或储气室右侧。

(2)发动机号——位于缸体和缸盖结合处的缸体前端,此外齿型皮带罩上有一条形码不干胶标签,其上标出了发动机号码。

(3)车辆识别号——车辆识别号标在发动机机舱前端围板处,通过排水槽盖上的小窗口(底盘号)即可看到底盘号。

(4)整车数据不干胶标签——贴在行李舱后围板左侧,其上有下列数据:生产管理号、车辆别号、车型代号、车型说明、发动机和变速箱代码、油漆号/内饰代码、选装件号。

任务工单2.1

一、(略)。

二、

1. 厂名、产品名称、规格型号、数量、出厂日期

2. 分散进货

3. 产品合格证、生产许可证、使用说明

4. 自愿原则、遵守法律原则

5. 一次性进货

三、

(1)企业要根据生产或销售库存的需要,及时对所需采购的种类、数量、质量等进行控制,保证采购的合理性和准确性。

(2)通过货比三家,选择符合采购需求的供应商。尽可能多地列出同一货品的供应商清单,并且收集相应的报价,对收集的数据进行合理的分析,进一步与备选的供应商开展价格谈判,最终选择合理的供应商。

(3)采购订单具有法律效力,因此在签发采购订单时要认真核对条款,要注意采购单中涉及的质量保证、交货时间地点、运输方式、售后服务等问题。

(4)验收货物时,接受部门要按照交货单上的货品严格核对,仔细检查,对于货品存在损坏等问题时,首先要保留真实证据,并且及时联系供应商,查明原因。

四、

1.

(1)技术水平。衡量一个企业素质高低,关键因素是企业的创新能力。影响企业创新能力的一个重要因素是技术水平,供应商技术水平的高低,决定了供应商能否不断改进产品,是否能长远发展。

(2)产品的质量。供应商提供的产品质量要求能满足企业的需要,常言道:“一分钱,一分货。”质量太低,虽然价格低,但不能满足企业的需要;质量太高(精度太高),价格也高,会给企业带来浪费。另外,要求供应商提供的产品质量稳定,以保证生产经营的稳定性。

(3)生产能力。要求具有一定的规模和发展潜力,能向企业提供所需的一定量的产品,且与企业的发展规模相适应。

(4)价格。价格是构成采购成本的一个重要部分。价格太高,会提高采购成本,影响企业的经济效益。当然也不是价格越低越好,这里的低价指的是在其他条件相同的情况下,选择价格低的供应商。

(5)服务水平。从现代营销观念看,企业采购回来的不仅是产品,还包括服务,特别是采购一些技术含量较高的产品(如机电产品)时,一定要选择能提供配套服务的供应商。

(6)信誉。在选择供应商时,应该选择有较高声誉、经营稳定、财务状况好的供应商,以避免给企业造成不应有的损失。

(7)结算条件。在市场经济条件下,企业保有的现金越多,越有利于公司的周转,延长给供货商的付款时间,对于公司的营运有着正向的作用,O/A 结算天数也是确定一个供应商资金雄厚能力的一个方面。

(8)快速响应能力。经济条件下,市场竞争越来越激烈,客户对企业的要求越来越高,交货期越来越短,企业要求供应商有较好的响应能力,能及时满足企业的需要。

(9)综合因素。地理位置、交货准确率、提供产品的规格种类是否齐全,同行企业对供应商的评价、供应商的管理水平、供应商是否愿为企业构建库存等也是应考虑的因素。总之,要合理选择供应商,必须综合考虑以上各因素,通过一定的评价选择令人满意的供应商。

2.

(1)坚持数量、质量、规格、型号、价格综合考虑的购进原则,合理组织货源,保证配件适合用户的需要。

(2)坚持依质论价,优质优价,不抬价,不压价,合理确定配件采购价格的原则;坚持按需进货、以销定购的原则;坚持“钱出去,货进来,钱货两清”的原则。

(3)购进的配件必须加强质量的监督和检查,防止假冒伪劣配件进入企业,流入市场。在配件采购中,不能只重数量而忽视质量,只强调工厂“三包”而忽视产品质量的检查,对不符合质量标准的配件应拒绝购进。

(4)购进的配件必须有产品合格证及商标。实行生产认证制的产品,购进时必须附有生产许可证、产品技术标准和使用说明。

(5)购进的配件必须有完整的内、外包装,外包装必须有厂名、厂址、产品名称、规格型号、数量、出厂日期等标志。

(6)要求供货单位按合同规定按时发货,以防应季不到或过季到货,造成配件缺货或积压。

3. 集中进货、分散进货、集中进货与分散进货相结合、联购合销。

任务工单 2.2

一、

(1)分析市场需求:

①首先要考虑的是企业的生产需求,生产需求的大小直接决定了订单需求的大小。

②制订订单计划还得兼顾企业的市场战略及潜在的市场需求等。

③制订订单计划还需要分析市场要货计划的可信度。必须仔细分析市场签订合同的数量与还没有签订合同的数量(包括没有及时交货的合同)的一系列数据,同时研究其变化趋势,全面考虑要货计划的规范性和严谨性。

(2)分析生产需求：

①分析生产需求是评估订单需求首先要做的工作。

②首先需要研究生产需求的产生过程，然后分析生产需求量和要货时间。

(3)确定订单需求：

①根据对市场需求和对生产需求的分析结果，就可以确定订单需求。通常来讲，订单需求的内容是通过订单操作手段，在未来指定的时间内，将指定数量的合格物料采购入库。

②当需求被确认，需求计划就会产生，这时就要制定采购计划表。

二、

1. 采购申请、核对订单
2. 分析市场需求、分析生产需求、确定订单需求
3. 物料名称代码、单位、数量、单价、总价、货期
4. 存储费用 = 销售量 × 单价 × 存储费用率 ×(周期 - 1)

三、

1. 制作合同
2. 审批合同
3. 签订并执行合同

四、

1. (略)
2.

(1)合同明确规定要购买什么，价格是多少，或者是怎样确定的。

(2)合同规定所购买的物品运输和送达的方式。

(3)合同包括要涉及物品如何安装(当物品需要安装时)。

(4)合同包括一个接受条款，具体阐述买方如何和何时接受产品。

(5)合同提出是适当的担保。

(6)合同说明补救措施。

(7)合同要体现通用性，包括标准术语和条件，可适用于所有的合同和购买协议。

3.

采购计划表一

编号：　　工程名称：　　自购□，甲供□　　序号：

序号	物资名称	规格型号	单位	数量	拟交付时间	技术质量要求

采购计划表二

料号	品名规格	适用产品	上旬		中旬		下旬		库存量	订购量
			生产单位	用量	生产单位	用量	生产单位	用量		

任务工单 3.1

一、二(略)。

三、1～3(略)。

4. 填写配件运输收集表:

(1)铁路运输:

铁路运输的特点是载运量大,行驶速度快、费用较为低廉,运行一般不受气候条件限制,所以适用于大宗配件的长距离运输。铁路运输是我国现阶段可完成配件输送任务的主要力量,通过铁路沟通全国各地区、各城市、各工业部门和各企业间的联系,承担了近四分之三的配件周转量。但铁路运输的服务范围要受现有铁路线的限制,而且一般需要汽车等短途运输工具与之配合。铁路运输有一套细致复杂的组织工作,配件的运输要受到列车运行图和列车编组计划的影响,因此可能增加配件的在途时间。铁路运输的经济里程一般在 200 公里以上。如总成配件、质量大、体积大、定期采购的配件。

(2)航空运输:

航空运输是速度最快、运费最高的一种运输方式,航空运输还具有不受地形限制的特点。由于空运费用高,所以一般只用于运距长、时间要求紧迫的急需配件的运输。航空运输目前只是作为一种辅助运输手段,一般在建有机场的少数地区和城市应急使用。

(3)公路运输:

公路运输的特点是机动灵活,运输面广,只要公路所及,都能到达,运行迅速。在运量不大、运距不长时,运费比铁路低,是短途运输的主要形式。配件部门在当地提货发货时,一般采用公路运输的方式。汽车运输的经济半径一般在 200 公里以内。

四、

1. 针对总成配件运输特点:体积大、质量大,出于时间方面的考虑宜采用公路或铁路运输方式进行。

2. 对于易碎的玻璃制品等宜采用公路和铁路运输,同时在运输过程中要严格按照易碎包装说明进行操作并要有重要的标记。

3. 对于客户或 4S 店急需的配件在特殊情况下可以考虑空运的方式进行,但要提前和汽车厂家做好报告说明书。

4. 在针对整车运输采用的方式时除空运外的其他所有的运输方式。

任务工单 3.2

一、(略)。

二、

1. ①包装箱内配件变形;②包装箱内配件戳漏;③包装箱内配件潮湿。

2. ①包装箱破损;②包装箱被挤压;③包装箱运输中脱落。

3. ①包装时不合格;②包装箱之间的挤压;③包装箱在传递过程中破损。

三、(略)。

任务工单 4.1

一、(略)。

二、

1.

(1)确定汽车配件的储备种类、储备形式和储备量,做好汽车配件的保管供应工作。

(2)准确及时地向维修人员提供合格的汽车配件,确保维修作业。

(3)保证采购的汽车配件能够达到性能更优越、质量更可靠、价格更合理。

(4)保证汽车配件供应的同时,减少汽车配件的资金占用量,提高汽车配件资金的周转率。

2. 保证配件的及时供应、提高企业服务水平

3. 保证质量、保证数量、及时供应、安全管理、低耗、节约

三、

1.

(1)仓库管理是汽车配件质量的有力保障。

(2)仓库管理是汽车配件经营企业提高利润的重要环节。

(3)仓库管理是汽车配件经营企业为用户服务的一项工作。提高仓储管理水平,有利于提升服务站的形象和信誉度。

2.

(1)根据实际的工作需要,科学合理地确定汽车配件的储备种类、储备形式和储备量,做好汽车配件的保管供应工作。

(2)准确地向维修人员提供合格的汽车配件,确保维修作业的正常运行,减少停机损失。

(3)收集汽车配件使用情况和市场信息,随时了解汽车配件市场货源供应情况、市场价格变动情况,以保证采购的汽车配件能够达到性能更优越、质量更可靠、价格更合理。

(4)保证汽车配件供应的同时,减少汽车配件的资金占用量,提高汽车配件资金的周转率。

3.

(1)保证质量。保质就是要求保持库存里所有配件的原有使用价值。为此,必须做到严格管理,在配件入库和出库的过程中,对于质量或者包装不符合相关规定的,一律不准入、出库;另外,对于库存汽车配件,要求定期或不定期检查和抽检,凡是要进行保养的配件,及时进行保养,以保证配件的质量。

(2)保证数量。汽车配件的库存数量要通过科学计算。配件仓库管理应该对所有备件设置最高和最低的库存量,并且随季节、需求量的变化及时对最高、最低库存量进行必要的修改;通过汽车配件管理软件来实行安全库存管理,随时掌握库存的变化情况,以便及时、准确、有计划地向公司组织配件订货。

(3)及时供应。汽车配件仓库管理可以依靠配件管理软件,建立相应的汽车配件安全库存管理系统。通过计算机实现库存账务与订货管理,以保证汽车配件的准确供应;同时要求配备专职库管员与计划员,专门负责落实仓库的出入库管理工作,以保证汽车配件能够快速

及时供应。

(4)安全管理。汽车配件仓库的工作区域应有明显的标识牌;货架摆放要整齐,所有配件都应入库上架管理,货架上应有货位码,配件不能放在地面上;各种配件应独立分区存放,易燃危险品应分区隔离存放;做好防火、防腐蚀、防霉变残损等工作;各服务站要结合自身的情况建立严格的配件仓储管理制度,确保汽车配件的管理工作安全可靠。

(5)低耗。低耗是指将汽车配件在仓库管理的损耗降到最低。配件入库前,由于生产或运输过程的原因,可能会造成损耗和短缺。所以要严格进行入库把关,对于存在的问题及时提出,以便明确责任。配件入库后,要求规范安全装卸搬运程序,减少损失。

(6)节约。汽车配件是汽车维修服务企业的主要利润增长点,配件管理的成本也受到企业的重视。为了降低配件管理的成本,需要充分发挥管理人员的聪明智慧,科学管理,全面统筹,提高仓库的利用率和配件服务的工作效率。时时、处处去探寻可以改善节约的情境,把仓库的管理成本降到最低。

四、

1.

(1)汽车配件仓库管理可以保证汽车配件的质量,同时保障配件的及时供应。

(2)从配件销售中企业可以获得较大的利润。

(3)优质的配件服务能提升企业的形象。

2.

(1)妥善管理配件,努力做到没有损毁。

(2)认真核对盘点,保证配件的数量。

(3)方便取货管理,提高售后服务质量。

(4)节约成本,为企业带来更多的利润。

任务工单 4.2

一、(略)。

二、

1.

(1)公共仓储。公共仓储是指仓库行业为一些不固定的货主企业储存货物,在租赁的基础上为企业产品的保管、集中和分散提供存储空间和服务。

使用公共仓库,企业可以节省资金投入;减少投资风险;缓解库存高峰时的库存压力;最大限度地提高存货配置灵活性;降低仓储成本。另一方面,使用公共仓储也存在许多不利的方面,如存储和服务的局限性;增加了包装成本;企业对公共仓库中的存货难以控制等。

(2)自有仓储。自有仓储是指企业为了满足自身的需要,而自己建造并管理的仓库。

相对于公共仓储来说,企业使用自有仓储可以按照自己的管理需求在仓库内存储配件产品,能够对仓储实施更大程度的控制;可以按照企业的管理要求和配件的特点对仓库进行有效的设计与布局,统筹规划;可以充分利用企业的自身人力资源;为企业树立良好形象。

2.

(1)以市场营销定位的仓库选址。这种选址方法以充分满足市场营销为前提,要求在最靠近顾客的地方选择仓库地址,以便获得顾客服务水平的最大化,缩短产品配送的时间。采用这种方法,需要考虑产品配送的影响因素(即运输成本、订货时间、生产进度、产品的订货批量、本地化运输的可行性以及顾客服务水平等)。

(2)以生产制造定位的仓库选址。该方法是指选择最靠近配件生产地的位置建造仓库,专门为方便原材料的运输以及产品加工设定的,因为它能够给公司带来生产制造方面的便利。

(3)以快速配送定位的仓库选址。它强调快速的配送,权衡最终顾客和生产厂商之间的距离,来进行仓库选址。它可以综合以上两种方法的优点,快速的配送运输能够大大提高最终顾客的服务水平,增强原材料的及时供给能力和配件的及时配送分销。而它应该考虑的主要因素则是运输能力、运输成本、运输路线的选择,还有运输配送数量的合理分配等。

三、(略)。

四、(略)。

任务工单5

一、

1. 目录、正文、结论

2. 二层渠道、零层渠道

3. 类推原则、相关原则

4. 定量预测和综合预测

5. 维修件、基础件、事故件

6. 互惠互利、团结协作、遵纪守法

二、

1.

(1)较强的专业技术性。

(2)经营品种多样化。

(3)经营必须有相当数量的库存支持。

(4)经营必须有服务相配套。

(5)配件销售具有季节性。

(6)配件销售具有地域性。

2. 作用:

(1)可以加快商品流通速度,减少商品流通的资金占用,为国家节约建设资金。

(2)可以及时满足市场需求,保证社会需要,丰富人民群众生活。

(3)可以缩短商品流通时间,相应扩大社会再生产的周期,可以直接促进农业生产及工业生产的发展。

(4)可以密切产销关系,加强信息反馈,便于经营者按照用户需要组织货源,生产企业按照市场需求安排生产,增加适销对路的花色品种,提高产品质量。

(5)可以减少不必要的经营人员和机构,节约流通费用。

类型:

(1)经销中间商:以经销中间商为主的销售形式主要有一层渠道、二层渠道、多层渠道和零层渠道。

(2)代理中间商。

(3)超市连锁。

3. 设计:

(1)确定渠道的长度: ①直接分销;②间接分销。

(2)确定渠道宽度设计。

管理:

(1)选择渠道成员。

(2)激励渠道成员。

(3)评估渠道成员。

(4)渠道的调整市场需求复杂多样。

4.(略)。

5.

(1)内容:需求量调查、汽车配件需求结构调查、汽车配件需求时间调查。

(2)步骤:调查准备、调查实施和分析总结。

6.

(1)确定预测目标。

(2)收集分析资料。

(3)选择预测方法。

(4)写出预测结果报告。

(5)分析误差追踪检查。

7.

(1)选择成交法。

(2)帮助顾客挑选。

(3)试用法。

(4)假设成交法。

(5)优惠成交法。

(6)利益成交法。

(7)机会成交法。

8.

(1)职业道德的基本要求:热爱本职、互惠互利、文明经商、团结协作、遵纪守法。

(2)业务知识和能力的要求: ①熟悉配件结构原理、主要性能、保养检测知识,了解各种配件的型号、用途、特点和价格;②熟悉市场行情,了解税收、保险、购置税费、付款方式等一系列业务、政策规定,以及市场经营的基本知识。③熟悉客户心理,判断用户购买动机,为用户当好参谋。④会使用柜台语言艺术。⑤能根据用户的不同要求,提供各种形式的服务。

(3)专业技能的要求: ①正确开列单据;②正确使用售货卡;③能够书写信函;④能正确使用量器具;⑤能熟练快速地计算货款。

技能考核(略)。

任务工单6.1

一、略。

二、

1.

(1)整车保修索赔期为从车辆开具购车发票之日起的24个月内,或车辆行驶累计里程50 000 km内,两条件先以到达为准。超出以上两范围之一者,该车就超出保修索赔期。

(2)整车保修索赔期内,特殊零部件依照特殊零部件保修索赔期的规定执行。

2.

(1)在整车保修索赔期内有特约服务站免费更换安装的配件,其保修索赔期为整车保修索赔期的剩余部分,即随整车保修索赔期结束而结束。

(2)由用户付费并由特约服务站更换和安装的配件,从车辆修竣客户验收合格日和公里数算起,其保修索赔期为12个月或40 000 km(两条件以先到达为准)。在此期间,因为保修而免费更换同一配件的保修索赔期为其付费配件保修索赔期的剩余部分,即随付费配件的保修索赔期结束而结束。

①必须是在规定的保修索赔期内。

②必须遵守保修保养手册的规定,正确见识、包养、存放车辆。

③所有保修服务工作必须由汽车制造厂设在各地的特约服务站实施。

④必须是由特约服务站售出并安装或原车装在车辆上的配件;方可申请保修。

三、(略)。

任务工单6.2

一、

1. 索赔旧件悬挂标签、相关故障代码、故障数据、汽车制造厂索赔管理部

2. 索赔件回运清单、索赔旧件回运装箱单

3. 索赔件回运清单、特约服务站保存、物流公司承运人交索赔管理部

二、(略)。

任务工单7.1

一、1. C　　2. A　　3. B　　4. A　　5. B

二、1. ACD　　2. AD　　3. ACD　　4. ABCD

三、

1. 对

2. 错。解析:国家税务总局有权根据税收法律和行政法规制定税收行政规章,而不是税收行政法规。

3. 对。

4. 对。

5. 错。解析:无论是否享受税收优惠政策,均应按照税收规定定期纳税申报。

6. 对。

7. 错。解析:按《中华人民共和国发票管理办法》第二十条规定,凡销售商品、提供服务以及从事其他经营活动的单位和个人,对外发生经营业务收取款项,收款方应当向付款方开具发票。

四、

(1)该企业的行为属于偷税行为,构成犯罪。偷税是指纳税人以不缴或者少缴税款为目的,采取伪造、变造、隐匿、擅自销毁账簿和记账凭证,在账簿上多列支出或者不列、少列收入,或采取各种不公开的手段,或者进行虚假的纳税申报的手段,隐瞒真实情况,不缴或少缴税款,欺骗税务机关的行为。

(2)该企业承担的法律责任为:对纳税义务人偷税的,由税务机关追缴其不缴或者少缴税款、滞纳金,并处不缴或者少缴税款50%以上5倍以下的罚款;构成犯罪的,依法追究刑事责任。

任务工单7.2

一、

1. A 解析:《合同法》第35条规定:当事人采用书面形式订立合同的,双方当事人签字或盖章的地点为合同成立的地点。

2. B 解析:《合同法》第16条规定:"要约到达受要约人时生效。"

3. A

4. C

5. A 解析:《合同法》第74条规定:"因债务人放弃其到期债权或者无偿转让财产,对债权人造成损害的,债权人可以请求人民法院撤销债务人的行为。债务人以明显不合理的低价转让财产,对债权人造成损害,并且受让人知道该情形的,债权人也可以请求人民法院撤销债务人的行为。"

二、

1. ABCD　2. ABCD　3. ABCD　4. ABCD

推荐链接

网络链接：

汽车中国，中国汽车消费门户

www.carschina.com

中华网汽车

Auto.china.com

太平洋汽车网

www.pcauto.com.cn

中国汽车网

www.zgcar.net

中国汽车物流网

http://www.qichewuliu.com/accessory/Index.asp

中国物流与采购网

http://www.360hy.com/gotourl-42835.html

中国物流产品网

http://www.56products.com/special/201137165826/Index.html

中国汽车报网

http://www.cnautonews.com

中国品牌网

http://www.chinapp.com

中国产业发展研究网

http://www.chinaidr.com

汽车类报刊和杂志：

《汽车零部件》《中国汽车报》《汽车知识》《汽车测试》《汽车之友》《车主之友》《汽车与你》《汽车族》《中国汽车画报》《汽车使用与维修》《汽车导报》《汽车知识》《汽车杂志》《中国汽车画报》